协同育人研究与实践
——海洋科学学院优秀学子系列（2019）

中山大学海洋科学学院 编著

·广州·
中山大学出版社

版权所有　翻印必究

图书在版编目（CIP）数据

协同育人研究与实践. 海洋科学学院优秀学子系列. 2019/中山大学海洋科学学院编著. —广州：中山大学出版社，2020.7

ISBN 978 − 7 − 306 − 06874 − 3

Ⅰ. ①协… Ⅱ. ①中… Ⅲ. ①海洋学—文集 Ⅳ. ①P7 − 53

中国版本图书馆 CIP 数据核字（2020）第 075757 号

Xietongyuren Yanjiu Yu Shijian

出 版 人：	王天琪
策划编辑：	李　文
责任编辑：	罗雪梅
封面设计：	林绵华
责任校对：	潘惠虹
责任技编：	何雅涛
出版发行：	中山大学出版社
电　　话：	编辑部 020 − 84111997，84110283，84113349，84110779
	发行部 020 − 84111998，84111981，84111160
地　　址：	广州市新港西路 135 号
邮　　编：	510275　　　　传　真：020 − 84036565
网　　址：	http://www.zsup.com.cn　E-mail：zdcbs@ mail.sysu.edu.cn
印 刷 者：	广州市友盛彩印有限公司
规　　格：	787mm × 1092mm　1/16　17.75 印张　411 千字
版次印次：	2020 年 7 月第 1 版　2020 年 7 月第 1 次印刷
定　　价：	68.00 元

如发现本书因印装质量影响阅读，请与出版社发行部联系调换

前 言

中山大学海洋科学学院秉承中山大学"博学、审问、慎思、明辨、笃行"的精神，在"德才兼备、领袖气质、家国情怀"人才培养目标的引领下，本着"博学专长"的理念，构建海洋科学专业"本—硕—博"一体化课程体系。学院依托南海资源开发与保护2011协同创新中心，促进师资队伍融合，积聚不同层次的优秀人才，通过产学研合作，寓教于研，寓教于社会服务；强化实践教学环节，建立分层次、多学科的海洋科学实验教学体系，释放学生的科研潜能；引入"目标管理"，明确一套科学合理的育人目标体系，创建全员化、多元化、立体化工作模式，推动灵活多样的学术型社团活动与学术交流相融合，丰富学生课堂外的学习内涵，化解跨校区办学所带来的不利因素；坚持国际化发展策略，面向全球开展人才培养和国际学术交流与合作，开拓学生的国际视野，培养其领袖气质；从协同教学、协同学习、协同管理角度出发，构建并实施"第一课堂—第二课堂"协同育人模式，积极探索培养未来研究海洋的科学家。

在协同育人模式下，海洋学子表现非凡，初展领袖气质。其中，2009级本科生郑伟涛，在校期间担任SIFE志愿者团队副主席，带领团队在国际大学生企业家联盟创新公益大赛世界赛中获得中国总冠军，夺得世界八强佳绩，被共青团广东省委授予"广东省大学生百名公益之星"称号，获第八届"挑战杯"中国大学生创业计划竞赛全国金奖；2015级博士研究生侯冬伟获得2017—2018学年度"广东省优秀学生（研究生阶段）"称号；2013级本科生林振镇获中山大学大学生"2016年度人物"称号（全校共9名），其完成的广东省可持续发展协会项目获2016年"SAP青年责任梦想+"大赛全国前50强；2013级本科生乐遥发表SCI论文3篇，其中2篇为第一作者；2015级本科生魏怀昱、郭瑾于2018年欧洲地球科学联盟年会（General Assembly 2018 of the European Geosciences Union，简称EGU）发表会议摘要；2015级本科生曹宸宇、蔡童欣于2018年物理河口海岸会议（The 2018 Physics of Estuaries and Coastal Seas，简称PECS）做墙报展示；2016级本科生林蔚常、黄沛霖于第29届国际基因组信息学会议（Genome Informatics Workshop，简称GIW）做墙报展示；2016级本科生钱罡轸、刘耿滨、王奕晖、吴琦琳在"2019Super Map杯第十七届全国高校GIS大赛"中获论文组二等奖；2016级本科生谢韬林在"2019首届粤港澳三地动物科学学术交流研讨会"中荣获报告二等奖。

学院倡导德才兼备、全面发展的理念，众多海洋学子奋勇争先，胸怀天下。学院学生帆船队代表中山大学参加2017年第三届中国大学生帆船锦标赛，获乙组全国总冠军，在2018年"天泽航海杯"第一届J80级别亚洲帆船锦标赛中获得青年组（U25）总分第四名，在2019年第四届中国大学生帆船锦标赛中获甲组第四名；学院学生排球队男队和女队先后获得2013年、2015年校庆排球赛四校区总决赛冠军；学院学生足球队获

2017 学年、2018 学年珠海校区"足协杯"冠军;学院篮球队获得 2018 年研究生篮球赛珠海校区冠军、2019 年中山大学"康乐杯"排球赛总决赛第七名;2017 级本科生曾煜晶在 2018 年广东省大学生跆拳道社团 & 俱乐部锦标赛中获一等奖;2015 级本科生梁泳嘉作为中山大学珠海校区合唱团声乐指导,带领中山大学珠海校区合唱团小组唱参加广东省第四届大学生声乐比赛,获一等奖;2017 级本科生张馨予代表学校参加 2019 年中国大学生太极推手、长短兵锦标赛,获得 2 金 1 银 1 铜的佳绩;2019 级本科生荣衿辉代表中山大学参加广东省第十届大学生运动会游泳比赛,获甲组男女 4×50 米混合泳接力第一名。学院的"海精灵"志愿者协会,走进社区,走进小学,传播海洋知识,宣传海洋意识,被列为中山大学示范性院系学生学术社团,2017—2019 年连续 3 年获评中山大学"优秀学生社团"……

学生反映,在"开放式、研究性"实验中学到的科研思维不仅对课程学习很有启迪,而且在后续的就业实践中也让他们受益匪浅。学生主动获取知识及动手操作的能力强,毕业后深受用人单位欢迎。到目前为止,学院培养本科毕业生 548 人,学生发表研究论文 92 篇,前往世界排名前 100 的大学深造的有 62 人,到世界 500 强企业任职的有 29 人。本科毕业生进入国内外一流大学或科研机构攻读硕士学位比例达 82.69%,毕业生(本科生和研究生)最终就业率高于 98%(含升学和留学)。其中,2013 届本科毕业生万蕊雪,毕业后在清华大学攻读博士学位,现为清华大学博士后,近年来以共同第一作者身份在《科学》(Science)上发表研究文章 7 篇,在《细胞》(Cell)上发表研究文章 2 篇,入选 2016 年"未来女科学家计划"(全国仅 5 位),并荣获《科学》(Science)杂志和 Sci Life Lab 颁发的 2018 年度青年科学家奖(全球仅 4 位);2013 届毕业生郑伟涛,成为强生公司最年轻的一线领导,2016 年被提拔为地区经理;2015 届本科毕业生刘耀,任职于国家外交部地区业务司;2016 届本科毕业生张宁远,前往美国斯坦福大学深造,攻读环境工程专业;2012 届本科毕业生阙雨薇、2013 届本科毕业生杨嘉、2014 届本科毕业生陈陈等一批品学兼优的毕业生考取选调生或大学生村官,扎根基层,逐梦新时代。此外,学院还建立了海洋科学广东省实验教学示范中心、国家级专业综合改革试点、广东省战略性新兴产业特色专业点,以及广东省重点专业、中山大学首批八个品牌专业之一。教育教学成果不仅使我校海洋学科学生受益,还对全校其他专业及省内外相关学科的发展起到示范性作用。

本书共有 100 余位优秀海洋学子分享他们的故事,这是海洋科学学院育人理念的具体体现,也是中山大学"十二字"培养目标——培养"德才兼备"、具有"领袖气质"和"家国情怀"的海洋卓越人才在海洋科学专业的落地。

编　者
2020 年 1 月

致 谢

本书的编辑出版得到教育部"三全育人"综合改革试点项目（2018）、广东省高等教育教学改革项目（2019）、广东省高等学校特色专业建设项目（2019）、广东省教育科学"十三五"规划党建研究项目（2019）的支持，谨此表示感谢。

目 录

海洋科学学院2017—2018学年本科生奖学金评选情况报告（一）——奖学金名录
　　及获奖情况概述 …………………………………………………………………（1）
海洋科学学院2017—2018学年本科生奖学金评选情况报告（二）——获奖学生
　　平均成绩分析 ……………………………………………………………………（5）
海洋科学学院本科生2018年学术研究和获奖情况报告 ………………………………（11）
一、努力前行，未曾止步 ……………………………………………… 赖少辉（20）
二、体·育 ……………………………………………………………… 李剑焕（22）
三、人总是要动起来 …………………………………………………… 李海威（24）
四、Work Hard，Play Harder ………………………………………… 蔡童欣（26）
五、请待我羽化成蝶 …………………………………………………… 刘嘉慧（29）
六、在大海上飞翔 ……………………………………………………… 李文静（32）
七、我的大学，我的成长 ……………………………………………… 梁欣琳（35）
八、学有所得，思有所感 ……………………………………………… 李　菲（37）
九、不忘初心，砥砺前行 ……………………………………………… 廖钊健（39）
十、困而学之 …………………………………………………………… 黎泽欣（42）
十一、脚踏实地，仰望星空 …………………………………………… 郑懿洁（44）
十二、耐得住寂寞，才守得住繁华 …………………………………… 黄震宇（47）
十三、大学的第一年是飞速成长的一年 ……………………………… 麦信霞（49）
十四、持之以恒，方能修成正果 ……………………………………… 梅书弦（51）
十五、在大学，遇见更好的自己 ……………………………………… 许韶光（54）
十六、不愿将就，去做一位追光者 …………………………………… 黎钦瑶（56）
十七、努力学习，不忘初心 …………………………………………… 王景鸿（59）
十八、向上的步伐，永不停歇 ………………………………………… 袁漫津（61）
十九、扬帆起航正当时 ………………………………………………… 饶诗丹（63）
二十、让大学生活充实起来 …………………………………………… 黄俊柔（66）
二十一、我与学生会：在这里，很幸运 ……………………………… 梁铭恩（68）
二十二、我与团委：好好学习，好好工作 …………………………… 李赛宇（70）
二十三、我与海精灵和辩论队 ………………………………………… 王智娜（71）

二十四、不忘初心，继续前行	潘弘博（74）
二十五、我与辩论队：人生如织，与君共勉	黄应浩（76）
二十六、浅忆我在海科院羽毛球队的经历	方思婷（79）
二十七、当我在新闻中心时	林理娥（80）
二十八、我与足球队的缘分	潘福鹏（82）
二十九、我与排球队：海排管家唠家常	李政坤（84）
三十、一名新生，会对海洋科学有怎样的期待	刘俊宇（85）
三十一、我与女篮：我的成长与收获	陈美莲（87）
三十二、我与男篮：在海科院篮球队的这半年	张璟国（89）
三十三、我与学生会：我的收获与成长	谢昊运（91）
三十四、厉害了我的新闻中心	庞杰辉（93）
三十五、"悦"读感赏析：爱国·青年	李政圆（95）
三十六、"悦"读感赏析：读《习近平的七年知青岁月》有感	谢奇伶（97）
三十七、2018年秋季工作会议学习心得	张俊林（99）
三十八、2018年秋季工作会议学习心得	林海欣（101）
三十九、严谨明辨，不馁笃行——访2010级校友陈陈	罗宇鑫（103）
四十、蜕于瘠地，迎风绽放——访2008级校友阙雨薇	林骊镕（106）
四十一、认清自我，明确目标——访2009级校友杨嘉	曹宸宇、袁梦楚（109）
四十二、人生无法设计，权且向前走——访2014级校友苏渭棋	钟财芬（112）
四十三、不忘初心，砥砺前行——访2008级校友李濛晓妍	仝循权（115）
四十四、绽放在海洋保护第一线的花——访2011级校友杨丽丽	李赛宇（117）
四十五、公益囊赏析：广东省立中山图书馆志愿者	薛媛（120）
四十六、公益囊赏析：海南万宁黄山小学支教	翁生泽（122）
四十七、清华大学博士后、我院2013届本科毕业生万蕊雪获2018年度青年科学家奖	（124）
四十八、中山大学94周年生日，看海科人给它送上了什么礼物	陈新龙（128）
四十九、与世界大学青年领袖交流对话	李永恒（130）
五十、第二届高校大学生海洋与化学科技实践论坛	黎泽林、李剑焕、姬翔、刘佳（132）
五十一、第29届国际基因组信息学会议之行	黄沛霖、林蔚常（136）
五十二、不忘初心，牢记使命	张田雪钰（141）
五十三、感谢陪我走过漫长岁月的你	林施妤（143）
五十四、第一次党章活动有感	龚涵（146）
五十五、李霄、谢韬林、詹志鹏代表学院参加珠海第一届大学生海洋环保论坛获一等奖	（148）
五十六、2017—2018学年国家奖学金获奖学生事迹	魏怀昱（149）
五十七、2017—2018学年国家奖学金获奖学生事迹	黄薇（151）
五十八、2017—2018学年国家奖学金获奖学生事迹	姬翔（154）

条目	作者	页码
五十九、2017—2018学年国家励志奖学金获奖学生事迹	区锦堂	(157)
六　十、学会自律	钱罡轸	(159)
六十一、这是我的态度	梁铭恩	(161)
六十二、我们，己亥见——学生会本学期活动回顾	卢振华	(164)
六十三、不忘初心，做回自己	曹志欣	(169)
六十四、观庆祝改革开放40周年大会有感	严珠月	(171)
六十五、海洋科学专业"有趣又有料"的作业：当情侣路遇到山竹	左皓晟	(173)
六十六、不要灰心，我们去寻找吧	苏建南	(175)
六十七、忆大二难忘的点滴	陈晓芝	(177)
六十八、为家而立	古俊豪	(179)
六十九、用一整年去回答一个问题	朱思琪	(181)
七　十、我不知将去何方，但我已在路上	叶伟雯	(183)
七十一、我的红色学习之旅	郑文义	(185)
七十二、我的过去十九年	刘佳威	(187)
七十三、追梦不畏路漫漫	刘　佳	(189)
七十四、属于我的大学生涯	钟泽华	(192)
七十五、能面对平淡，就是不平淡	高日旋	(194)
七十六、"男儿无志，钝铁无钢"	沈逸菁	(196)
七十七、做新时代的答卷人	李亚楠	(198)
七十八、多点交流与思考	严珠月	(199)
七十九、读书不忘报国	翁珏华	(201)
八　十、脚踏实地真干事，换地开荒百姓心	尚婉凝	(202)
八十一、保研那些事儿	钟泽华	(204)
八十二、第二届全国构造地质学与地球动力学青年学术论坛	马尧亮	(206)
八十三、世界名校 Ph. D 申请之路	魏怀昱	(208)
八十四、靠近世界名校的故事	蔡童欣	(212)
八十五、做个自信而坚韧的人	张弯弯	(218)
八十六、致敬科研中的有趣时光	黎泽欣、李文静、郑懿洁	(221)
八十七、从细胞培养开始的科研之旅	李剑焕、金凡茗、赖明彦	(225)
八十八、我们的科研启蒙课	宋清琳、曾俊炜、彭用一、罗志豪	(228)
八十九、学习、科研、成果	李霄、谢韬林、詹志鹏	(231)
九　十、结题摘优秀，携梦再出发	黎泽林、李烽全、姬翔、刘佳	(236)
九十一、波浪衰减，波乐思鉴	罗钧升、刘帅、罗祺皓、谢金池、黄子钊	(240)
九十二、粒粒皆辛苦	毛琳、陈宏波、罗杰骏	(243)
九十三、从科研中发现乐趣	郑文义、李政坤、蔡达仰、张金锋	(248)
九十四、中山大学帆船队：蓝色波涛中的乘风破浪之旅		(252)
九十五、圆梦中大，无悔青春	罗志勇	(259)
九十六、学在中大，追求卓越	魏怀昱	(263)

九十七、科研、烹饪、公益，她的精彩大学生活——2015级本科生蔡童欣 ……（266）
九十八、情不知所起，一往而深 ………………………………… 黎泽林（271）

海洋科学学院 2017—2018 学年
本科生奖学金评选情况报告（一）
——奖学金名录及获奖情况概述

一、评选情况总概

（一）评选时间和流程

截至 2018 年 10 月 24 日，海洋科学学院 2017—2018 学年本科生奖学金评选已全部结束。具体评选时间和流程如下。

8 月 11 日，班级奖学金评定小组名单公示。

8 月 15 日至 9 月 19 日，依次完成德育加分及公益时数证明材料班级评定小组审核和班内公示，各年级分别召开评审会议，对有异议和不明确的加分项目进行讨论审核，最终将德育加分及公益时数在学院网进行公示。

9 月 28 日，按照学校下达的各项奖学金名额，根据比例和奖学金评选要求分配到各年级，分配结果经年级评定小组通过。

9 月 29 日，发布中山大学优秀学生奖学金评选通知，将裸绩点从系统导出进行公示。

10 月 1 至 5 日，计算各年级、班级综合评测排名并评选出优秀学生奖学金拟评定结果，依次经各班级评定小组、学院本科生事务委员会审核通过后，在学院网进行公示。

10 月 8 日，发布国家奖学金、国家励志奖学金、中山大学励志奖学金及捐赠奖学金评选通知。

10 月 10 至 12 日，学生工作办公室（以下简称"学工办"）整理审核申请资料后，依次经各班级评定小组讨论评议、学院本科生事务委员会审核，将国家奖学金、国家励志奖学金、中山大学励志奖学金及捐赠奖学金拟评定结果在学院网公示。

10 月 16 日，发布中山大学专项奖学金评选通知。

10 月 19 至 24 日，学工办整理审核申请资料后，依次经各班级评定小组讨论评议、学院本科生事务委员会审核，将中山大学专项奖学金评选拟评定结果在学院网公示。

（二）奖学金名录

2017—2018 学年，海洋科学学院各年级本科生获得的政府奖学金包括国家奖学金、国家励志奖学金；学校奖学金包括中山大学优秀学生奖学金（一等奖、二等奖、三等奖）、中山大学励志奖学金；捐赠奖学金包括曾宪梓奖学金、中国友好和平发展基金会 Panasonic 育英基金奖金、珠海可口可乐优秀学生奖学金。具体情况如表 1 所示。

表1 2017—2018学年各项奖学金概况

奖学金类别	奖学金名称	奖学金金额/元
政府奖学金	国家奖学金	8000
	国家励志奖学金	5000
学校奖学金	中山大学优秀学生奖学金一等奖	4000
	中山大学优秀学生奖学金二等奖	3000
	中山大学优秀学生奖学金三等奖	2000
	中山大学励志奖学金一等奖	4000
	中山大学励志奖学金二等奖	3000
	中山大学专项奖学金—学术创新奖	2000
	中山大学专项奖学金—道德风尚奖	2000
	中山大学专项奖学金—学科竞赛奖	2000
	中山大学专项奖学金—文体艺术奖	2000
	中山大学专项奖学金—学业进步奖	1000
捐赠奖学金	曾宪梓奖学金	5000
	中国友好和平发展基金会Panasonic育英基金奖金	10000
	珠海可口可乐优秀学生奖学金	2000

(三) 各类奖学金总体概况

总体来看，2017—2018学年海洋科学学院各年级本科生获得各项奖学金人数总计141人次/118人，占学院参评奖学金总人数的33.62%。其中，国家奖学金5人，获奖率为1.59%；国家励志奖学金12人，获奖率为3.81%；优秀学生奖学金95人，获奖率为30%（一等奖16人/5%，二等奖32人/10%，三等奖147人/15%）；中山大学励志奖学金14人，获奖率为3.99%；曾宪梓奖学金1人，中国友好和平发展基金会Panasonic育英基金奖金1人，珠海可口可乐优秀学生奖学金2人。

从年级来看，2015、2016、2017级国家奖学金获奖人数分别为1人、2人、2人，国家励志奖学金分别为2人、5人、5人，优秀学生奖学金分别为17人（一等奖3人、二等奖6人、三等奖8人）、36人（一等奖8人、二等奖12人、三等奖16人）、42人（一等奖5人、二等奖14人、三等奖23人），中山大学励志奖学金分别为2人、7人、5人。

具体情况如表2、表3所示。

表2　2015—2017级各项奖学金获奖人数情况

奖学金名称	15级全级	15级地质	15级生物	15级物理	16级全级	16级地质	16级生物	16级物理	16级化学	17级全级
国家奖学金	1	0	0	1	2	0	0	2	0	2
国家励志奖学金	2	0	1	1	5	1	2	0	2	5
中山大学优秀学生奖学金一等奖	3	1	1	1	8	2	2	2	2	5
中山大学优秀学生奖学金二等奖	6	2	2	2	12	3	3	3	3	14
中山大学优秀学生奖学金三等奖	8	2	3	3	16	4	4	4	4	23
中山大学励志奖学金一等奖	0	0	0	0	0	0	0	0	0	1
中山大学励志奖学金二等奖	2	1	1	0	7	2	2	0	3	4
中山大学专项奖学金—学术创新奖	2	0	1	1	1	0	0	0	1	0
中山大学专项奖学金—道德风尚奖	0	0	0	0	1	0	0	0	1	1
中山大学专项奖学金—学科竞赛奖	0	0	0	0	0	0	0	0	0	0
中山大学专项奖学金—文体艺术奖	1	0	0	1	1	0	0	1	0	2
中山大学专项奖学金—学业进步奖	1	1	0	0	1	0	1	0	0	0
曾宪梓奖学金	1	0	0	1	—	—	—	—	—	—
中国友好和平发展基金会Panasonic育英基金奖金	—	—	—	—	1	0	0	1	0	—
珠海可口可乐优秀学生奖学金	—	—	—	—	—	—	—	—	—	2

表3　2015—2017级各项奖学金获奖比例情况

奖学金名称	15级全级	15级地质	15级生物	15级物理	16级全级	16级地质	16级生物	16级物理	16级化学	17级全级
国家奖学金	1.85%	0	0	5.56%	1.67%	0	0	6.67%	0	1.42%
国家励志奖学金	3.70%	0	5.26%	5.56%	4.17%	3.33%	6.67%	0	6.67%	3.55%
中山大学优秀学生奖学金一等奖	5.56%	5.88%	5.26%	5.56%	6.67%	6.67%	6.67%	6.67%	6.67%	3.55%
中山大学优秀学生奖学金二等奖	11.11%	11.76%	10.53%	11.11%	10.00%	10.00%	10.00%	10.00%	10.00%	9.93%
中山大学优秀学生奖学金三等奖	14.81%	11.76%	15.79%	16.67%	13.33%	13.33%	13.33%	13.33%	13.33%	16.31%

续表3

奖学金名称	15级全级	15级地质	15级生物	15级物理	16级全级	16级地质	16级生物	16级物理	16级化学	17级全级
中山大学励志奖学金一等奖	0	0	0	0	0	0	0	0	0	0.71%
中山大学励志奖学金二等奖	3.70%	5.88%	5.26%	0	5.83%	6.67%	6.67%	0	10.00%	2.84%
中山大学专项奖学金—学术创新奖	3.70%	0	5.26%	5.56%	0.83%	0	0	0	3.33%	0
中山大学专项奖学金—道德风尚奖	0	0	0	0	0.83%	0	0	0	3.33%	0.71%
中山大学专项奖学金—学科竞赛奖	0	0	0	0	0	0	0	0	0	0
中山大学专项奖学金—文体艺术奖	1.85%	0	0	5.56%	0.83%	0	0	3.33%	0	1.42%
中山大学专项奖学金—学业进步奖	1.85%	5.88%	0	0	0.83%	0	3.33%	0	0	0

以上是对2017—2018学年海洋科学学院各年级本科生获奖情况的总体概述。在下一份报告中，我们将公布不同年级、不同专业获得各类奖学金的学生的平均裸绩点和平均综合评测绩点，敬请期待。

海洋科学学院 2017—2018 学年本科生奖学金评选情况报告（二）
——获奖学生平均成绩分析

为了帮助各位同学更好地了解奖学金申请的情况和要求，学院学工办统计了 2015、2016、2017 级获得国家及学校各项奖学金的同学的平均成绩，包括平均综合测评绩点（以下简称"综绩"）、平均裸绩点（以下简称"裸绩"）和平均德育加分。其中，"综绩 = 裸绩 + 德育加分"。

一、国家奖学金

国家奖学金是各项奖学金里面对获奖学生平均成绩要求最高的，2015、2016、2017 级获国家奖学金学生的平均综绩达到 4.6803、4.2630、4.0332，平均裸绩达到 4.4033、4.1435、4.0232，平均德育加分为 0.2770、0.1195、0.0100。从统计结果来看，随着年级的升高，获得国家奖学金所要求的平均综绩、平均裸绩和平均德育加分都存在递增趋势。如图 1 所示。

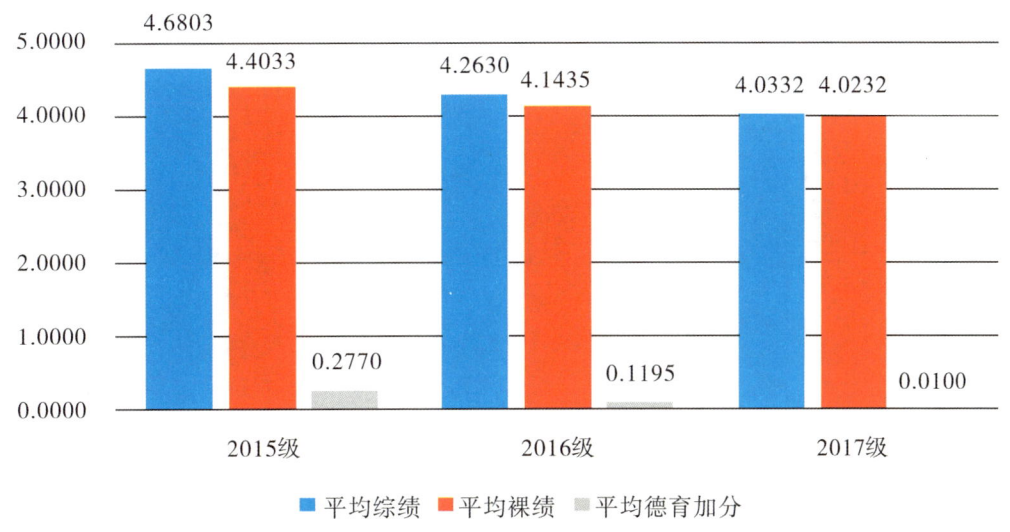

图 1　2015—2017 级获国家奖学金平均成绩

二、国家励志奖学金、中山大学励志奖学金

2015、2016、2017 级获国家励志奖学金的平均综绩为 3.9471、3.6701、3.8235，如图 2 所示。获中山大学励志奖学金的平均综绩为 3.6965、3.4978、3.4973，如图 3 所示。

国家励志奖学金和中山大学励志奖学金的评选要求均为综合测评排名在前50%以内的家庭经济困难学生，国家励志奖学金奖金高于中山大学励志奖学金，在评选时对于综绩排名较前的学生优先评予国家励志奖学金。

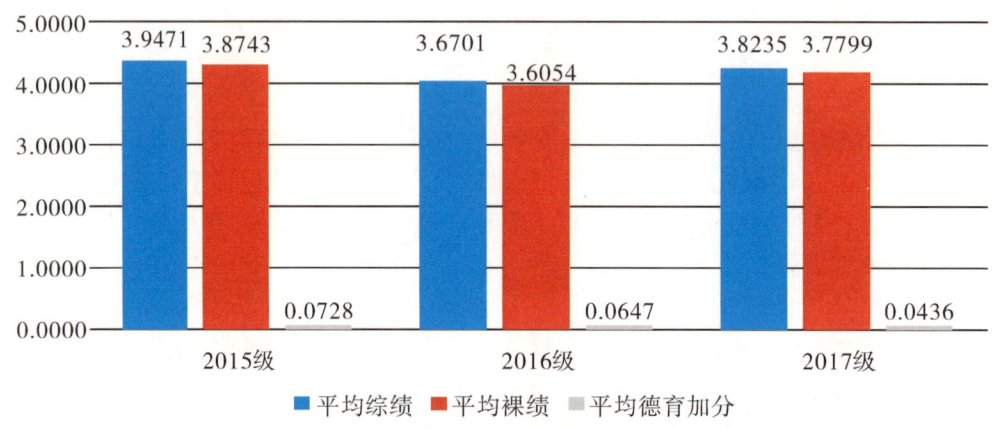

图2　2015—2017级获国家励志奖学金平均成绩

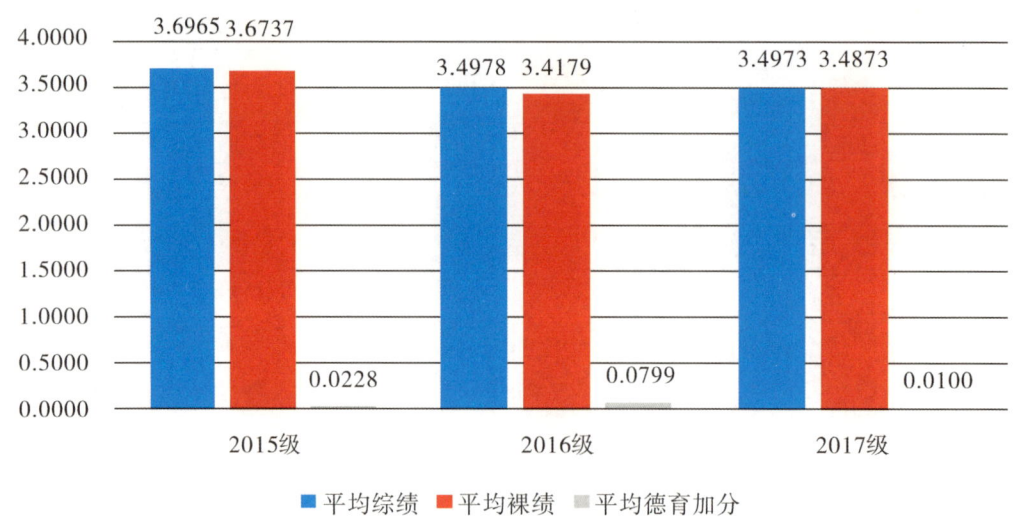

图3　2015—2017级获中山大学励志奖学金平均成绩

三、中山大学优秀学生奖学金

（一）2015级海洋地质班、海洋生物班、物理海洋班获奖概况

2015级海洋地质、海洋生物、物理海洋三个班的学生，获一等奖学金的平均综绩分别为4.6132、4.3108、4.6803，平均裸绩分别为4.3522、4.1848、4.4033，平均德育加分分别为0.2610、0.1260、0.2770，获二等奖学金及三等奖学金的学生平均综绩、平均裸绩和平均德育加分差异不大。统计说明，2015级海洋地质班、物理海洋班学生

参加第二课堂活动的积极性更高,或在第二课堂活动中取得的成绩较好。如图4、图5、图6所示。

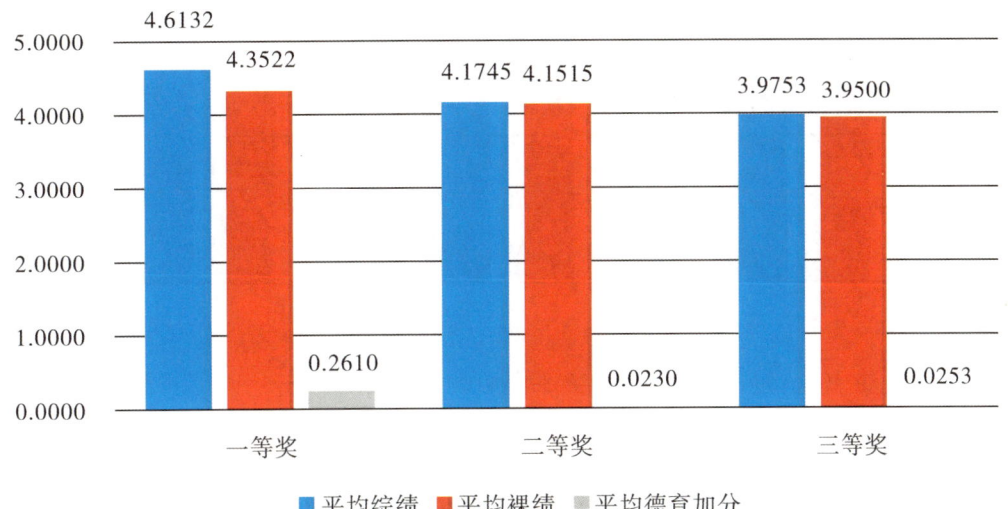

图4 2015级海洋地质班获优秀学生奖学金平均成绩

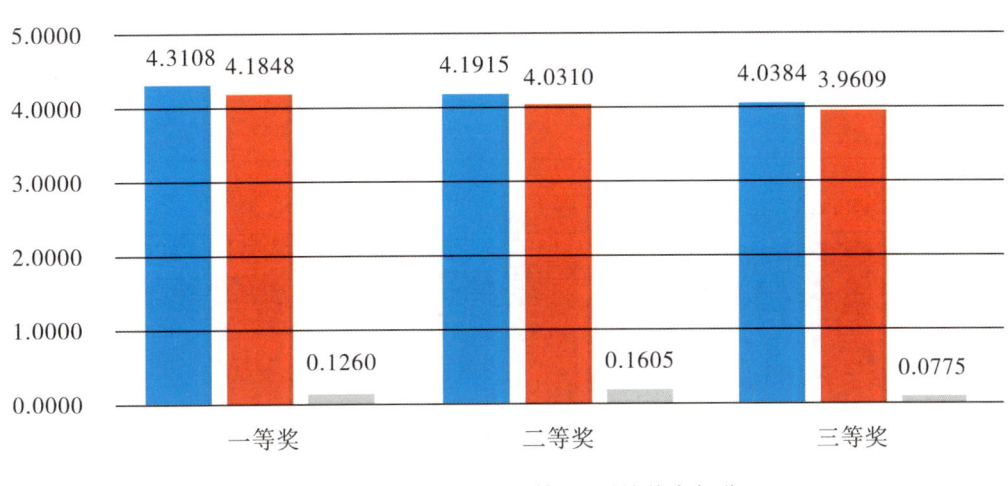

图5 2015级海洋生物班获优秀学生奖学金平均成绩

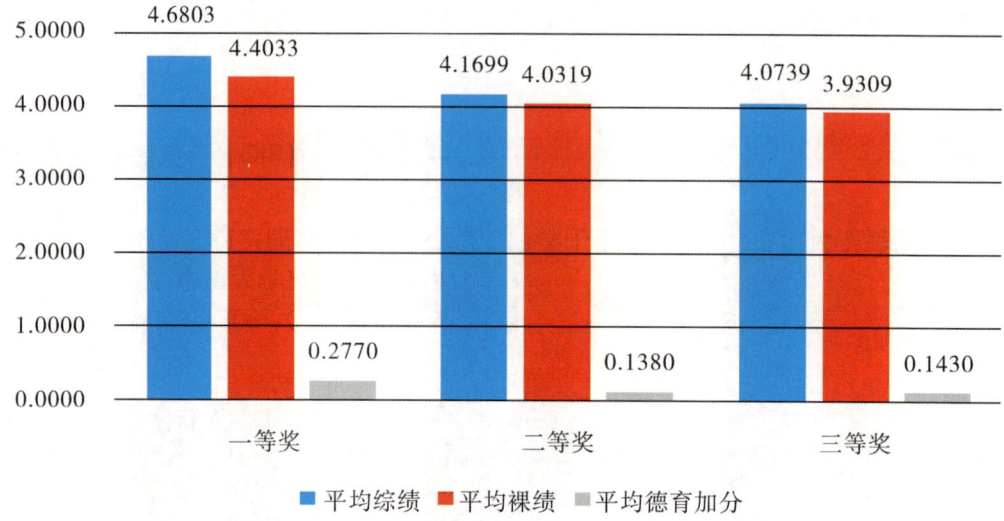

图6 2015级物理海洋班获优秀学生奖学金平均成绩

(二)2016级海洋地质班、海洋生物班、物理海洋班、海洋化学班获奖概况

2016级海洋地质、海洋生物、物理海洋、海洋化学四个班的学生,获一等奖的平均综绩为3.8931、4.1180、4.2630、3.9019,获二等奖的平均综绩为3.6143、4.0100、3.9346、3.8272,获三等奖的平均综绩为3.4417、3.8974、3.8743、3.5496,在平均德育加分方面相差不大。如图7、图8、图9、图10所示。

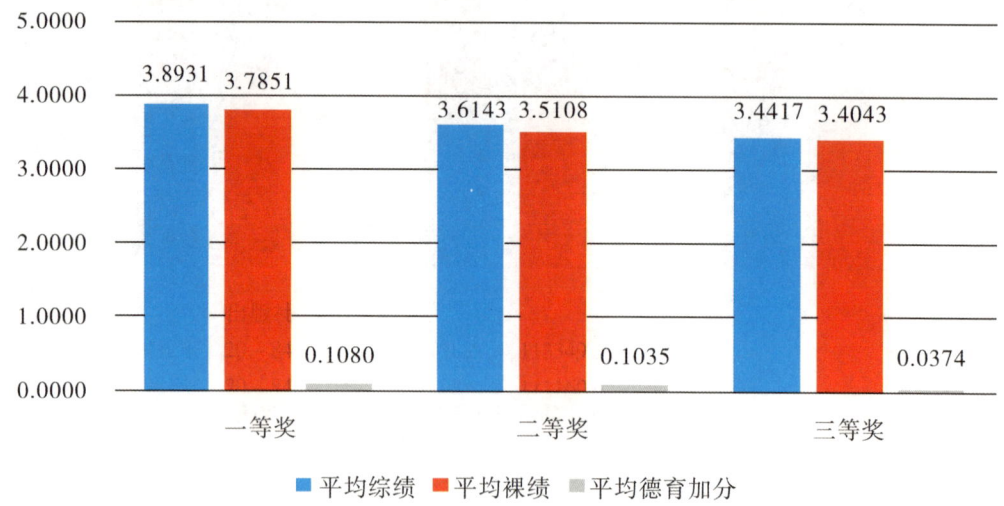

图7 2016级海洋地质班获优秀学生奖学金平均成绩

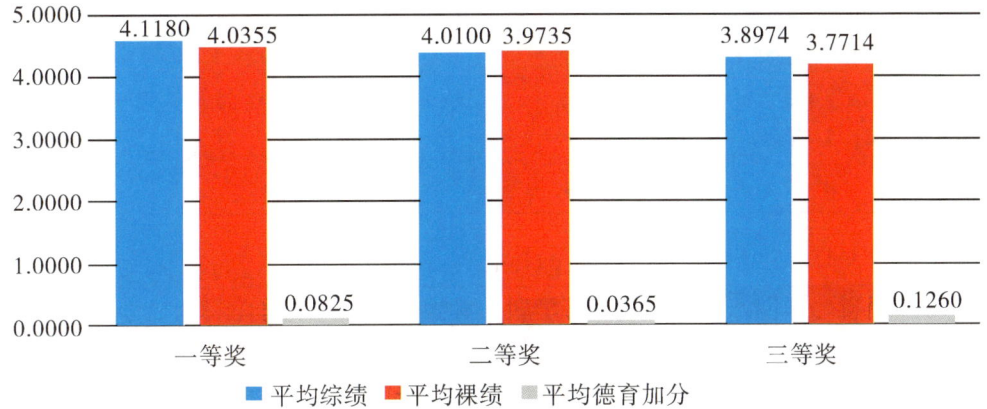

图 8　2016 级海洋生物班获优秀学生奖学金平均成绩

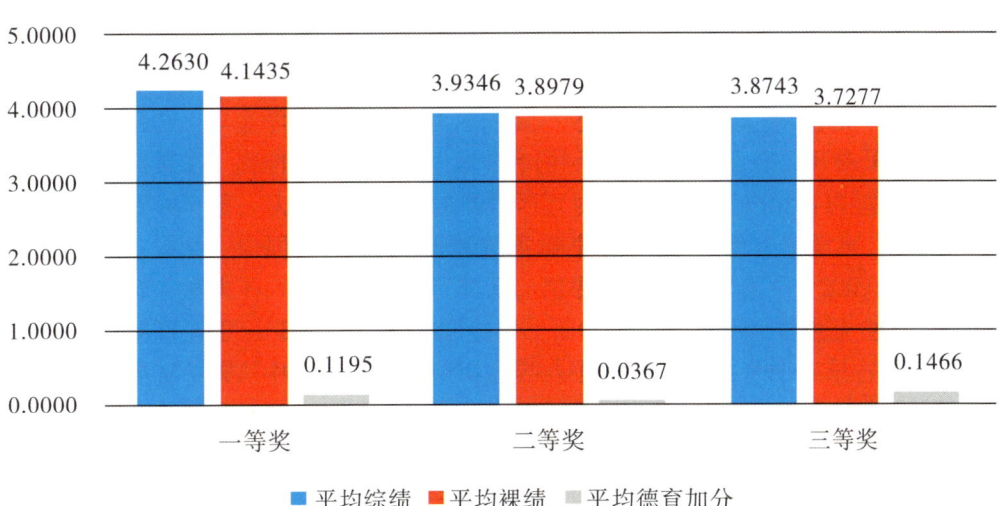

图 9　2016 级物理海洋班获优秀学生奖学金平均成绩

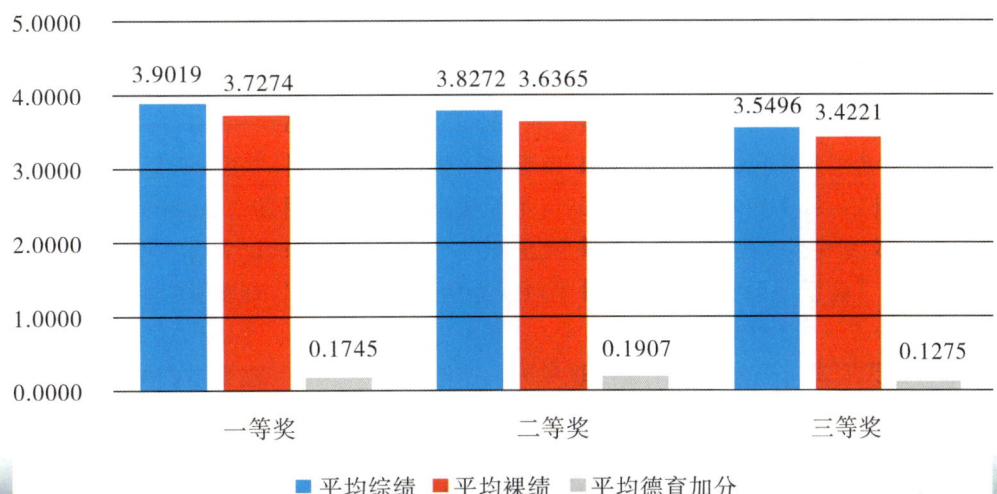

图 10　2016 级海洋化学班获优秀学生奖学金平均成绩

（三）2017级全级获奖情况

2017级学生获优秀学生奖学金一、二、三等奖的平均综绩分别为4.0066、3.8540、3.6188。如图11所示。

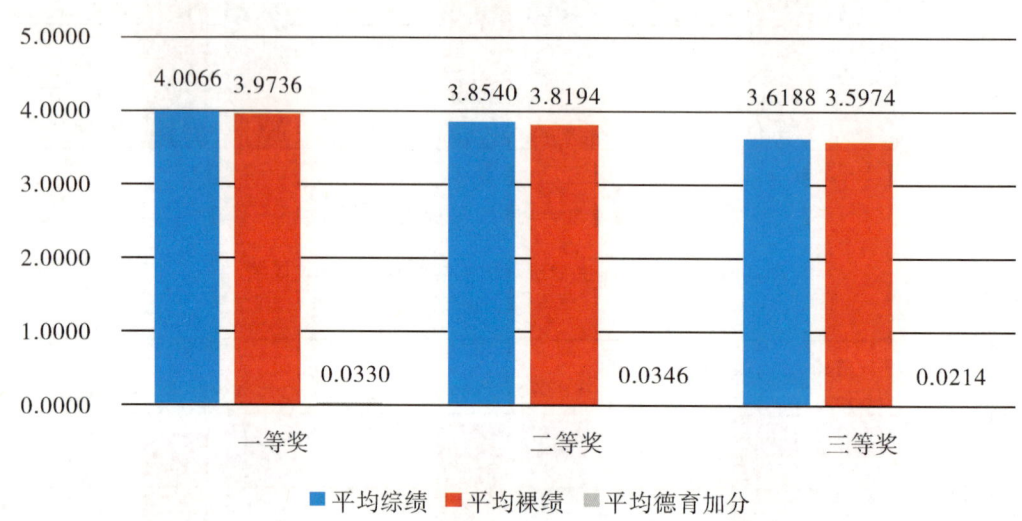

图11　2017级全级获优秀学生奖学金平均成绩

（四）各年级学生平均德育加分

我们对2015、2016、2017级获得优秀学生奖学金同学的德育加分进行了统计，结果显示，从低年级到高年级，学生平均德育加分呈递增趋势。统计说明，高年级学生参加第二课堂活动的积极性更高，且在活动中获得的成绩更好。如图12所示。

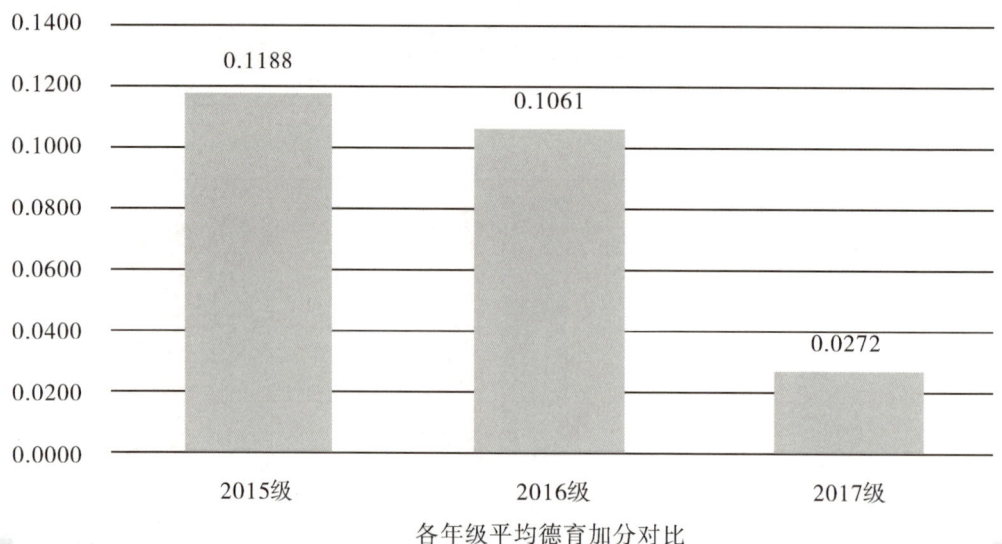

图12　2015—2017级平均德育加分对比情况

海洋科学学院本科生 2018 年
学术研究和获奖情况报告

一、学术研究

（一）发表学术论文

2015 级本科生黎泽林以第二作者身份在 SCI 期刊 *Mental and Comparative Immune* 发表了论文"Interferon Regulatory Factor 3 from Sea Perch（Lateolabrax japonicus）Exerts Antiviral Function against Nervous Necrosis Virus Infection"。

2016级本科生李政坤、王子奥、饶诗丹以第一、第二、第三作者的身份在《海洋科学前沿》发表《伶仃洋海水总碱度测定》。

Determination of Total Alkalinity of Lingdingyang Bay

Zhengkun Li[1], Zi'ao Wang[1], Shidan Rao[1], Guiyong Shi[1,2*]

[1]School of Marine Science, Sun Yat-sen University, Zhuhai Guangdong
[2]Key Laboratory of Marine Mineral Resources, Ministry of Land and Resources, Guangzhou Guangdong
Email: lizhk7@mail2.sysu.edu.cn, *eessgy@mail.sysu.edu.cn

Received: May 10th, 2018; accepted: May 30th, 2018; published: Jun. 6th, 2018

Abstract

To solve the lack of the alkalinity data of Lingdingyang Bay and Zhuhai coastal area since 1999, the total alkalinity of seawater in the study area was measured by titration method on December 7, 2016. We found that the total alkalinity was 102.10 mg/L (calculated by $CaCO_3$). Compared to the previous data 70.5 mg/L (calculated by $CaCO_3$) [1], the total alkalinity has been greatly increased. The reasons may be the pollution of domestic sewage, the frequent occurrence of red tide and the increasing domestic sewage pollution.

Keywords

Sea Water, Alkalinity Determination, Lingdingyang Bay

伶仃洋海水总碱度测定

李政坤[1]，王子奥[1]，饶诗丹[1]，石贵勇[1,2*]

[1]中山大学海洋科学学院，广东 珠海
[2]国土资源部海底矿产资源重点实验室，广东 广州
Email: lizhk7@mail2.sysu.edu.cn, *eessgy@mail.sysu.edu.cn

收稿日期：2018年5月10日；录用日期：2018年5月30日；发布日期：2018年6月6日

摘 要

针对1999年后珠江口伶仃洋和珠海近岸地区碱度研究资料的缺失，本文通过滴定法对研究区进行海水总碱度进行测定，获得2016年冬季伶仃洋珠海沿岸海水总碱度为102.10 mg/L(以$CaCO_3$计)，发现总碱度相较于先前的数据70.5 mg/L [1]有了大幅度的升高，而较之2015年同期的数据126 mg/L有所下降。成因可能是2000年以后试验区域的生活污水污染，赤潮频发共同作用。

文章引用: 李政坤, 王子奥, 饶诗丹, 石贵勇. 伶仃洋海水总碱度测定[J]. 海洋科学前沿, 2018, 5(2): 80-88.
DOI: 10.12677/ams.2018.52010

（二）参加学术会议（论坛）

2018年4月，2018年欧洲地球科学联盟年会（General Assembly 2018 of the European Geosciences Union，简称EGU）在奥地利维也纳举办，2015级本科生魏怀昱、郭瑾发表会议摘要"The Pattern and Control of Erodibility of Cohesive Sediments in a Spartina Alterniflora Marsh on the Coast of Jiangsu, China"及"The Dynamics of Seaward Margin of a Spartina Alterniflora Marsh on the Coast under Reclamation in Jiangsu Province, China, 1987—2017"。

魏怀昱　　　　　　　　　　　　　　郭瑾

2018年10月，2018年物理河口海岸会议（The 2018 Physics of Estuaries and Coastal Seas，简称 PECS）在美国得克萨斯州举办，2015级本科生曹宸宇做墙报展示——Impact of External Forcing on Backwater Length in Tidal Rivers；2015级本科生蔡童欣做墙报展示——The Impacts of External Forcing and Geometry on Energy Transport in Convergent Estuaries。

曹宸宇（左）　　　　　　　　　　　蔡童欣（左）

2018年11月，第二届高校大学生海洋与化学科技实践论坛在青岛市中国海洋大学举办，2015级本科生李剑焕做了题为"两株珠江口重要海水鱼类细胞系的建立、鉴定及应用"的口头报告，获得优秀报告二等奖。2015级本科生黎泽林、2017级本科生刘佳做了题为"一株病毒性出血败血症病毒（VHSV）的分离鉴定及全基因组序列分析"的墙报展示，获优秀墙报奖；2017级本科生姬翔做了题为"银鲳鱼鳍细胞系的建立、鉴定及应用"的墙报展示，获得参会师生好评。

2018年12月，第29届国际基因组信息学会议（Genome Informatics Workshop，简称 GIW）在昆明理工大学举办，2016级本科生林蔚常、黄沛霖做墙报展示——De Novo Transcriptome Sequencing Analysis of Common Carp（Cyprinus Carpio）and Uncovers Growth Related Genest。

2018年12月，珠海第一届大学生海洋环保论坛在珠海校区伍舜德酒店国际学术交流中心举办，2016级本科生李霄、谢韬林及2017级本科生詹志鹏发表会议论文《温度对传染性脾肾坏死病毒发表的影响》，获一等奖。

2018年12月，海洋科学学院第三届"海纳百川"模拟国际学术会议在珠海校区伍舜德学术交流中心举办，2016级本科生林蔚常做口头报告——Wide-Transcriptome Sequencing Analysis of Common Carp（Cyprinus Carpio）and Uncovers Growth Related Genes，获二等奖。

我院学生在第二届高校大学生海洋与化学科技实践论坛上合影
（从左至右：刘佳、黎泽林、李剑焕、姬翔）

林蔚常（左）、黄沛霖（右）

我院学生参加珠海第一届大学生海洋环保论坛
（从左至右：詹志鹏、李霄、谢韬林）

林蔚常在做报告

二、获奖情况

（一）国际级奖项

2016级本科生李国佑参加2018年美国大学生数学建模比赛（MCM/ICM），获 Honorable Mention。

2016级本科生谢韬林等参加2018年美国大学生数学建模比赛（MCM/ICM），获 Successful Participant。

学院学生帆船队在"天泽航海杯"第一届J80级别亚洲帆船锦标赛中获得青年组（U25）总分第四名。

（二）国家级奖项

2016级本科生严楠洋等参加2018年第八届MathorCup高校数学建模挑战赛，获本科组二等奖。

2016级本科生朱思琪、钟财芬、梅书弦、钱罡轸、严楠洋、袁漫津参加第二届全国大学生环保知识竞赛，获优秀奖。

2016级本科生袁漫津参加第四届全国青年摄影大赛，获优秀作品奖。

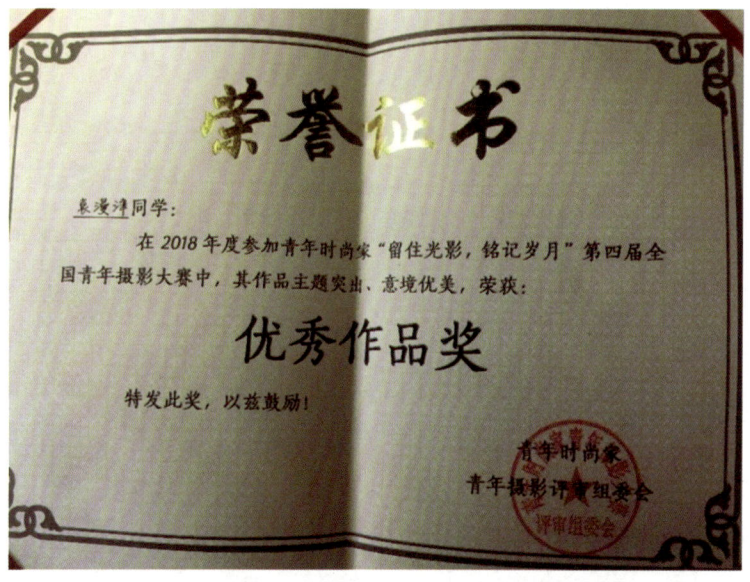

（三）省级奖项

2015级本科生梁泳嘉作为中山大学珠海校区合唱团声乐指导，带领中山大学珠海校区合唱团小组参加广东省第四届大学生声乐比赛，获一等奖。

2016级本科生范敏宜等参加第三届广东省"环境风云"实验技能大赛，获团体三等奖。

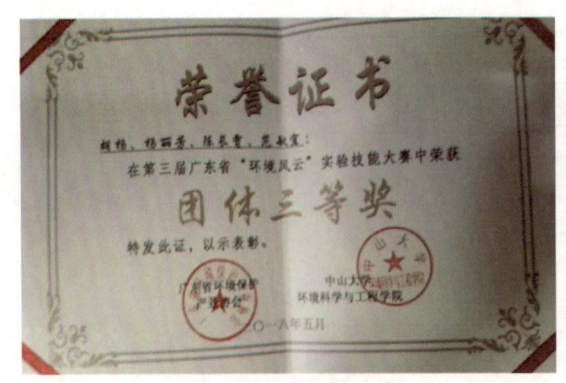 

2017级本科生曾煜晶参加2018年广东省大学生跆拳道社团&俱乐部锦标赛，获一等奖。

（四）校级奖项

本科生党支部获评2017年度"中山大学先进党支部"。

2015级物理海洋团支部、2015级海洋生物团支部、2016级4班团支部获评2017—2018年度中山大学"五四红旗团支部"，2016级本科生刘文慧2017—2018年获评中山大学"百佳团支部书记"。

榕园10号331室获评中山大学2017—2018学年"文明标兵宿舍"，荔园5号605室、132栋608室获评中山大学2017—2018学年"文明宿舍"。

男排获得2018年"康乐杯"排球联赛四校区总决赛季军，女排获得第八名（注：队员含研究生）。

海洋科学学院排球队参加"康乐杯"学生体育赛事之排球赛总决赛

男篮获得2018年珠海校区"篮协杯"第三名。

足球队获得2017年、2018年珠海校区"足协杯"冠军（分别在2018年上半年及

海洋科学学院男子篮球队

下半年举办），2017年"康乐杯"足球赛珠海校区亚军、四校区总决赛第七名。

海洋科学学院足球队获得2018年中山大学"足协杯"足球赛珠海校区总决赛冠军

在中山大学2018年校运会中，海洋科学学院获学生组体育道德风尚奖，2018级本科生徐诚获女子200米第二名，2017级本科生刘佳和2018级本科生徐诚、杨昕霖、周敏仪获女子4×100米接力赛第四名，2018级本科生肖劲获男子跳远第四名，2017级本科生刘佳获女子200米第五名。

肖劲（中）领取学生组体育道德风尚奖

一、努力前行，未曾止步

2015 级本科生　赖少辉

转眼间，入读中山大学第三年即将结束。这三年，是我努力前行，未曾止步的三年。大一时的我，被大学校园的各种社团、活动所吸引，投身其中并乐在其中，没能在社团、活动与学习之间找到平衡，没有安排好学习时间。

在大二的一年里，我始终保持积极乐观的心态，以高标准要求自己的同时，妥善处理好学习和活动两者之间的关系。在大学里，我始终用一颗真诚的心对待老师和同学。经过大学三年的历练，我由一个思想不成熟的大学新生成长为一名有自己的理想和奋斗目标的大学生。尽管遇到了不少困难，也受到了不少挫折，但我并未被那些困难和挫折击倒，妥善处理学习与生活的关系，努力做到全面发展。

作为一名海洋科学专业的学生，理论基础知识和实验操作能力都非常重要，而能将二者结合并熟练运用到实验过程中就更难能可贵。学习之余，我积极参加学校的大学生创新创业训练计划项目（简称"大创"项目），和班上的另外两位同学一起组成一个创新项目小组，争取申请到创新项目。刚开始我们没有任何头绪，不知道应该做什么项目，甚至没有方向。我们向教授海洋动物学的黄志坚副教授请教，希望他能做我们的创新项目指导老师。黄老师非常和蔼，答应了我们，并建议我们阅读相关文献，再确定方向和主题。有了指导老师的指导，我们也有了前进的动力，我们三个人花了大量的时间进行文献阅读，最后发现国内外都比较少人研究的领域，也找到适合我们的主题。经过不断的讨论、确认以及接受老师的建议，我们终于确定创新项目的方向和主题。接下来的工作就是讨论相关细节、确定实验步骤、填写相关资料以及申报项目等。功夫不负有心人，最后我们成功申请到省级创新项目。

虽然我的学业取得了很大的进步，但是大学的学习和生活所能给我带来的和我所能够接受的知识毕竟是有限的，为了日后面对社会这所没有围墙的大学，我还要不断地更新自己，不断地给自己充电，拓展自己的能力，努力务实，抓紧每一分每一秒。

除了努力学习外，我还加入了学生会。作为学生会的一员，我在大大小小的活动中贡献了自己的一份力量。如四院迎新、圣诞、元旦晚会、四院运动会、校运会、班级篮球赛等活动，为我提供了许多锻炼的机会。我还曾担任本院校运会总负责人，策划、组织了活动的前期准备、出发行程、校运会、结束回程等任务。虽然很累，但是我很享受这个过程，我相信这些社团工作都是我大学里一段宝贵的记忆。

作为学生，学习固然重要，但是前提是有一个健康的身体，若是体弱多病，别说学习，其他一切都谈不上。我爱好打篮球，平常在学习和参加社团工作之余，会到球场打打篮球，这既是爱好，也是保持锻炼的一种好方式。同时我还担任院篮球队队长一职，带队参加过学校组织的一些篮球比赛，如新生杯、篮协杯和回迁杯，同时也取得良好的成绩。除此以外，我也参加了学校举办的篮球嘉年华活动，取得了三分球大赛第三名的成绩。因此，我的身体非常健康，参加过不同的体育活动，体育成绩也非常优异。

我的爱好也涉及文艺方面，喜欢音乐、电影等。我参加了学校珠海校区港澳台部（HTM）举办的"粤唱粤强"比赛，取得了第五名的成绩。此外，我还参加了学校广播台举办的"维纳斯"歌手大赛，进入了复赛。这些活动都丰富了我的大学生活。

在我看来，诚信是人际交往中最为重要的原则。诚信是打开他人心灵之门的钥匙，只有抱着诚信交往的心态去对待对方，换来的才是对方对你的真心和信任。同时，只有诚信的双方才有可能成为知心朋友，诚信的朋友才是对你最友好的，也是你最值得交往的。同时我认为，宽容也是人际交往中的一条重要原则。因为在人际交往过程中，人与人之间不可能一帆风顺，偶尔也会产生一些矛盾，这时，你就必须有一颗宽容之心，要相互理解、相互包容。只有这样，你们的友好状态才能一直延续下去，你们才能达到双赢。

在过去三年的大学生涯中，我获得过荣誉，但我深知"成功属于过去"，人更应该着眼于未来。我会继续努力，用汗水浇灌青春，让理想在校园飞扬！作为一名大学生，要回报社会、为国家贡献自己的一份力量，就必须有良好的专业知识做基础，在以后的生活、学习、工作中，我一定会更加努力，不忘学校和社会给予我的支持和鼓励，努力成为一个对社会有用的人。

我立志做一个全面发展的大学生，靠自己的努力，打造出属于自己的一片天空。我觉得自己是幸运的，我要把握住这份幸运，好好努力，为母校贡献自己的力量。

时间还在继续，生活还在进行，我会继续努力拼搏，不断地提高自我、挑战自我，争取在各个方面全面发展，相信我的明天会变得更加美好和绚烂！

二、体·育

2015 级本科生　李剑焕

"体育一道，配德育与智育，而德、智皆寄于体，无体是无德智也。"这是毛泽东青年时期写的文章——《体育之研究》中的一句话。很早以前，大概是大一，我就读过这篇文章了。道理都懂，奈何中山大学珠海校区的生活太舒适，以至于忘了锻炼身体。

意识到要锻炼是在大二的时候。那时的我身高175厘米，体重75公斤，脸型和校园卡上的照片完全不同。而大一的时候感觉自己的身材还不错，所以就没想过要锻炼身体。有一次我翻开手机相册，浏览大一、大二两年的生活照，再三确认过摄影角度、光线等不是导致自己变"壮"的原因后，才意识到问题的严重性。

从此，我便开始去锻炼。一开始是跑步，每周会抽3个晚上去跑步：绕校道跑1圈或者田径场5圈。偶尔我也会去游游泳、打打球。看起来还挺不错，也确实对身体素质有了一定提高，但我的体重却仍在原地踏步，真是"我本将心向明月，奈何明月照沟渠"。

一个寒假过去了，我初心不改，开学第一天便制订了下面的计划：

(1) 每天跑5圈或10圈田径场（如果时间、身体条件满足）。

(2) 做30分钟无氧运动。

计划虽简单粗暴，但前期效果还是挺好的，坚持了几周，我的体型、精神面貌有了较好的改善。但之后便进入瓶颈期,各项指标比如体重、肌肉轮廓等变化微小。

又熬过一段时间,我便慢慢开始去寻找一些较为科学的方法。经过一番总结和归纳,我发现问题可能出在饮食和休息方面,平时我并没有做到科学合理地安排饮食,只是依着自己的爱好与一些较为粗浅的常识来点餐。

体育界有句话比较有名,叫作"三分靠练,七分靠吃"。按照这个观点,我调整了日常饮食,减少食用无益的零食。慢慢地,我的体重便到了65～67公斤这个区间,体脂率也控制在15%～20%,基本达到了初始要求。

在这个过程当中,我虽是孤军奋战,但极少出现三天打鱼、两天晒网的现象,可能是因为自己在这个过程当中找到了一些聊以自慰的乐趣吧,以下是我的一些心得:

一是锻炼后身体的轻松感。作为一名敬业的"低头族",我的肩颈常常僵硬酸痛,实是令人不堪其苦。幸得一些拉伸、放松运动,使这些劳损的肌肉、关节得到了一定程度上的修复,不至于影响正常生活。

二是精神面貌得到了很大的改善。经过亲身体验,我发现,一个好的身体对于春困、夏盹、秋乏、冬眠是有一定免疫能力的,会使整个人的精气神都显得很足,应对日常事务时更清醒。

三是跑步时独处时间较多。人很奇怪,有时静静地坐在椅子上,反而会心猿意马。而身处一个较为嘈杂的环境时,心却十分沉静,杂念很少,思考问题也更透彻些。跑步时,在做着重复的机械运动时,也特别容易拓展思路,是一种不可多得的体验。

有些乐趣很细小,刚开始我也没有意识到,在之后日复一日的重复中,随着对某些东西的感受的加深,才慢慢明白个中乐趣。

对于我来说,体育能带给我很多乐趣。在大学这种极其自由的环境下,人有时候也会犯懒,幸得这么一些小小的乐趣,让我渐渐把锻炼变为自己的学习任务之一,推动自己出去动一动,防止懒惰。

其实我的经历也没有值得大说特说的地方,可以用这句话概括:"故夫体育非他,养乎吾生、乐乎吾心而已"。

三、人总是要动起来

2015 级本科生　李海威

大一、大二、大三悄然过去，三年的校园生活让我找到了大学应有的节奏，三年的校园生活让我懂得了处理好学业和课余生活关系的重要性，我要用一种比较积极的态度来对待两者，让自己进入做事情的状态，做出激情，做出成绩，大学生活便可以游刃有余。在这里我想说，人要动起来，把生活的节奏带起来。

大一的课程比较多，但是大多是基础课程，比较简单易理解。大二的课程也多，但这些课已经逐渐专业化，随着大二下学期的分流，很多课程都变得复杂有难度。相对于大一来说，大二还要更多地考虑对未来的规划，压力自然也会比较大。所以当我面对很多事情时，就像一个赶路人，总在匆匆赶往下一站。当然，忙不是一件坏事。如果一个人事情多还能沉下心来把它们做好，那么他的能力将会得到大幅度提升，在很多方面都可以得心应手。

能够让我放下负担，仍然保持一颗激情的心来应对许多压力的是丰富的课余生活。其中，重要的一项是排球。大一结束后我参加的社团不多，排球队就是其中一个，这项运动对于我来说也是比较新颖的。上大学前我从没有接触过排球，在这里我要感谢中大的体育活动风气。我记得刚进入中大时，学校发的宣传小册子里讲到，在大学一定要学会或者精通某一项体育活动，这激励我去学习一项全新的体育技能，很有挑战性。成功进入院排球队后，我发现排球不仅仅是一项运动，它不像篮球、足球，光靠一两个主力球员就可以左右战局，也不像羽毛球、乒乓球赛场独秀，排球太依赖团队中每个人的协作了，在海洋科学学院（简称"海科院"）排球队这个大家庭里，我感受到了大家的团结、友善，在这里打球，我收获了欢快愉悦的感受。因为打球需要在场上很活跃，所以每个人都有强烈的胜负欲。渐渐地，我们的队员在场下也变得积极向上，在学业上乘风破浪，在其他活动中展现领袖气质，富有上进心。我发现排球队中的很多师兄师姐都是学霸，有很多同级队友也是学霸，还有很多师弟师妹也是，大家全面发展，传递无限正能量。

之所以介绍海科院的排球队，是因为我在这里可以很开心地实现某方面的自我价值，把生活中积攒的压力用在接球、扣球上，用在加油呐喊上，打了一个好球就和队友击个掌。在这里我不得不感慨体育的神奇，体育比赛具有观赏性，它的团队合作竞技又展现了人的心智，以至于大家在比赛现场都全身心投入，热血沸腾，一心一意想要获得胜利。

  我想到了球队几十号人在"康乐杯"排球四校区决赛中征战的场景，当时整个球场激烈的气氛仍然弥漫在我的脑海中。我还想到了16级新生们在新生杯中面对强劲的对手崭露头角，这是一代接一代体育精神的传承。我看到我们的师姐打得筋疲力尽，扶着腰也要坚持把比赛打完，因为还可以赢；落后卡轮了叫一个暂停，喝口水、围个圈、喊一声"加油"后上场继续打，因为反超的机会就在下一秒。每天我都会看到队员练球练到闭馆，下了晚自习到操场跑步，拿着一筐几十个球从球场的一端发到另一端，跑去捡回，再发……在海科院排球队这个大家庭里，大家为了进步都拼尽了全力。排球，不知不觉给我们留下很多美好的回忆。球场上有很多东西可以学，你可以学到技术，可以锻炼身体，学会配合别人，也可以学到更多源于排球又不止于此的哲理。

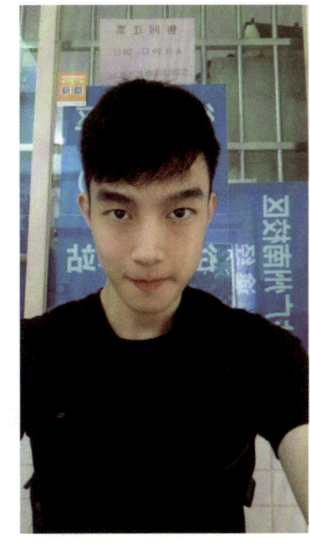

  排球就是这么一项让人欲罢不能的课余活动，于是大一、大二我选了三个学期的排球课。排球给我的一个比较明确的校园生活准则是：能学、能工作、能锻炼。我们有时候会遇到很多事情，如果积极地把这些事情安排好，就有了目标。特别是当你把一项兴趣类活动安排在你的日常计划里时，你很容易就有了动力，你会为了这一项特定的活动而快速地把其他事情完成，然后以最好的状态来面对这一项活动。人要是有了点期望，心里盼着某样东西，才能动起来，才会有生活的激情，这样就很容易进入状态，效率自然会高，或许就不用为处理不完的事情叫苦不迭，也不用强迫自己工作到深夜，"开夜车"。相反，如果一个人做事情吊儿郎当，平时总让自己处于一种安逸舒服的状态，到了截止期限再急急忙忙，反而容易感到麻木、空虚、不踏实。如果以这种状态走在路上，路人会觉得他的眼睛是呆滞无神的，因为没有目标，所以会迷茫不知去向。

  之所以说要采用某种生活激励法，是希望自己能够在以后的道路上越走越远，不忘初心，实现自己规划的很多目标。

四、Work Hard, Play Harder

2015 级本科生　蔡童欣

学习无疑是学生的第一要务，但我们不曾想，人在世间走一遭，怠慢热爱，本身就是对自己最大的辜负。你对待生活的态度，决定了你生活的温度。所以，我一直坚持"work hard, play harder"的生活态度，活出自我。

多了解、多实践

除了完成平时老师布置的课程任务外，我也喜爱参加学院的"海洋大讲堂"（如"气候变化对英国威尔士沿海洪水的影响""水文气象科学进展""海洋争端：国际海洋法与国家海洋权益"等）、"师生午餐会"、社会实践参观（例如去珠海环境各监测中心参观学习），学校的"大学生创新创业训练计划项目"，或者跟随老师做科研实验（"珠江口水域纤毛虫丰度及鞭毛虫营养方式季节及昼夜变化研究""粤东潟湖地貌演变规律和成因分析——以汕尾品清湖为例""历史时期东海鱼类变迁""海岸盐沼沉积物的抗侵蚀性与其影响因子""西江磨刀门河口径潮耦合的河相关系分析"课题），等等。

除了在自己专业领域"有所为"以外，我还积极参加社会实践，如参加《广州日报》征文活动，报名参加 2016 年广州马拉松赛，前往广州唯品会总部和广州超级周末科技有限公司参观等。

此外，我还积极参与各类志愿者活动，如作为广州市越秀区齐志社会工作服务中心优秀志愿者，参与爱心一元捐、美食总动员活动；协助广州图书馆图书上架；参与中山大学本科生"公益囊"、"悦"读感活动；参加 2015 学年秋季学期爱心助学活动——向萌萌小朋友捐赠学杂费 600 元；2015 学年在中山大学青年志愿者协会当志愿者（在柠溪蓝天小屋负责整理、打包衣物，负责珠海市图书馆图书上架，在琪琪聋儿听力语言康复中心与有听力障碍的小朋友玩耍，在珠海市香洲区友爱自闭症公社当志愿者）；参加海洋科学学院团委实践部组织的"碧海红树"志愿者解说活动。

用国际视野进行国际交流

想要拥有一个国际视野，就要有能够进行国际交流的实力，因此，英语能力就很重要。虽然我不像外语学院的同学能够无时无刻地锻炼自己的英语表达能力和技巧，但多次参加外语交流和比赛也能让我在这些过程中有所收获、有所成长。

我连续两年参加外研社（外语教学与研究出版社）组织的英语演讲和写作大赛，并荣获中山大学英语演讲比赛暨"外研社杯"全国英语演讲比赛中山大学选拔赛三等奖，同时托福考试取得 99 分的成绩。这些成绩和平时的专业课绩点是我拥有国际交流实力的证明。

我也为此做出了一个重要的决定：2017 学年秋季学期赴瑞典隆德大学交换学习。这是一个极好的用国际视野进行国际交流的机会。因地域限制，瑞典文化与中国文化差别很大，而且两国人民彼此了解甚少。对方的神秘感增强了我们想要进一步了解的热情。我认为，作为交换生，应该为两国搭建沟通交流的桥梁。在课堂上，我了解到波罗的海、瑞典海岸线环境特征变化后，也与老师、同学分享了中国海洋环境的现状和演变，以及我们采取的战略措施；课后，我在学习瑞典语的同时也给同学介绍汉字的别树一帜；我也会在学生会厨房帮忙准备餐食，"偷学"瑞典菜式的同时也邀请外国朋友品尝中国菜；在参加"语言沙龙"锻炼与加强英语的同时也做"小老师"，教外国朋友几句简单的中文，如"你好""谢谢"；同时也会欣赏北欧电影，了解其特有的"独立个体"的大众文化等。

当然，在这个过程中我也遇到了不少挑战：气候差异使得在南方长大的我八月底就穿上了棉衣；语言能力不足使得自己在平时的学习中所花的时间比别人多得多，也难以达到自如地表达自己的程度；饮食文化差异让我的"中国胃"受了不少苦。但这些都是可以克服和适应的。

强身健体，劳逸结合

我认为，参加志愿者社团、体育运动和兴趣爱好也应该纳入"全面"的考量之中。

在社团方面，作为副会长，我连续两年在海精灵志愿者协会与成员一同完成各类志愿服务活动和宣传活动（如参加出海观豚志愿活动、第二届保护白海豚宣传活动；参加第一届海精灵海洋调研大赛；维护"SEA ELF 话你知"海精灵官方公众号科普栏目等），为保护中华白海豚和海洋生物贡献自己的一份力量。

在体育方面，我热爱跑步、游泳和打羽毛球，曾荣获 2016 年中山大学校运会女子 800 米冠军、2016 年

"海地小球赛"羽毛球女子双打第一名、中山大学珠海校区第二届水上运动会女子100米竞赛第一名等。

此外，我也是一个"有生活"的人——珍惜与家人团聚的时光，关心父母长辈的身体状况，多陪伴他们。不为什么，只愿在我们还有时间的时候，在还未错过的时候，尽尽孝心。其中一个方式便是聚餐，乐意下厨的我为这个"梦想"进行了实践：参加了一个月的粤菜培训班，提高自己的实操水平。烹饪是我的爱好、我的追求。

我一直在坚持学习，坚持自己的兴趣爱好，坚持运动，坚持欣赏美好的事物。我可以用一生去坚持对这个世界抱有美好的憧憬。

五、请待我羽化成蝶

2016 级本科生　刘嘉慧

不知不觉我已经度过了近两年的大学生活。进入大学以前，我还是一个不成熟的小女孩；经过大学两年的洗礼，我逐渐变得成熟稳重。现在回想起来，整个大一学年是蜕变的一年。

在大学，不得不说的就是学习。大学的学习方式跟以往完全不同，除了老师授课外，余下的时间都要靠自己预习、复习。在大一上学期，由于刚进入社团，我的工作积极性过高，因此总会把社团工作放在重要的位置，以至于忽略了学习。但好在自己的自学能力还不错，上课集中注意力，再加上复习周紧凑的复习，才保住了排名。而到了后期，我逐渐感到学习的压力，好像每位同学都上了"发条"，原本吊儿郎当的同学也都开始认真上课了，学习氛围比以前浓厚，学习积极性也逐渐提高。就是在这样的环境中，我也慢慢习惯了大学的学习模式，也变得更加自觉。这也许就是大学学习的魅力吧，它也是我不断向上的动力。

当然，大学除了学习外，还有生活，而生活总是离不开宿舍。作为一个长期寄宿生，对于现在这种离家求学的生活，我也越来越能适应了。但与以往相比，大学的宿舍生活少了一些约束，多了一些自由。过生日的时候可以和小伙伴们一起庆祝，难过或生气的时候也可以和舍友们倾诉。偶尔我们晚上也会谈天说地。渐渐地，大家变得十分默契。这是我很向往的一种宿舍生活，希望未来的几年里，这份温情永葆活力。

除此以外，大学最精彩的就是社团活动了。刚进大学，我便加入了海洋科学学院学生会文体部。初入文体部，我便觉得它是个友爱的大家庭。部长、副部长都很健谈，小伙伴们也都比较活泼开朗。很自然地，在两周内，文体部上上下下便打成一片，有说有笑。我接手了第一个活动，也是文体部第一个大型活动——海地小球赛。在准备这个活动当中，我更近距离地接触了策划组的小伙伴们。我们时不时约谈工作，在活动开始的前几天，我们一起熬夜，同甘苦、共患难，友情也更加深厚。很多人都说："办完一次活动，你会收获很多"，他们说的一点都没错。海地小球赛，让我第一次接触到体育活动操办的全过程，也让原本优柔寡断的我变得刚毅果断，随机应变的能力也潜移默化地提高了，这对于我来说无疑是很大的帮助。

而让部门感情得到进一步升温的是校运会。印象最深的是校运会那天下着冷雨，我们所有人5点前起床，5点30分坐车去东校给参加校运会的选手做后勤服务。那一整天，我们吹着冷风，帮选手拿东西、撑伞，双脚湿冷，在寒冷的天里站了一整天。但我们互相鼓励，帮彼此打饭，给彼此递纸巾，给彼此带一杯热姜茶。虽然天很冷，但心里真的很温暖。

经过几次活动的磨合，我们文体部也成了学生会里最会玩、最能玩、感情最好的部门。我很庆幸当初选择了这里，让我认识了这么多可爱的师兄师姐和同年级的小伙伴。

现在回想起来，有些事情已经记不清了。后来我离开了学生会。虽然心里很不是滋味，但有些事情很无奈，你除了接受以外，别无选择。但秉着对文体部的热爱，我换了个身份留在文体部。因为我喜欢与他们一起工作、一起说笑，想和他们一起出游、一起玩耍、一起招新、一起带小朋友。这群朋友用现在较为流行的话来说叫"老铁"，我也很希望能和"老铁"们将这份情谊好好发展下去，一起朝着一个目标努力奋斗。

回想起社团的那些事，其实我的内心还是很复杂的，也想起这么一段话："我希望你我都可以接受意外，接受失败，接受不如意，接受付出得不到回报；接受背叛，接受

无法挽救，接受现实的残酷，接受不被人理解。但是打死都不要后悔、不投降、不改变信念；打死不畏惧、不退缩、不迷失自己。始终相信会有好事发生，相信认真善良会有好运气，相信爱与被爱会在春天出现。"这是《穿越人海拥抱你》里的名句。有时候我经常放不下，容易多想，容易懊悔，容易自责。但其实谁都会遭遇失败，谁都会有后悔自责的时候。可是事情已经发生，难道还能重来吗？事实就是事实，谁能改变得了？反思是必要的，从过去的事件中吸取教训，让自己以后不再犯同样的错。此外，过分的自责，过分地在意也不会改变事实，只会让自己苦不堪言。如果每个月都发生让自己受挫的事，岂不是一年有一大半的时间都在自责、内疚、后悔中度过？既然改变不了现实，为何不看开一点，放过自己？以后的路还很长，还有很多美好的东西等着我去探索呢！

想到这里，我再次翻开《穿越人海拥抱你》这本书，从书里摘录了一段自己最喜欢的话来激励自己："承受不了的就释放，接受不来的就拒绝，学会沉默，也学会一个人认真生活。不喜欢的人就远离，热爱的事情拼命追逐，不去讨好不想讨好的人，不为他人而活。不要想方设法与世界相处，不要企图让所有人喜欢你，更不要相信你是铁打的，不怕委屈、不怕受伤。愿你不只会安慰别人，愿你懂得心疼自己。"

最后，我想说，大学的生活充实而又美好，我们要好好珍惜眼前的一切。我们现在还很年轻，想要改变，有的是机会。我会不断努力，不断进步，请岁月等我，我会蜕变，羽化成蝶。

六、在大海上飞翔

2016 级本科生　李文静

早在高三时，我就对自己的大学生活有了很多的憧憬：我会努力学习，成为专业内的佼佼者，并积极参加专业讲座，为自己未来从事这个行业打好基础；我会在学生会学到很多东西，写策划、拉赞助、做危机公关，还会 PS、视频剪辑，写微信推送等；我会积极参与球类社团，从不会打球的"菜鸟"变成能教师弟师妹打球的师姐；我会积极参与有意义的公益活动，不是几个小时的简单的书籍整理，而是更与众不同的、更新颖的、更有实效性的公益活动。我还想参加很多活动，如参与辩论队、模拟联合国社团、勤工俭学、实习等。

看起来我似乎很有目标，一定能成为德、智、体、美、劳全面发展，高智商与高情商的学生。但实际上，我只是一只在海上飞翔、方向还不明确但充满激情的海鸟，终会有一刻，我会感到疲惫，这时才会开始细想自己到底要去哪里。

大一时，我其实并不知道自己的专业是做什么的。海洋科学？研究海洋？以后当个研究海洋的科学家？不知道自己的专业研究什么，以后能从事什么工作，我甚至一开始就想过转专业。

同时，我忐忑地通过了学生会面试，成为一名干事。之后才明白，原来举办活动并不是自己想象的那么简单：你需要有足够的吸引力来吸引学生参加，不是每个人都有时间去参加各种奇奇怪怪的活动；你需要得到老师和辅导员的认可，让他们支持你举办活动；你需要对活动的细节一清二楚，包括道具的购买、人员的安排等。

球类运动也不是你想打就能打好的，对身体协调性有较高的要求。在活动筹备都排满的情况下，还要腾出时间进行一周几次的训练，这也是一个考验。

就这样，我挣扎在学业和社团活动之间，希望能尽量取得平衡。但很明显，我没能达到我之前想要的效果：尽管学业绩点并不差，但没有我理想中的好；排球依旧会被我打偏，比赛只能作替补；我也没能空出时间学视频剪辑；等等。

所以，我很疲惫，开始怀疑自己大学努力的方向是不是不对。我曾经也想过要放弃，不再参与学生会、球队等各类社团，多留心自己未来能从事什么工作，这样不至于在社会上混不好。但是心总是不甘，不甘自己能力只限于此，不甘自己的人生只以谋生为目的。为此，我想了很多。而大学的一个好处就是有各个研究方向的老师，他们有各种各样的经历，与他们聊天，会让你明白自己真正想要什么。

"我们这堂课的学习重点不在考试，重点在于你自己能学到东西。"张均老师上课从不点名，但课室总是坐满了人。每周上完他的课，我都会反思自己有没有活出自己想要的状态。教授"毛泽东思想概论"的老师也超乎我的预期，她没有说很多政治性的东西，而是让你知道我们国家是怎样逐步发展出毛泽东思想和中国特色社会主义的，让我们明白：我们的先辈之所以艰苦奋斗，只是为了让国家发展得更好。每一个政治性词语的改变其实都蕴含着丰富的意义与惊人的历史。我们可以从中体会到人生的活法，对党、国家、社会会有进一步的认识。在专业课上，我也看到老师们的研究态度——治学逻辑严谨、推崇交流与讨论，看到他们对我们国家南海开发计划的关注，以及对当今海洋资源利用不合理现象的痛心。老师们并不会跟我们说学了这个专业未来能从事什么，他们只会说，你们研究这个吧，这是一个亟待解决的问题，解决了能推动科学的发展。

其实，我说不出在课上、在社团中学到了什么，但我感觉到有一股力量在促使我前进。我在心里问自己：你真的不打排球吗？不，我还想打的。当新一届的学生会主席、部长确定下来时，他们问我，你真的不留吗？我说我留。我还自觉地在这个学期继续报名参加中大义工会的公益活动……只是我不再要求自己什么都十分出彩，我更坚定了自己的方向——希望未来能在自己所学的这个专业领域中继续深造。平常的训练、学生活动、公益活动只是作为一种渐进式的体验。因此，我报名参加了大学生创新创业训练计划项目，希望自己能进行海洋科学研究。为此，我又给自己上紧了"发条"。

然而，我不知道这个"发条"能让我前进多久。我一边骂自己把时间安排得太紧，活动安排得太多，没有时间休闲、娱乐，一边拒绝除日常上课以外就宅在宿舍的生活。

我知道自己不可能达到什么事都做得很好，非常有能力的程度，但是我希望自己的能力有所提升。参加排球队，能让我有很好的团队意识，我的体能测试达到良好；一些很有意思的公益活动，比如在海边捡垃圾，让我对海洋环境保护也有了更深的体会；学生会让我对举办活动的流程更为熟悉。

我想起了这么一段话:"你看那些在海边争食的鸟儿,当海浪打来的时候,小麻雀总能迅速地起飞,它们拍打两三下翅膀,就升入天空。而海鸥总显得非常笨拙,它们从沙滩飞入天空总要很长时间。然而,真正能飞越大海、横过大洋的还是海鸥。"飞越大海大概就是如此:一不小心就会失去方向,坚持才能到达彼岸。我希望能够坚持自己的理想,在这一片浩瀚无垠的大海中做出一番贡献。

七、我的大学，我的成长

2015 级本科生　梁欣琳

求知若渴，踏实努力

作为学生，第一任务当然是求知若渴，勤奋学习。在大学里，学习一直是我最重要的一部分。记得刚踏入大学时，我对大学生活一无所知，也曾有过困惑，但慢慢地，在学校学习氛围的熏陶下，我学会了规划自己的大学生活。我从来不是一个聪明的人，因此，我一直在努力成为最刻苦的人。进入大学以来，我一直以积极认真的态度对待专业知识的学习，脚踏实地，走好每一步，坚持课上认真听讲，课后及时复习，并且主动向老师或同学请教不懂的问题。

在学习上，在学校"学在中大、追求卓越"的氛围下，我充分支配时间，讲究效率和方法，力求做到学习、社团、娱乐三不误。对于老师布置的作业，我都能保质保量按时完成，尽自己所能做到最好，向老师、同学展示自己最满意的一面。对于专业外的知识，我视之为自己的兴趣，广泛涉猎，以此来扩大自己的知识面。两年来，除了学习专业知识以外，我还根据自己的兴趣，拿到了国家计算机二级证书，掌握了一些计算机软件功能，还学习了社会学相关知识。

在课余时间，我还成功申报了创新科研项目。参加科研项目的申报提升了我各方面的能力，从搜集资料、实地考察到着手准备答辩论文，每一步都是考验，都是挑战。在这个过程中，我也收获了不少，不仅学习到很多课本外的知识，还积累了经验。

勤俭节约，乐观向上

作为一个来自农村的孩子，我从小就体会到父母挣钱的艰辛，因此我养成了勤俭节约、吃苦耐劳的习惯。我会利用课余时间在校内进行兼职，以减轻父母的负担。在假期，我通常会找一些兼职，在挣钱的同时，为自己积累社会经验，为毕业后的社会生活打下基础。

另外，在人际交往方面，我坚持以诚信对待他人，以宽容之心包容他人。在我看来，诚信是人际交往中最为重要的准则。诚信是打开他人心灵之门的钥匙，只有本着诚信交往的心态去对待对方，才能换来对方对你的真心和信任。同时，我认为宽容他人也是人际交往中的一个重要原则。在人际交往过程中，人与人之间不可能一帆风顺，偶尔也会产生矛盾，这时，双方要相互理解、相互包容，只有这样，才能维持一段友好的关系。

积极自觉，奉献自我

在社团工作上，我本着"为人民服务"的原则，积极为同学们提供帮助，始终考虑他人的利益，积极参加学院及班级组织的各项活动。

在大一、大二期间，我加入了学院的学生会和学校的社团，并积极参加社团的各项活动。在这些学生组织中，我体验到大学除了学习以外的精彩生活。在工作中，我以积极的态度去对待每项任务，并积极组织同学们参加各项活动。

在社会实践方面，我作为青年志愿者服务队的一员，曾跟随服务队到社区关爱自闭症儿童，捕捉那些可爱真诚的笑脸；也曾作为一名义工，在市图书馆繁忙时帮忙上架图书；我还试过到市内景区、公园捡拾道路上的垃圾……这些实践活动充实了我的大学生活，锻炼了我的能力，拓宽了我的视野，使我受益匪浅。

在过去的大学生涯中，我体验到成功的滋味，但我深知，我应该将目光着眼于未来。我会继续努力，用汗水浇灌青春，让理想在校园里飞扬！作为一名有理想、有抱负的大学生，要回报社会、为国家贡献自己的一份力量，就必须有良好的专业知识作为成功的基石。在今后的学习生活中，我一定会更加努力，牢记学校给予我的支持和鼓励，努力成为一个对社会有用的人。

时间仍在流逝，生活还在进行，我会继续拼搏、努力，不断提高、挑战、超越自我，争取在各个方面全面发展，争取在以后激烈的社会竞争中不断取得进步和成功。我相信自己会如以前一样，一步一个脚印，扎扎实实地朝着更高的目标奋斗，相信我的明天会变得美好和绚烂！

八、学有所得，思有所感

2016 级本科生　李菲

转瞬之间，大学生活的进度条已经拉过了二分之一。在过去的两年里，我由开始的懵懂渐渐蜕变，从稚嫩渐渐成长。我的思想开始成熟，学识得到积累。时至今日，我尚有底气证明这两年我没有虚度光阴，因为这两年的大学生涯着实让我受益匪浅。经过两年的浸润，我不断调整自己的学习模式和学习方法。在求学的路上，我砥砺前行；在新的征程中，我稳步进取。

脱离了义务教育固有的上课、作业、考试模式，刚踏进大学的我对大学课堂充满了不适应。尤其是对于刚经历完高考的我，如释重负的心态，加上弹性的作业量和较为宽松的作息安排，都给懈怠和慵懒滋生了蔓延的沃土。我深知一旦沉迷于享乐便一发不可收拾。在理智与欲望的博弈中，我用自控力和意志力赢得了这场没有硝烟的战争。至此，我才意识到，大学学习的其中一个关键在于自主性。我逐渐明白，大学宽松的管理实则是为了培养我们的自觉性，让我们养成主动学习、主动求知的好习惯，而所有的主动性和自主性都源于兴趣和自控力。

我在大学里给自己制订了严格的作息计划，在桌面上贴着待办事项的提醒便条。当看到一个个事项被打钩时，我知道自己在一点一点地进步。如此一来，我的生活便有了一定的轨迹，不管处理怎样的事情我都能有条不紊，按部就班。在较为严格的自我管理下，除了完成日常的学业任务外，我还一次性顺利地通过了英语四六级考试，并取得了不错的成绩。

大学除了教会我自主学习以外，还教给我思辨性的学习方法。正如我们的地质老师所说，不要迷信课本，不要迷信老师，不要迷信权威，要善于提出问题，善于多角度地思考问题，才是有意义的学习。在老师的引导下，我不断尝试、不断进步。对于课堂上出现的开放性问题，我都能在网上搜寻资料、归类资料，并用自己的语言总结出对这个问题的理解，也能对网上的资料提出疑问。我渐渐明白，单向的知识输入所到达的效果远远不及双向交互好，而思考、总结、质疑便是输入的知识经过你大脑的重新整合后所反馈出来的自己的输出，而这份输出无论多与少，都是你最为宝贵的财富。在两年的摸索中，我在这种双向交互的学习模式中领略到更为壮阔动人的风景。

除了收获思辨性和自主性外，在两年的学习生活中，我还渐渐将所学的知识运用到实际当中。除了上每个学期都有的实验课以外，我还与另外三个志同道合的同学组成小组，申报并开展创新实验项目。面对一个崭新的课题，基础学科知识储备不足的我们利用空余时间阅读中外科研资料，在网上查找特定仪器，特定提取过程的流程介绍和步骤说明，与老师探讨不同的着手点，探讨每一条规划出来的路线可能会遇到的挫折及备选方案。在前期，实验桌上的瓶瓶罐罐让人眼花缭乱，不同试剂上的英文标识也让人一时难以分辨。但学习不就是这样一个循序渐进的过程吗？我们这个小团体在实验过程中不断努力，而我的动手实操能力也在这个过程中渐渐增强。当我最终脱下蓝色橡胶手套，望着电脑上凝胶电泳的条带时，欣慰和喜悦油然而生。而在这个过程中所收获的，并非课本所能给予，也并非老师的授课所能给予，只能源于自己的亲力亲为。我学到了很多，也成长了很多。

另外，大学是我们人生观、世界观、价值观形成的重要阶段，在大学这两年里，我的思想也逐步走向成熟，走向丰满。

从"两耳不闻窗外事，一心只读圣贤书"到"家事国事天下事，事事关心"，学会关注社会，聆听时代的声音，我在一点点地进步。正如罗俊校长对我们所期许的，大学生应当德才兼备，具有领袖气质、家国情怀。其中，家国情怀就是我们对大国小家的牵挂和归属。经过一段时间的大学生活，听着公共必修课老师的教导，我逐渐学会关注国家时事，逐渐学会在复杂的网络环境里保持清醒而理智的认识，而非人云亦云，随波逐流。我逐渐认识到，无论何时，牵挂祖国，保持爱国之心，保持对生活乐观积极的态度，做好自己的本职工作，便是对祖国和社会的最大贡献。

除此以外，广泛地涉猎不同类型的书籍和不同领域的知识可以帮助我更好地成长。在大学里，仅仅局限于自己的学科是不够的，大学生应该具备的人文情怀需要通过更多的阅读来汲取填充。在这近400天的时间里，我粗略地阅读了经济学、心理学、历史、古典小说等方面的书籍，领略到不同领域的美，也学会了用不同眼光、不同角度看待同一个问题：经济学的书籍让我选择效率最优的途径解决问题；心理学的书籍让我能更加全面地洞察、认识自己；历史的书籍带我跨越上下五千年的中华史；古典小说带我领略古代人的诙谐与想象。大学较为宽松的时间安排给了我一定的自由时间，而这些时间让我有机会进行广泛的阅读，让我对知识时刻保持一颗好奇心和探索之心。这不仅拓宽了我认知的宽度、延展了我思维的深度，还是我重新认识这个世界，不断成长、成熟的最强催化剂。

虽然大学生活的二分之一已经成为过去，却仍有二分之一留给我们去奋斗，去把握。诚然，未来的道路也许不会一直一帆风顺，但正如《菜根谭》所说："居逆境中，周身皆针砭药石，砥节砺行而不觉；处顺境中，眼前尽兵刃戈矛，销膏靡骨而不知。"无论顺逆，青春，且行且奋斗，无悔尽心最可贵。

九、不忘初心，砥砺前行

2016级本科生　廖钊健

当初拆开信封拿到中山大学录取通知书时的情景仍历历在目，喜悦的心情溢于言表，能成为中大学子，我感到万分自豪。"博学，审问，慎思，明辨，笃行"的校训一直激励着我奋发向上，砥砺前行。

刚踏进中山大学的校门时，我对周围的一切都充满了好奇，同时也在思考着究竟要怎么做才能让自己四年的大学生活过得有意义。

在为期两个星期的军训过后，我感觉自己的身体和意志都得到了充分的锻炼。我想这对于即将开始的大学生活来说是一个良好的开端。很快，我便投入新知识的学习中。刚开始，接受新的知识对我来说显得有些困难。不过我没有因为这小小的阻碍而放弃，而是花了很多时间去适应。慢慢地，我在学习方面找到了比较好的方法。

大学的生活是丰富多彩的，因为有许多活动可以让你选择，但我觉得，学习仍然是大学生活的重要内容，也是评定一个大学生的重要标准。大学给了我们一个初步接触社会、展现自我的机会与平台，在这里，最不缺的就是丰富多彩的课外活动，而能在如此多样的活动中抽出时间静下心来认真学习便尤为重要。

大学的学习很大程度上要靠自觉，不会有家长叮嘱你，也不会有老师督促你，能不能在学业上有所成就，靠的就是自身的觉悟。然而，学习并不是只要勤奋努力就会有很大收获，还得讲究方法。比如对于那些需要理解计算的科目，平时需要多做相关题目以加深理解；对于那些要求记忆的科目，就要抓住重点，然后多加背诵。每个科目都有其对应的学习方法，只要掌握了，必将达到事半功倍的效果。在认识到学习的重要性和采用了正确的方法且不断努力后，我在第一学期取得了不错的成绩。

当然，学习并不是我大一生活的全部，为了提升自己的能力，我选择加入院学生会的学术部，想以此收获宝贵的经验甚至学到新的技能。这对我素质的提升无疑有着非常大的帮助。同时，我也可以在这样一种模拟的环境中对社会分工合作的体系获得更深的理解与体会，为我将来步入社会打下良好坚实的基础。

事实证明，加入学生会的确给我带来了很大的提升。在大一担任干事期间，我不仅学会了如何与同学更好地相处，还懂得了如何与老师及师兄师姐进行良好的沟通，更感受到团结合作的重要性，学会了合理地分配社团工作。其中，令我印象最深刻的莫过于大一下学期我作为负责人举办的"薪火相传"模拟面试。在那次活动中，许多细节比如邀请嘉宾、会场布置、审核预算等都需事无巨细地考虑，这让我在统筹管理方面的能力得到了很大的提升。在大一的干事工作结束后，我决定继续留在学术部担任副部长，在我看来，干事与部长的工作内容、目标及要求存在一定的差别，因此，留任学术部能给我带来不一样的社团体验，能丰富自身的阅历。

　　此外，我还积极参加体育锻炼。因为我清楚地知道，身体是革命的本钱，唯有强健的身躯才能带来学习和工作上的成绩，有句话说得好："人的一生有两个值得交的朋友，一个是图书馆，一个是体育场。"秉持着这样的观点，我坚持一周三次夜跑。在夜跑中，我收获的不仅仅是健康的身体，还有良好的心态。在一天劳累的学习后，在操场跑上三圈，能缓解心里的压力与疲惫。更重要的是，它能使我思维变得开阔，有时在学习中或社团工作上遇到的难题，往往会在跑步时的思考中迎刃而解。夜跑过后，整个人如同焕发新生，思路也变得清晰许多，学习效率也随之提高了不少。

　　值得一提的是，在大一期间，我参与了各种富有意义的公益活动，比如，在淇澳岛举办的"碧海红树"红树林保护宣传活动，我们去到位于淇澳岛上的红树林保护区，向游客普及红树林的相关生态知识，并通过介绍红树林湿地生态系统中丰富多样的物种来提高人们保护红树林的意识。在那次活动中，我体验到当公益志愿者的劳累，收获了为保护红树林贡献自己一份力量的喜悦，同时也知道自己在红树林保护方面的宣传工作做得还不够，一部分游客还没有理解保护红树林对人类、对地球环境的重要性，甚至觉得可以把红树林湿地区域土地转变为建筑商业用地。再如，在唐家社区举行的游园会，我们以游园会的形式让小朋友们参与各种好玩的游戏，通过游戏来教育他们保护白海豚，做大自然的朋友。我始终认为，大学生应该胸怀社会，多参加社会实践及公益活动，尽自己所能回报社会。

　　大一的生活稍纵即逝。在大一，我为自己立下了许多目标，有的实现了，有的没有实现。树立清晰明确的目标是大学路上非常重要的一步，因为目标犹如指路标，它能让我们时刻铭记自己想要的东西，进而指导我们往前走。目标可以是长远的，比如将来的职业规划；也可以是短期、着眼于目前的，比如一周内把一本小说看完。目标最大的敌人是拖延与懒惰，相信树立目标对我们来说都并非难事，但许多人仅仅停留在树立目标的这一步上停滞不前，如果根据目标付出相应行动这个最重要的工序未能执行，那么树立的目标也仅仅是一个用来自我安慰的摆设罢了，不会给我们提升自己带来任何帮助。

　　因此，从现在开始，我们应该认真思考究竟以前为什么没能实现既定的目标，把握现在、脚踏实地、认认真真地为实现目标而奋斗，相信只要付出足够多的汗水，目标定会实现。而当一个又一个小目标实现之后，成功也便水到渠成，我们便能在大学里脱颖而出。

十、困而学之

2016 级本科生　黎泽欣

"每一代人的上下求索，似乎都是从'我很没用'这个念头开始的。"

一

过去，我们囿于应试，在其他方面缺乏受教育的机会，我们常常需要面对复杂的事物。幸好大学是价值观重塑的关键时期，原生家庭和社会环境可能给我留下了深刻的烙印，但我不认为没有机会自我纠正，去成为自己期望成为的人。如今，既然具备了一定的分析能力，知晓自己的缺陷在何处，我就有勇气去直视和弥补。因此，在过去的两年里，比起汲取专业知识，更让我在意的是自我性格的塑造与智识的培养。

在观察周遭的世界时，我逐渐学会平衡自己跳脱与沉静的两面。在这个过程中，我们难免会有激烈的自我挣扎，但长风破浪会有时，走出自己画下的牢笼后，将是一片柳暗花明。

自我智识的培养堪称专业之外的"学习"，目的是学会批判性思考，重建逻辑体系，超越人云亦云和意见领袖的藩篱，学会如何在为他人意见左右与固执己见之间寻求平衡点。这是没有师长引领的探索之路。虽然中大有一些平台（例如公选课或者讲座）可作为入门引导，但归根结底要靠自我领悟。当我真正地接触现代文明智识教育时，才发现我的认知还停留在康德以前，因为以应试为目的的教育理念必然无法意识到人是目的而非工具，从而消解了人存在的同理心。我还会关注一些社会议题，包括社会公义、性别平等。

二

接下来提一提专业学习。

对于专业，无论怎样形容，落到实处无非是老生常谈：课前预习、课上听讲、课后复习，所以我决定谈一些其他"无用"却更有趣的个人体会。

众所周知，专业书往往显得艰涩难懂，这使得专业知识成了难以攀越的高山，各种堪称诡异的符号和定义"恶意"四溢。尤为神奇的是，有相当一部分知识在高中时明明是非常简单的公式，一旦收入《普通××学》立刻显出它"狰狞"的一面，吓得人

"呜哇"一声落荒而逃。尽管如此,双鸭山的学子不能认输,这时候需要转变思维,低效的重复记忆训练毫无意义,高中时拥有的那种"我把整本书背下来总可以了吧"的豪情壮志,在面对动辄六百多页的《生物化学》时只能默默"认怂",哀叹"以有涯随无涯,殆已"……接下来就是新世界的大门被打开,既然课本不知所云,那么就用自己的话去理解;既然知识点太多记不住,那么就先构筑模型理解最本质的框架,枝叶部分自然而然就会了。接着再进一步思考,以丰富的想象力去琢磨,前人铺设的康庄大道有可能会被狠狠地砸出一条裂缝,新的科学问题就此诞生。

三

困而学之,是先贤非常瞧不起的方式,但是在失去乐学土壤的情况下,这样的理念尚算差强人意。我对此的理解超越单纯的"知识性学习",而是把时间尺度推至终生,知识的广度延伸至一切事物,它的终点是探求生命更丰富的可能。

十一、脚踏实地，仰望星空

2016级本科生　郑懿洁

　　时光转瞬即逝，回首过去一年，恍若轻烟流沙难以捉摸。若要简短地概括过去一年的大学时光，那就是八个字——脚踏实地，仰望星空。

　　进入梦寐以求的中山大学后，我们仿佛将从前肩负的重担和沉甸甸的希冀都一并卸下了。有些人依然抖擞精神、力争上游；却也不乏另外一些人，颇有"放浪形骸"之意，已然停滞不前。至于我，同高中时相比，似乎没有发生什么变化——学习要务不敢忘，但还是会在百忙之中抽空做些其他事情。

　　一些好的习惯，我依然保持着，譬如将笔记整理成册，高中时，我一度引以为豪。因为那时并不是人人都有毅力和时间做这件繁杂的事情——将错题或重点、小知识点抄在本子上，附上正确的解答过程，字迹清秀者更佳。面对堆积如山的试卷和五花八门的错题，我竟坚持了下来。语文、数学、英语、理综……每个学科都有属于自己的小本本。记得我最爱的是生物小本本，它的封面清新可爱，里面工整地记录着每次考试的易错知识点。每每考试前，我都要认认真真地温习一遍。毕业后，大部分笔记本被舍友售给了还在高考路上摸爬滚打的学生。而最为珍视的生物笔记本，我将它送给了老师的女儿，我的小师妹，以示对恩师的感激之情。

　　上一学年，我还延续着整理笔记的习惯。尤其是对普通地质学这门课程，学年伊始，我便开始将老师课堂上所讲的内容誊抄在专属的笔记本上。一些书上的大段文字，我还是固执地抄下来。某些章节课后来不及整理，落下的，哪怕考试复习周时间再紧迫，我也要火急火燎地补上。到最后，我把它整理成了一份几十页的复习资料，费了九牛二虎之力才背下来。前段时间整理资料时，我翻出了那本笔记本，摸着它的厚度，看着那些艰涩的名词解释，自己都不禁感慨——当时自己是怎么做到把这么厚的一本笔记背了不下一次的？

　　当然，这门课程的期末考试成绩可以说比较理想，是我唯一一门年级第一，为此，我也一度考虑将来专业分流是否要选择地质。在这一学科的学习中，我不知道"整理笔记"这一习惯对最终的成绩有多大影响，但哪怕有人认为它有浪费时间的嫌疑，我仍愿意相信它存在的意义。

在做笔记的过程中，我有一些感想——一直以来，都听前辈们说："到了大学，平时无须太用功，考前突击也能取得不错的成绩。"从某种程度上说，这有一定的道理，甚至我自己也会践行，但我还是觉得这是一种投机心理——没有坚实的地基，匆忙建起的楼宇绝对经不起时间的考验。一旦考试结束，便会将短暂存储的知识抛于脑后。回想时竟发现所学知识已全被"清空"，仿佛"我轻轻地走了，正如我轻轻地来，不带走一片云彩"。一年的时光都去哪了？彼时又该向谁追问呢？因此，我愿将所学知识记录下来，并好好保存，将来需要时能够方便地重新翻阅，以此作为我与这一学科相识、相交的痕迹。摘抄和书写一直以来都是修身养性的好方法，当我一边整理、一边记忆时，内心是十分平静的，一旁的声响仿佛被全然屏蔽，落笔的沙沙声、书页的翻动声、交谈声……一律被隔绝了，而我享受着文字落于纸面的宁静。在被社团工作、人际交往充斥的大学生活中，这是难得的放松身心的方式。

和这个习惯一并保持的，还有我的耐心。

一直以来，我对待学习还算是比较有耐心的。虽然性子慢热，办事效率低，跟"雷厉风行"八竿子打不着，但还是会按照自己的步调往前走。记得刚被海洋科学学院录取的时候，我父亲很开心，他觉得我的性子（耐得住寂寞）适合搞科研。当然，这个说法是否属实还有待考量。

上一学年我们不少学科都有配套的实验，印象最深刻的是生态学实验。该系列实验耗时长，取样次数、样品个数多，每次实验收集的样品从几个到十几二十个不等。其中，有一个实验令我印象深刻。那是一个藻类培养实验，光是取样就需要花费长达两个星期的时间，每隔两天一次，从几个培养瓶中各抽出几十毫升的培养液，通过抽滤装置等设备将其处理并保存起来。到了实验后期，浮游植物生长变得繁茂，抽滤就变成了一个颇为难熬的过程，有时在实验室待上几个小时才能勉强完成几个样品的抽滤。记得那时我与同伴盯着十几秒都滤不出一滴的培养液，两人饿得前胸贴后背，大眼瞪小眼，但没有人表现出不耐烦的情绪。在等待的过程中，大家讨论起物理题，甚至还旁若无人地在实验室里跳起了刚学的拉丁舞……可算是自得其乐了。令人头疼的是，由于生长环境的不稳定及其他不明因素，我们的小藻开始培养没几天，竟死了许多。好不容易待它生长茂盛，却又发现其中一种藻类几乎将另一种小藻逼到了绝境，不合常理地取得了压倒性胜利……真是苦煞我们了。但大家并没有放弃探寻原因，提出了种种

如今看来"有些可笑"的猜测，并煞费苦心地在黑漆漆的晚上潜入实验室，试图证明猜测的合理性……结果当然是不合理，但我们对真理的探究是可爱而可贵的。

"脚踏实地，仰望天空"，是我对自己大一生活的概述。"我们的征途是星辰大海"这句话一度在学生群体中广为流行，我亦十分喜欢。作为海科院人，我们的征途不正是星辰大海吗？但我认为，好高骛远者是到达不了星辰大海的，唯有脚踏实地，方得始终。

十二、耐得住寂寞，才守得住繁华

2016级本科生 黄震宇

说实话，当我看到材料上说要求"以某一方面的突出表现或一个典型事迹为主线，展开有血有肉的故事性叙述"时，我是有一些忐忑的，因为我就是那种所谓的"没有故事的男生"。我的人生相当普通，既没有像天才少年那样包揽各种奖项的经历，也没有从学渣变成学霸的励志经历，更没有体验过刻骨铭心的爱情。一直以来，我都是学校里中规中矩，成绩中等偏上，丢到人群中就消失不见的普通学生，实在没有什么"感人至深"的事迹可写，所以我只能和各位分享一下我普通大学生活的心路历程。

在社团招新活动方面，各式各样的社团让我眼花缭乱。一开始，我参加了三个社团，觉得参加各种丰富的社团活动让人有一种充实感，让人觉得自己很重要。然而，当最初的冲动冷静下来时，我开始思考参加这些社团活动的意义。其实我并不是一个擅长交际和组织活动的人，最初参加社团也不是出于热爱，更多的是一种随大流的心理，觉得好像不参加几个社团，自己的大学生涯就不完美。随着学习任务的加重，社团里琐碎的工作让我觉得困扰，这些大量占用我学习时间的社团工作并没有让我觉得很有意义。本着做公益的想法参加社团却总陷入后勤采购和填申请表的琐屑工作中。在社团聚餐中，我也往往只能埋头吃饭，很难插上话，这让我觉得很尴尬。我觉得与其把时间耗费在没有意义的琐碎工作和沟通交际中，不如将时间花在更有意义的事情上。

随着学习的深入，我对海洋科学这个专业有了新的看法：海洋科学其实是一门相当包容的学科，自然科学的物理、化学、生物三大分支以及地质学和热门的计算机科学都能找到与海洋科学相契合的地方。换句话说，所有的基础学科都能在海洋科学这个广阔天地里找到应用的地方。随着对学科了解的增加，我逐渐坚定了自己的目标——我想要从事数值模拟和有关生态方面的研究工作，所以我开始调整自己的学习和生活安排，我退出了几个社团，只保留海精灵志愿者协会和学院乒乓球队这两个我比较喜欢的社团。然后我把大部分时间都花在学习上，为自己的目标努力。由于自己想从事数值模拟的工作，而学校没有在大一开设计算机课程，因此我还自学了C程序设计语言。

学习是一个艰苦的过程。高等数学、线性代数、大学物理以及这学期学的流体力学都有相当的难度，我既然不是天才，那就只有笨鸟先飞，勤能补拙了。我花了大量的时间在这些课程上。在学习高等数学的过程中，我基本保持预习的习惯，以使自己的自学进度比老师快一点。而在学习大学物理和流体力学等难度较大的课程时，我选择了更笨的方法，那就是抄书。我几乎手动推导老师讲过的所有公式，因为这样会使我对这些公式的印象和理解更深刻。我能得到一个中等偏上的成绩，能有资格参加奖学金的评选，完全都是拜这些所赐。当然，这样的学习方式也是有代价的，它会占用大量的时间。当同学们在讨论周末去哪里游玩，看什么电影，晚会上有什么好看的节目时，我选择把大部分时间消耗在图书馆里。虽然这样的生活有些寂寞，但只要想到离自己的目标又近了一步，我就会觉得自己的生活充实而有意义。

从社团抽身并不只是因为学习，更重要的原因是我想找一种适合自己的生活方式。我性格比较内向，不太喜欢聚会、晚会这样的活动。当随大流参加的社团不能让我的课余生活变得满意时，我需要寻找一种适合自己的课余生活方式，那就是看书和打乒乓球。我闲暇时喜欢在图书馆看书，因为图书馆庞大的资源可以让人畅游在知识的海洋里，并感受到乐趣。我看书的范围很广泛，从课堂上老师要求的阅读书目到同学们推荐的畅销小说，从讲生物进化的《盲眼钟表匠》、讲地缘政治的《大棋局》到讲社会的《乡土中国》和各类著名文学作品，甚至《毛泽东选集》我都读过。虽然有些书只是读了一部分或者只是泛读了一遍，但仍然让我大开眼界。比如《乡土中国》中提到的差序格局就让我耳目一新，让我以另一种眼光观察社会。而打乒乓球则是我在看书学习之余锻炼身体、释放压力的好途径。通过打乒乓球，我还认识了一群好朋友，大家在互相切磋中，不但锻炼了身体，舒缓了心情，还增进了友谊。

随着时间的流逝，我对珠海校区的看法也逐渐发生了改变。以前总觉得珠海校区太寂寞了，看到朋友圈里在广州上学的同学参加各种丰富的活动如音乐会和各种展览时，我心里总会有点嫉妒。然而，当我体验过广州南校园和大学城生活之后，我反而觉得广州眼花缭乱的繁华生活不如珠海校区简单清净的生活令人心安。

与刚进入大学时相比，我觉得自己最大的不同就是自己的心能够安定下来了。我知道自己的目标并能够朝着它稳步前进，我找到了适合自己的生活方式，每天虽然平淡，但总有进步。

有人说珠海校区是"好山好水好寂寞"，但我觉得寂寞没有什么不好，它给予你和自己、和自然交谈的机会。最高深的武功要闭关修炼才能练成，最深邃的思想也只有在独处中才会产生。我最喜欢南京大学韩儒林先生的一句诗——"板凳要坐十年冷，文章不写半句空"，做学问就是要耐得住寂寞。只有耐得住寂寞，才守得住繁华。我愿意在寂寞中探求真理，未来做研究海洋的科学家。

十三、大学的第一年是飞速成长的一年

2016 级本科生　麦信霞

一年的大学生活使我的修养、为人处事能力以及交际能力等都有了质的飞跃。那段时光让我懂得了除了学习以外的个人处事能力的重要性和交际能力的必要性。

我觉得大学生的首要任务还是学好文化知识，所以在学习上我踏踏实实，一点也不放松。在一年的学习中，我所学习的内容涵盖了物理、化学、生物和地质等一些基础的专业课程。在课堂上，我认真听课，跟着老师的思路进行思考和研究。

本人学习态度端正，勤奋好学，基本牢固地掌握了所学的专业基础知识，并在参加暑假野外实习时做到了将所学用于实践。除了专业知识的学习外，我还注意各方面知识的扩展，广泛地涉猎其他学科知识，以提高自身的思想文化素质。我认为好的学习方法对掌握知识很有帮助，所以在每次考试结束后，我都会总结学习经验。图书馆是一个改变人思想的地方，我常常利用课余时间去图书馆阅览其他领域的书籍，了解多方面的专业知识。我认为学习是学生的"职业"，而且这份"职业"同样需要智慧、毅力和恒心。在当今这个快速发展的信息时代，我们只有不断汲取新知识，才不会落伍。

学习固然重要，但是一个人能力的培养也不容忽视，因此，我加入了中山大学珠海校区学生会的体育部。在社团工作中，我与同学们相处融洽，对工作热情，责任心强，具有良好的组织和交际能力，同时注重配合其他部门出色地完成各项工作，促进部门之间的沟通与合作。一年的大学生活给予我很多挑战自我的机会，如学生会的竞选、校道接力比赛的策划等。

在大一上学期的校庆日当天,我作为校学生会体育部的校道接力比赛负责人,成功地协助学生会举办校庆特色比赛——校道接力赛。比赛前的一个半月,我作为负责人一直在为这个比赛奔走卖力。在师兄师姐的指导帮助下,从策划比赛的前期准备,例如踩点设置路线、联系各院系学生会体育部动员各院系参加比赛、设置比赛规则等,到交出一份完整的校道接力比赛策划书(里面充分考虑到各种应急预案、比赛日的流程等),并且在较短的时间内宣传这个比赛,吸引大家的参与与关注,最后是统筹安排比赛日工作人员的分配、人员集合的时间安排、物资搬运及摆放等细致却不容忽视的问题,我参与了全过程。

我从最初策划准备这个比赛,到最后比赛成功举办,而后反思总结问题所在,通过这一完整的过程,认真听取师兄师姐的经验教训,凭自己的能力解决了一系列问题,如亲力亲为安排场地、工作人员、比赛流程等,学习并总结出举办一个活动、一个比赛的主要过程和注意事项,并在这个过程中迅速成长,培养了与学习无关但也十分重要的能力——组织能力和社交能力,我更善于交际、规划统筹和独立思考了。这些都是我在社团活动中得到的宝贵财富。

在其他活动中,我也认真努力,积极组织活动。在参与这些活动的过程中,我结交了一些很好的朋友,学到了为人处事的方法,锻炼了自己的能力。这些经历使我明白,有些事情如果尝试了,成功的机会就有一半,但如果不去尝试,成功的概率只能为零。当机会来临时,我们就要好好地把握住。

大学的第一年,我在各个方面都有飞速的成长,成长速度是以往所不能及的。我将继续保持这种对学习、工作和生活的积极态度,迎接接下来的大学生活,相信那也会是我飞速成长的一段时期。

十四、持之以恒，方能修成正果

2016 级本科生　梅书弦

"不积跬步，无以至千里；不积小流，无以成江海"，说的是要积累，"水滴石穿，非一日之功"，说的是要坚持。丰厚的积累离不开坚持，这个道理，从小就伴随着我们，让我们一步一步走到了今天。也是这种坚持不懈、持之以恒的信念，让我能够在高考中决胜，考上我梦寐以求的大学。当然，上了大学以后，我更加觉得这种精神必不可少，它带领我一步一步走向成功。

上了大学以后，大学首先给我的感觉就是自由！我不再需要把时间每天都奉献给学习。除了学习以外，我可以自由地安排我的时间，比如做完作业后可以去打羽毛球，还可以加入学生会锻炼自己在处理事情以及与人沟通方面的能力……所以一进入大学，在认真学习的同时，我还加入了院学生会和羽毛球队。虽然一开始在这些方面我是"小白"，但是通过我的不懈努力，持之以恒，我慢慢学会了很多东西，也达成了我的目标。

就从羽毛球队说起吧，一开始，加入羽毛球队是源于我对羽毛球的一种痴迷。我从小就喜欢打羽毛球，所以上大学之后，我首先参加的就是学院的羽毛球队。而加入羽毛球队之后，首先要做到的就是技术的提升和体能的提高。作为一名羽毛球爱好者，我虽然喜欢它，但是，在技术上，最多也就比初学者要好一点点。这时候，我接到了一个艰巨的任务：在两个月之内，我要提高自己的技术，然后代表学院去参加羽毛球比赛。从此，漫长的训练生涯开始了。一个星期四次训练，每次训练都要做半个小时的基础动作，发一个小时的球，跑半个小时的步。幸运的话，我还能够和队长打上一场。

刚开始，每个人都干劲十足，训练8点钟开始，没有一个人迟到。但是，慢慢地，过了一个月之后，能来训练的人足足少了一半。看着越来越少的人，我也萌生了偷懒的想法，没办法，训练真的太无趣了，日复一日，做的都是相似的动作，这让期待得到快速进步的我开始心急起来。但是我并没有放弃，因为我不相信我所做的一切没有一点效果。凭着这种不服输的精神，我坚持了两个月，然后，终于迎来了我大一第一次羽毛球比赛——康乐杯，同时也迎来了我人生中第一场羽毛球比赛的胜利。虽然最后还是没有进入八强，但是我已经心满意足了，毕竟我的坚持不懈、我的持之以恒得到了回报。

除了打球和学习要持之以恒以外，做别的事情也要持之以恒。就拿我所参加的创新项目来说吧，进行这个关于微塑料的创新项目，是源于我对做实验的热情以及对鱼体和水体中微塑料情况的好奇。于是，在跟老师详细地了解情况之后，一个研究鱼体和水体中微塑料含量的团队就这样形成了。俗话说得好："万事开头难。"虽然已经有了心理准备，但是当我们面对着一个个奇形怪状的海鱼的器官的时候，简直无从下手。因为海鱼跟淡水鱼的器官构造是不一样的，而且味道也极其腥臭，所以，我们只能使用最原始的方法，把其内脏全部捣碎，然后一点点地凑近去看。在我们倒弄了一个上午加一个下午之后的海鱼器官中，能挑出来的微塑料也寥寥无几，悲痛的一天就这样过去了。而接下来我们要做的，就是提取水体微塑料。简单来说，就是把水体样本中的微小塑料挑出来，然后再一个个进行分析。这些实验，无疑是枯燥且耗费时间的，因此有两个同学提出要退出。这对我的打击很大，但是我并没有放弃，因为我知道，科研本来就是枯燥无味的，做科研就要耐得住不断的重复与不断的失败，要持之以恒。世界上有多少科学家是能够在短时间内取得科研成果的？答案是没有！所以，我选择了坚持下去，尽管我们的团队只剩下三个人了（所幸的是后来又加入了一个人）。

进行第二次解剖时，我们总结了上一次的经验教训，同时翻查了各种英文文献，改进了我们提取的方法，先剪开每个器官，仔细寻找，若没有，再将它捣碎放进蒸馏水中，查看是否有浮在表面上的物质。改进后的方法，不仅加快了我们的实验速度，而且让我们能够挑出更多的微塑料。接下来就是数量的问题了。每个周末我们都早起买鱼进行解剖，每个人每周都有两个晚上会去挑水体的微塑料，就这样，日复一日（已经过了快两个月了），看着越来越丰硕的成果，我们的内心无疑是雀跃的，相信只要继续坚持下去，我们必将硕果累累。这，就是持之以恒的力量，它是在无趣的创新实验中唯一支撑我的力量。

其实，无论是学习、科研，还是打球，我觉得，在大学或者以后的人生道

路上，我们都要秉持持之以恒的信念。所有的事情，除非你是天才，否则不可能会在短时间内成功。要知道，成功就像一座高台，想要到达，就只能一步一步地沿着阶梯爬上去，而每一级阶梯都是相同的，我们只有坚持，耐得住寂寞，才能到达。所以说，做每一件事，必须持之以恒，这样你才能修成正果。而在以后的人生道路上，我也必将带着这种信念，继续前进。

十五、在大学，遇见更好的自己

2016 级本科生　许韶光

在高三时，我曾问自己：面对未来的自己，你能做到问心无愧吗？在我收到中山大学的录取通知书时，我认为我无愧了。

同样，作为新生，当我懵懵懂懂地踏入这个美丽的校园时，我问自己：未来的我会认为这一年做得足够好吗？而如今我可以问心无愧地说，这两年让我探明了未来的道路，也让我遇见了更好的自己。

刚刚从高中繁重学业的牢笼中挣脱，大一时的我和其他许许多多的新生一样，对未来充满了憧憬，却又有些迷茫。抱着对大学的兴奋感和新鲜感，我加入了三个社团，并且还加入了学院的羽毛球队。

先说说我在羽毛球队中的感受。在高中时，我就爱上了羽毛球这项飘逸而灵动的运动。所以当学院羽毛球队来宿舍"扫楼"时，我就已经决定要加入这个羽毛球队了，希望在这里能提升自己的球技，同时找到旗鼓相当的球友共同成长。事实证明，我没有选错。在羽毛球队里，队长对我们的训练认真而细致，让我的球技在每次训练中都有所提升。刻苦练球的态度，加上良师益友的教导，让我的球技与高中时相比有了巨大的飞跃，我也成为球队的中坚力量。而我们也没有辜负队长的努力和期望，在大一的院系赛中，我作为男单上场，同时我们球队也打进了院系赛四强。除了比赛和训练之外，我们球队也经常会组织唱 K、聚餐等活动，关系十分融洽。可以说，加入羽毛球队是我大一最不后悔的一项决定。

至于社团，在社团的日常工作里我收获了不少，比如在羽毛球协会里，我学会了做推送和海报；在粤语协会里结识了一群很棒的人；在海精灵志愿者协会里感受到公益活动带给我的成就感以及明白关注海洋和关心白海豚的重要性。当然，凡事都有两面性，社团带给了我许多好处，也给我带来了一些烦恼，三个社团对于我而言过多了，让我有顾此失彼的感觉，所以在大一上学期我没有在社团和学业之间找到一个很好的平衡点，这也让我大一上学期的成绩并不是那么理想。不过这种情况在大一下学期以后有所好转。

社会上流传着这样一种论调：上了大学之后，只要混个及格就行，不用像高三那样拼命学习。我承认，一开始我的确认为这句话有其合理之处，大学丰富多彩的生活，社团忙碌的工作，还有从高中到大学突然带来的自由感，都让我在大一上学期对学习有所懈怠。所以在大一上学期期末考试结束后，我的成绩在年级里只能算中等，只能说不上不下。我有点迷茫，这种被社团和游戏占据的大学生活真的是我想要的吗？直到有一次我去南校区实验室参观，杨教授说的一段话点醒了我：来到中大，如果你本科毕业就出去工作，你就完全浪费了你的所有优势。十多年的积累让我来到这里，如果只是为了混文凭，在游戏和空虚中麻痹自己，不就等于浪费了我的优势吗？所以在大一下学期，我开始重视学习，而不是让社团活动占据我的学习时间。同时，我也在这期间领悟到：如果只是盲目地学习，而没有一个完整可行的学习计划和激励方法，是很难坚持下去的。所以我对每天要学什么都有一个计划，尤其是在备战期末考试期间，我对后两周每天要复习什么、怎么复习都有一个比较详细可行的计划。这让我不会像无头苍蝇一样找不准方向，而且在复习很累、快要坚持不下去的时候，也有一个目标督促自己把复习任务完成。同时，我还注重劳逸结合，在一天的学习之后，我会去操场夜跑，放松紧张的头脑，因此也慢慢养成了夜跑的习惯。终于，我的成绩没有辜负我的努力，在平均成绩都有所提升的情况下，还有数科成绩在年级里名列前茅，这让我非常欣慰。

在班级里，我也是一名积极分子，每次的班级活动都少不了我的身影。从第一次班级聚会到每一次班会，从"厨王争霸"到海滨公园垃圾清理志愿活动，我没有一次缺席，也逐渐与班级的同学们打成一片。而在大二进入了物理海洋班以后，我也主动担任学习委员一职，希望能为自己所在的班级出一份力。尽管与大学同学不像高中那样每天朝夕相处，但我认为班级同学的友谊同样是大学生活里不可缺少的一部分。

在过去这两年里，我觉得我每天并没有很大的提升，但现在回顾起来，我才发现，在不知不觉中，我与最初的我相比，已经有了很大的进步：养成了每天夜跑的习惯，也基本戒掉了零食，让我瘦了好几公斤，并从一个恐惧跑步等运动的胖子变成一个热爱跑步、热爱打球的人；在队长的教导下，我学会了很多羽毛球技巧和技术，从当初只会发球的"小菜鸟"变成能上场一战的主力队员之一；从以前的沉迷游戏到如今可以合理安排自己的课余时间；与此同时，我还学会了游泳，掌握了做推送、做海报等实用新技能……量变能引起质变，进步是一点一点堆积起来的。

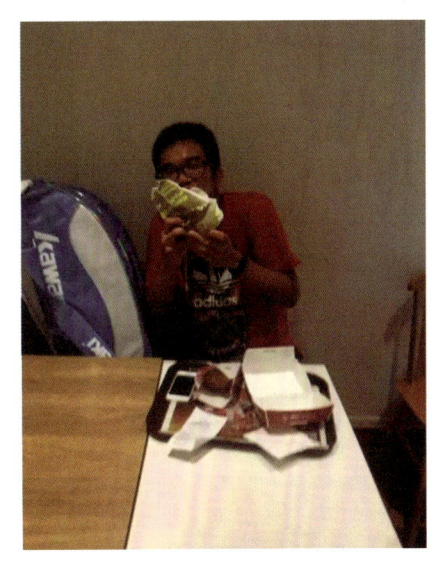

感谢这所美丽的大学，让我能认识到知识渊博的老师，结交到志趣相投的同学，欣赏到瑰丽如画的风景。更重要的是，它让我在这里遇见了更好、更优秀的自己。

十六、不愿将就，去做一位追光者

2016 级本科生　黎钦瑶

大学的第一年竟然过得如此之快，下笔的时候，我内心感慨万千。一年的大学生活让我收获了很多，也让我对自己的未来有了许多思考。我始终觉得，大学中最大的收获是在学期开始之初，我们学院的潘书记给我们出的一道题目：如何在大学中脱颖而出？因为这个问题的存在，我会潜意识地去思考，如何用自己这一年的行动来回答这个问题。也因为有这样的思考，我的大一也不算荒废。虽然大学第一年我并没有做出什么傲人的成果，也没有觉得自己在哪一方面有什么突出的表现，姑且把自己这一年的感想与行动记录下来，书写成文，作为对自己的总结吧。

记得大一刚开学时，学院下发的书籍里有一本小巧的本子，书名和上面提到的问题一模一样，出于好奇，我翻阅了一下，里面共列举了七十五条法则，当时印象最深刻的便是第三条法则——每个学期"翘翘课"。

当时觉得十分惊讶，但看完这条法则的介绍后，我又觉得合情合理。其实，这条法则说的是，无论如何，你都不应该选择糟糕的课程。在一开始选课的时候，多选一门课，认真对待自己所选的课，关注老师的教学风格并且认真研究课程提纲，最后再决定要不要"翘课"，也就是退掉这门课。这样，虽然第一周会花费不少的时间与精力，但是省去了接下来十九周的辛苦，也提高了自己的学习效率。

当时觉得自己学到了一招，因此在第一周选课的时候我试着按照这个方法选了第一门公选课，因为之前专门查找过任课老师的资料以及他所教授的课程，准备充分，所以人生的第一次公选，选了一门很满意的课程，也学到了自己感兴趣的东西。

但是，这样不错的开头并没有让我对这个问题进行进一步的思考。很快，忙碌的学习与社团生活让我忘却了这个小本子的存在，也就没有继续对这个问题进行进一步的思索。

或许是生活忙碌的缘故，平日留给自己思考的时间其实并不多，因此在大学里，我第一次感到了迷茫。因为每天我都在过着机械式的生活——早晨起床、洗漱，上课，下课，吃饭，写作业，忙社团工作，熄灯，休息。仿佛有一双无形的手，在把我往一条笔直却又黑黢黢的道路上推。在这条路上，我看到有很多相似的面孔，他们的表情也是一致的，迷茫又忙碌着，像一个不停旋转的陀螺，终日打转，却没有自己的想法。

这无疑是可怕的。不知从哪一天起，我开始厌倦这样的生活，日复一日的三点一线让人疲倦。无意中，在与别人闲聊时得知要写这篇文章，我突然惊醒，我不想让自己在写这篇文章的时候无话可说，我想要变得优秀、变得充实，在大学里哪怕不能做到脱颖而出，也要冲破自己的心墙，在自己内心的王国里脱颖而出。

抱着这样的想法，我开始试着让自己从一件件机械的事情中挣脱出来，尽管过程有些曲折，因为抵抗惯性不是一件容易的事情，但是，总归是一直往这方面努力着。尽量地留时间给自己思考，不断反省自己当天的行为与想法，这是我当时为了跳出循环做的第一件事，也是我认为最难的一件事，因为人的惰性会不断地把你往堕落的温床里推。然而，幸运的是，我做到了。

或许在大一这一年，我自认为并没有做到脱颖而出，可能所做的事情也再寻常不过，可是经过不断地反省，我明白了接下来三年应该怎么做，也让自己不断地往脱颖而出这个方向靠拢。

正确的心态

首先，最重要的就是要有一个正确的心态。保持一个不甘平庸、积极向上、勇往直前的心态，能在很多个自己想要放弃的瞬间拯救自己，把许多消极的想法扼杀在摇篮之中。如此，便成功地迈出了第一步，也是最关键的一步。幸运的是，虽然有过一段时间的迷茫，但是最后我还是保持了这样的心态，也很感谢自己能拥有这样的心态，让我没有选择在大学的温床中堕落。

明确的规划

对于大学生来说，有一个明确的规划是相当重要的。一个明确的规划可以让自己大学的方向变得更加清晰，在面临许多人生重大选择时做到心中有数。是考研、出国还是工作？这个问题对于已经上大二的我来说是需要好好思考的。如果考研，目标是哪所大学？是国内还是国外？有怎样的要求？目前自己离这个要求还有一段怎样的距离？通过什么样的做法才能缩小这个距离？这些都是需要提上日程思考的问题。倘若选择出国，那么，雅思、托福什么时候考？目标国家选定了没有？那个国家的条件是否适合自己？……如果工作，需要学习什么样的技能？需要什么时候去实习？需要通过什么样的方式、怎样的努力来丰富自己的简历？工作的方向又是否与自己的专业契合？……我认为这些问题不该留到临近毕业时才思考，否则就太晚了。如果在大二开始之初就思考好这些问题，自己有了一个明确的规划，在处理这些问题时便能游刃有余，并且解决得漂漂亮亮。这也是目前我正在做的事情。

健康的身体

再者，便是要有一个健康的身体。很多大学生的生活并不完全是健康的，熬夜对于很多大学生来说，已是家常便饭。熬夜的目的虽不相同，但无论出发点是什么，其实熬夜的结果都是不好的，这点是毋庸置疑的。

除了熬夜以外，很多大学生，或者说，各个年龄阶段中的大多数人，都没有把太多的精力放在锻炼身体上。然而，这种忽视其实是很可怕的，因为很多时候阻止我们继续前进的并不是外界的阻力，往往是自身出了问题，而在这些问题当中，有很多是身体健康方面的问题。同时，我也一直抱着这样的想法：一个健康的体魄是拥有一个精力充沛的灵魂的前提。我们应该把锻炼身体变成像洗漱一般自然而然的行为，让自己的身体一直保持活力。我每个星期运动三到四次来放松自己，或是在田径场上跑步，或是在宿舍里做瑜伽，这些简单的运动既锻炼了我的身体，又放松了紧绷的神经，对我来说是再好不过的选择。

高远的目标

最后，便是要有一个高远的目标，并且尽可能地让这个目标与自己感兴趣的事情相契合。就像登山爱好者一样，在攀越一座又一座山峦时，他想到的，首先不会是这座山的高度，而是登山带给他的快乐与满足。只有在真正登上山峰时，他才会意识到，自己到了一个多么高的地方，而这个过程亦是充满乐趣的，如此，岂不是很美好？

愿自己能在中大做一个一直积极向上、勇敢快乐的登山者，征服心灵的高峰。

十七、努力学习，不忘初心

2016级本科生　王景鸿

　　经历了高考的洗礼，来到了大学，想必每个人心中都对自己有不一样的要求与目标。大学意味着一个新的起点、新的挑战。而作为一名大学新生，最初我认为大学就是要参加很多社团活动来丰富自己的生活，因此，在"百团大战"中，我加入了摄影社、ET街舞社、天文社。每周的空闲时间基本上我都在参加社团活动，忙碌着，也感觉很快乐，接触到许多有趣的东西。

　　入学一个月之后，院系学生会也开始招新，此时我已经加入了三个社团，每周留给自己放松休息的时间已经不多了。本来我不太想去报名的，但两位舍友都十分踊跃，我就想，如果不报名可能会是大学里的一个遗憾，况且加入学生会还可以为院系学生服务，何乐而不为呢？于是我就去学生会面试了，最后加入了学生会的公关部。

　　接下来的日子，除了平日的学习和社团活动外，我还需要经常去参加学生会的活动。比如说公关部第一次线上拉赞助，我就要在晚上忙活好几个小时。平时周一是我们公关部例会的时间，大家一起开会，听两位部长分配这周需要完成的社团工作。

　　学生会的活动除了部门活动外，事实上还需要参加其他晚会。接下来的10月需要筹备四院迎新，于是我们就准备了一个叫"篮球火"的街舞节目。经过近两周的筹备，我们在台上成功演出了。这也是我第一次感受到参加活动的乐趣。紧接着，11月我还参与了圣诞节和元旦晚会的策划筹备。在筹备过程中，我学到了如何写策划，从活动意义到应急预案，每一项都需要认真思考、仔细策划，虽然最后并没有成为项目管理组的一员，但我已经受益良多。为了让圣诞节和元旦晚会内容更丰富，在12月，我还参与了两个晚会的节目表演。随之而来的就是排练，下课了要去排练，晚上没事也要进行排练。经过近半个月的准备，我们终于成功演出了，我也体会到办好一次晚会需要付出很多的精力与时间，尽管我并不是项目管理组的策划，但作为参与筹备的工作人员，大大小小的例会也参加了许多次。

　　至于社团活动，我参与的并不多。人们都说大学是一个小社会，那社团必然是这个小社会中人际交往最为密切的地方。大学是步入社会的一个过渡时期，在这个过渡期，我们要学会如何社交，如何与人相处，社团自然成为磨炼这些技能的最佳场所。在社团里，有干事，有成员，有领导，无论身份如何，你都可以在社团中学会与人沟通的技巧，并充分实现自己的价值。但由于学生会事务繁多，我没有多余的时间进行社团活动，因此社团的工作没有坚持下来，有些遗憾。

第一学期的课余生活虽然很充实，参与了很多活动，我也得到了上台演出的机会，但我的学业渐渐出现了危机。临近期末考试我才发现，很多课程知识我并没有学懂，上课经常走神、玩手机，而要重新开始学习这几大本厚厚的书籍，时间似乎已经不够了。在期末考试中，我几乎所有的科目成绩都在绩点以下，甚至有几门分数只有60多分。看着残酷的排名，我才意识到，大学除了活动以外，学习同样重要。其实，学习应该是排在首位的。

大学生最重要的当然是学业。大学，大人之学，无论什么时候，我们都要把学习放在第一位。为什么学业如此重要呢？首先，大一的学业主要是在基础学科上进修，就好比盖高楼前打的地基，我们的知识面相对于高中而言有了一个质的飞跃，变得更为宽广。同时，这样的基础为我们日后专业课的学习做好了铺垫。试想，如果没有这些基础，又谈何学习更深层的专业知识呢？经过大一一年的学习，我深刻体会到学习的重要性。除了为以后专业课学习打基础以外，学习成绩直接与GPA（平均绩点）挂钩，这关乎是否能获得奖学金，也关乎是否能够获得一些机会。

于是，大一的第二个学期，在吸取第一学期失败的教训后，我开始好好学习，毕竟大学生还是要以学业为重。活动固然要参加，但不能影响学业。不可否认，参加社团也很重要。对于社团活动，我认为要做到主动。所谓"主动"，指的是主动找机会，主动交友。社团内大大小小的工作，每一项都是一个挑战。要对自己有信心，在接受挑战的同时，也是在给自己找锻炼的机会。不要小看每一次的策划，只要认真做好，你一定会有很大的收获。在社团里可以尝试部长等职位，从而培养自己的领袖气质，这是踏入社会前十分宝贵的经历。主动交友，说的是要提高自己的社交能力，无论和怎样的人都能相处得来，可以为以后踏入社会做好铺垫。俗话说，多个朋友多条路，朋友多了，他们都是一笔潜在的财富。但是因为时间问题，所以在第二个学期我退出了之前加入的社团，专注于学习。

在专注学习的同时，我还申请了大学生创新创业训练计划项目，研究的是白斑病毒在珠海野生甲壳动物中的分布状况。最终经过一个学期的努力，我在线性代数、高等数学和普通物理学等难度较大的科目上都取得了80多分的好成绩，终于把绩点提上来了一点，也获得了本科生优秀学生奖学金三等奖，这是对我最好的鼓励。我意识到学习才是大学的第一要务，努力学习，不忘初心！

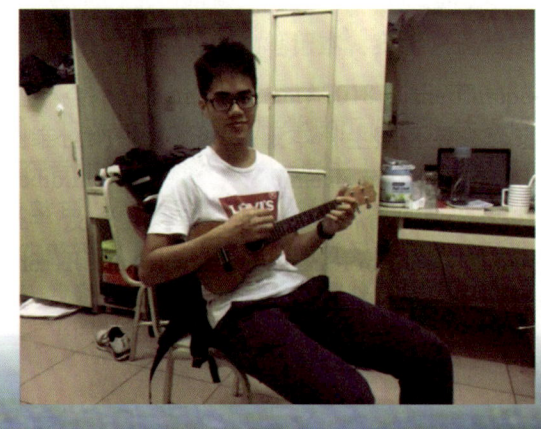

十八、向上的步伐，永不停歇

2016 级本科生　袁漫津

经过高考的历练，我们一路披荆斩棘来到中大，站在校门前，我们满怀期待。这不是结束，仅仅只是开始。

大学的课程依旧很多，大学的学业依旧不轻，只是大学更加自由了。没有人会告诉你应该做什么，也没有人给你指明前方的道路，一切全靠自觉、自律、自省。刚从高考的牢笼中解脱出来，来到大学的我仿佛步入一片自由自在的新天地，我可以自由支配自己的时间、加入喜欢的社团、发展自己的业余兴趣、组织开展各类活动……

在开学一个月后，我加入了海洋科学学院团委实践部，作为核心人员策划开展"碧海红树——淇澳岛红树林保护活动"，为保护红树林出一份力。我还加入了学院新闻中心，学习采访、摄影、写稿等技能，朝着专业新闻人的方向而努力着。同时，带着对中国共产党坚定的信仰，我提交了入党申请书，期待着早日成为这个先锋队中的一员。每日的行程变得满满的，实验报告、各科作业、修改策划……

随着所学内容逐渐深入，慢慢地，我在专业课的学习上变得有点吃力，但课余时间依旧坚持组织开展"碧海红树——淇澳岛红树林保护活动"的系列活动、"废品说"标签设计大赛、寒招材料设计大赛等，同时也倾听了各行各业的领军人物所开办的讲座。可能由于自己时间安排得不合理，以及在学习上的懈怠，因此，大一第一学期的绩点并不理想。于是在寒假初始，我便对大一第一学期所做过的事情进行了总结，希望能从中吸取教训、积累经验、提升自我。

事情一直很多，活动也层出不穷，如何才能在相同的时间内完成更多的事，并且高质量地完成？答案是高效。即找对方法，合理安排，提高效率。我发现，与其在课堂上去考虑活动策划怎么写，不如专心致志掌握课堂内容；与其在公交站台无聊发呆，不如听听英语新闻，提高英语听力水平；与其课后死记硬背，不如多思考理解记忆。卓越的人永远不会抱怨时间走得太快；相反，他们会把握时间，按照自己的步伐与节奏向前迈进。

找对了学习方法，明晰了前行的方向，一切便水到渠成，不费余力。在大一下学期，在生活这艘巨轮上，我满怀信心紧握手中的船舵，不再焦虑，不再迷茫，坦然而充满热血。随着每一件事、每一项活动有条不紊地进行,我的大学生活绚烂而耀眼。上天不会辜负任何一个努力的人。我的绩点正在向着高处不断攀升,各项活动也取得了不错的成绩,所在的队伍在第七届中山大学珠海校区"创先争优"公益活动中获实践二等奖,个人获"优秀志愿者"称号;在中山大学珠海校区青年志愿者协会举办的废品说标签设计大赛中获二等奖;在海精灵志愿者协会举办的海洋调研大赛中闯进复赛……一切那么出乎意料,却又那么理所当然。

不骄不躁,在学术的道路上,我不断努力着。有了理论基础,不能只停留在教科书上,而要把它们都运用到实际生活中。

现在是一个"人人都能通过辛勤劳动实现自身发展"的时代,这个时代为我们提供了我们所需的资金、物料与机会,它缺少的是创新、创意、创造,它更看重的是我们的动手创造能力、创新思维能力。所以,当学院为我们提供创新项目所需的支持时,我跟小伙伴们毫不犹豫地申请了一个项目——现有沉积物捕捉器的改进。其研究意义是希望通过对现有沉积物捕捉器进行改进,使得沉积物捕捉器能检测出某一区域地形是沉积还是侵蚀,从而预测该地区未来的地形。同时,改进的捕捉器能够对南海岛礁、珊瑚的研究提供一定帮助。目前,我们就该项目正在与老师商量沟通,暂处于申请阶段。我们希望通过这个项目锻炼自己的实验动手能力,打破思维定式,能够结合多项现有技术,运用相应理论设计出符合实际使用的沉积物捕捉器,为国家的海洋事业奉献自己的一点绵薄之力。

青年当以永不懈怠的精神状态和一往无前的奋斗姿态砥砺前行。习近平总书记在党的十九大报告中指出:"全党同志一定要以永不懈怠的精神状态和一往无前的奋斗姿态,继续朝着实现中华民族伟大复兴的宏伟目标奋勇前进。"中国共产党一直保持着这种永不懈怠的精神状态与一往无前的奋斗姿态,通过几十年的执政考验,不断引领中国高歌前进,带领人民沉着应对,克服了一个又一个困难,战胜了一个又一个挑战,中国现在已满怀信心进入了新的征程,中国特色社会主义进入新时代。而这种永不懈怠的精神状态与一往无前的奋斗姿态,也正是我们当代青年所需要具备的。

今后,我必将以永不懈怠的精神状态与一往无前的奋斗姿态不断前行。因为,我们的征程是星辰大海。

十九、扬帆起航正当时

2016 级本科生　饶诗丹

我是来自海洋科学学院 2016 级 4 班的饶诗丹。刚刚进入大学的时候，我是极其迷茫的，像是茫茫大海中的一叶扁舟，随波逐流，不知道自己的目的地在哪里，更不清楚该怎样才能到达自己心中的彼岸。

在陌生的环境里，我一开始不知所措。一方面，有着较为繁重的学习任务需要我去面对。大学的学习和高中截然不同，老师们习惯点到为止，将更多的内容交给我们课后去查找资料，去深入了解。另一方面，我加入了几个看似十分有趣但背后耗时、耗力的社团活动，如学生会、团委、新闻中心、球队等，我希望改变那个只会学习的自己，希望能够在社团里变得更好。

但心急吃不了热豆腐，再怎么青春无敌、体力无限，也会有极度疲惫的倦怠期。我就像一艘小船，面对辽阔的大海，面对丰富的资源，原以为自己有能力将一切都带回港口，却不知在这种极度不平衡的情况之下，小船已处于倾覆的危险之中。

因此，我学会了放弃与选择。我退出了几个社团，选择自己真正喜欢并且希望能够得到成长的院学生会。我减少了平时娱乐的时间，选择在完成社团工作的同时不把学习成绩落下。

渐渐地，我终于找回了久违的平衡。在这种平衡之下，我能够做到社团、学习"两手抓"——在优质地完成课后作业并且做好复习、预习的同时，我第一次作为负责人负责举办学院圣诞、元旦嘉年华活动。在课堂上，我学会了很多自己需要的专业知识；在社团活动中，我了解到举办一场活动背后的艰辛，变得更加仔细认真。

然而，我还是觉得不够，我目前做的这些，学会的这些，只能维持我这艘小船在海上艰难航行，却不能够支撑自己接受狂风暴雨的洗礼，我依然无法到达自己理想的彼岸。

想要在暴风雨中生存下来，就必须提高自己的能力，从一艘小船渐渐开始成长。在社团里，我认真负责地对待自己的工作。不仅如此，我还积极与社团里优秀的学长学姐沟通交流，从他们身上，我学到了很多宝贵的经验。在学生会的一年里，我参与了许多活动，从第一次举办活动时的慌乱与不知所措，到最后能够淡定地面对并处理突发状况，我收获了很多。在学生会的这些活动中，我能够将自己的热情与想法表达出来，并通过自己和同伴的努力将想法变成现实，这极大地锻炼了我的策划与实践能力，也很好地提高了我的综合素养。

除此以外，我还报名参加了青年志愿者协会和海精灵志愿者协会，成为一名志愿者，通过这些公益活动，在尽绵薄之力助人的同时，我感受到作为志愿者能够为这个社会做贡献的快乐。大二时，我选择留任学生会并继续参与公益活动，让自己在忙碌的同时能够保持初心，继续锻炼自己的能力。

光有较强的社团活动能力是不够的，我深谙这一点。没有学习成绩和专业素养的支持，我依旧无法真正成长。所以，在积极参与活动的同时，我没有忘记学习的重要性。在课余时间，我总会约上三五好友，共同前往图书馆学习。我们会一起探讨不懂的题目，分享学习资料，并形成优势互补。我始终坚信，一分耕耘一分收获。我并不是一个典型的理科生，但是我一直刻苦学习和努力拼搏，再加上同学们的帮助，我的各科成绩进步显著。在接下来的这个学期，我对自己有了更高的要求和目标。

除了学习成绩以外，专业的学科素养也非常重要。因此，我加入了由何蕾老师指导的"水体及鱼体微塑料"大学生科研创新项目组。科研不是一件简单的事情，也不仅仅只是考验一个人的实验能力，更重要的是考验一个人的耐心与坚持。从水体中挑微塑料时，需要拿着镊子一点一点仔细地挑，要认真地检查每一个角落。在鱼体实验中，不仅要耐心细致，还要忍受解剖时产生的恶臭。但是我明白，做科研就必须克服一切艰难险阻，不能够被眼前的一些小困难打败。

现在的我已经进入大学的第三个年头，适应一个新的环境并不容易，虽然过程会充满荆棘，但我还是会一路高歌，勇往直前。我深知自己现在的能力还有所不足，但是我会不断挖掘自己的潜能，不断充实自己、完善自己，规划属于自己的大学生活，用自己

的双手创造属于自己的未来。大学四年是人生最宝贵的四年,"路漫漫其修远兮,吾将上下而求索",在这样一个充满激情和智慧的人生阶段,我们应该努力去汲取知识,投身于学习和生活中。经过各方面的锻炼,我学会了独立与自强,收获了很多成长的快乐和幸福。当然,如果没有组织的培养、老师的辛勤指导以及同学们在工作和生活中给予的鼓励和帮助,也不会有我今天的成绩。

  最后,我要特别表示感谢学院党组织、学院领导的大力培养,感谢在专业方面深入指导我的老师们,还有在学习生活中帮助过我的亲爱的同学们。在接下来的日子里,我要继续努力,秉承一颗海洋学子的赤子之心,在知识的海洋里扬帆起航。扬帆起航正当时,只要有足够的努力和毅力,我相信我能够冲破一切狂风暴雨!

二十、让大学生活充实起来

2016 级本科生　黄俊柔

　　大一这一年，应该是我十九年人生当中过得最"惊心动魄"的一年。在这一年期间，我迷茫不知所措，经历了无比压抑的低谷时期。当然，我也在各方面的帮助下慢慢找到了方向，并开始朝着这个方向努力前行，而现在也在努力前行着。

　　上大学之前，我对大学存在着很深的误解。因为在上初中、高中的时候，身边的人会经常对我说："现在好好学习吧，到了大学就解放了！"我看到身边已经上大学的小哥哥、小姐姐的微博、朋友圈全都"晒"满了他们每天去哪里吃了好吃的，到哪里玩了好玩的，似乎大学的生活真的非常轻松。我就算每天不"纸醉金迷"，至少安逸地混日子应该没关系吧！所以我进入大学之后，尽管被高数课以及专业课的进度吓到了，但就因为心中那个固有的概念，我选择了无视大学的各门课程，想着反正大家都是这么过来的，我也可以这样，期末考及格就好，不用想太多。我还加入了学校的舞蹈团，在进入大学后大概两三个月的时间里，我都把精力放在舞蹈团和宅在宿舍干与学习无关的事情上。

　　后来，机缘巧合，我认识了一位师姐。那位师姐经常带我去找珠海市各种好吃的东西和好玩的地方，所以一到周末我就会跟师姐"约"。认识师姐的第三个星期，师姐说："我们约图书馆吧。"听完以后我一脸茫然，我蓦然发现，到图书馆我竟不知道要干些什么，仿佛读书学习已经从我的生命中消失了。最后，我在图书馆看了一天小说，而师姐在图书馆学习了一天。走回宿舍的时候，师姐对我说："大学还是以学习为重。出去玩只是放松身心的一种方式，不能把那些当成大学的主体。你不要以为所有人看起来都在玩、都在混，只是他们学习的时候不发朋友圈而已。"师姐的话对于当时的我来说犹如当头棒喝。我开始自我反省。的确，如果我想安逸地过日子，又何必考进中大呢？我的初心都抛到九霄云外了吗？中大汇聚着很多精英人士，我来这里是为了学习比初中、高中更丰富、更有营养的知识，让自己成为一个更好的人。这样整日不学习、无所事事算是什么情况？仔细看看身边的人，同学们上课都坐在前排，不知疲倦地记着笔记。再看看自己，若没有一点长进和一定的知识储备，对得起谁？

　　于是我开始认真对待学习，上课时尽管生物钟调不过来，很困，但也坚持着，课后将听漏的地方一点一点地补上。尽管如此，我仍感到力不从心。之前落下的课程太多了，根本补不上，而且中间两个月的空白期竟让我忘了应该如何学习。面对多门复杂的学科知识，我有点不知所措。祸不单行，期中考偏偏又在这个时候来临，我只得尽我所能。最后成绩非常不理想。那时候我的心情真的一言难尽。

收拾了糟糕的心情，面对糟糕的成绩，我得再次起航。从期中考到期末考，我一边摸索着如何学习，一边尽自己所能补上之前的知识，在这一方面，那位师姐帮了我很多。

在第二个学期开始以前，我就给自己制定了目标，所以从大二的第一节课开始，我就认真地听课，还准备了笔记本。因为我认为，大学里学到的知识多而散，非常需要一本笔记本来汇总，而且我们常常需要在网上或图书馆里的藏书中找某些资料，这个时候，笔记本的功能就更加突出了。我还充分利用课余时间，在这些完整的时间段，做笔记整理再好不过了。就这样，我觉得我的第二学期过得还挺不错。直到有一天，我看到了一本书，书名叫《最怕你一生碌碌无为，还安慰自己平凡可贵》，我才突然发觉，这样每天都在重复同样的事情，没有一点新意，真的是你想要的吗？常规的学习的确需要摆在重要位置，可是一味地学习不就成了学习的机器了吗？这样对我真的有好处吗？

经过一番思索后，我开始申请实验室基金项目，上个学期没有把握住机会，这个学期我学着主动与同学、导师沟通，从选题、查找文献、小组讨论到撰写申请书，每一个步骤都努力地做着。后来回过头才发现，那段充实的日子着实令我怀念，作为知识分子，大学生活不就应该这么过吗？于是我又开始慢慢地买一些课外书看，有的和学科相关，也有一些文学作品，用来提高自我修养。我还给自己制订了每星期跑两到三次步的计划，以充实我的大学生活，我才发现，原来大学生活可以这么美好。每天宅在宿舍，怎么能看到成荫的绿树？每天只知道"煲"电视剧，又怎么知道知识的海洋是如此美妙？

再来说说舞蹈团。第二学期，舞蹈团本来没什么重要的事情要忙的，可是临近毕业季，我们突然接到通知说要办一个送旧舞会，每个人都要出节目。那时候，每到空闲时间我就对着视频学舞，然后几个同学协商着找时间排练。后来因为一些因素的影响，身上的任务突然加重，由两支舞增加到五支，时间又刚好跟分析化学的期末考试堆在了一起。可是自己给自己定的目标不能放弃呀，我说过要平衡兼顾舞蹈团和学习的。所以我利用各种零散的时间学习，然后到了周五早上或者下午一下课就飞奔到舞房，一直待到晚上11点，吃在舞房，睡在舞房。排练完回到宿舍又立刻转换成学习模式。那段时间，我竟没有觉得很厌烦、很累不想练了，反而觉得很开心，很舒爽。

这可能就是大学的魅力所在吧。在大学里，越累越精神，越充实越快乐。

曾经看到这样一句话：以后的你一定会感谢现在拼命的自己。不要被一时的失意打倒，也不要沉迷于昨日的成绩，每天都是新的一天，你只需要在这一天看准自己的目标，然后努力就可以了。

二十一、我与学生会：在这里，很幸运

2016级本科生　梁铭恩

　　我是2016级的梁铭恩，现任学生会副主席、艺术团团长。在学生会的这两年，可以用两个字来形容，那就是"拼命"。当然，这两个字不是合在一起的，应该分开理解为"拼搏"和"命运"。

"拼"

　　学生会教给我的"拼"，是指要尽自己最大的努力去把交给我的每一件事情做好，即使要付出很多的休息时间。有时候为了把活动做好，即使修改了很多次预案，即便我们做了很多准备，但最终呈现的成果还是会有很多缺陷。我常常对自己说，无论是学习还是工作，都要付出自己100%的努力，不能让自己在结束之后因为那1%的懈怠而后悔，即使最后依旧不能做到最好。

　　进入学生会文体部要做的第一个活动是小球赛。俗话说，万事开头难，那是我第一次接触体育活动，第一次安排赛程，第一次真真正正从头到尾去组织一个活动。还记得当时排好的赛程因为合作院系的临时活动要全部修改，因为选手的要求要不断优化，改了又改，最终的赛程安排依旧没有做到最好，而且在比赛的第一天就遇到了很多问题。当天晚上，我们为了让第二天的比赛更加顺利，修改活动细则一直修改到凌晨4点，睡了3个小时又爬起来继续工作。虽然很累，但是那段时间感觉自己很幸福，因为充实，因为进步，因为努力过。

　　经历了小球赛之后，此后每一个活动的筹办我都做得顺手多了，如筹办水上运动会、迎新晚会，自己也越来越自信，越来越得心应手。虽然很多活动仍是在筹办中学习，学习中筹办，但是比起小球赛时的自己，感觉自己还是成熟了。

总而言之，在学生会这两年学会的"拼"，我想应该受用终生吧。

为什么会用到"命运"这两个字来总结我在学生会的两年呢？可能是因为我现在拥有的很多东西都是命中注定的吧。

确实，如果我没有加入学生会，文体部的亲人们、艺术团的小可爱们就不会出现在我的生活中，感谢学生会让我遇见他们。

先说文体部吧。俗话说得好，不是一家人，不入一家门。一群一张嘴就停不下来的人，一群一说玩就要玩到极致的人，一群要么不干、要干就要干到最好的人，就这样被命运安排在了一起。还记得第一次学生会全员大会，我们一时兴起合唱了一首《小幸运》，确实，遇见大家很幸运。

还有艺术团，从小到大，我是一个没什么艺术细胞的人，也从来没有想过自己会当艺术团团长，虽然是因为艺术团团长位置的空缺而不得不从学生会中调人去管理这个部门，但是当我遇到我们艺术团的小可爱们时，我就开始庆幸自己能来到这里。学院第一次独立举办的迎新晚会，可以说是在成长中的艺术团的一个重要转折点。6位主持，一部音乐剧，还有参与班级舞蹈表演的几位舞蹈队队员，每一位成员在晚会上的精彩表现，不仅让我感到无尽的幸福，也让大家认识了一个新的海洋科学学院艺术团。

最后再说一句话吧，在这里，我很幸运。

二十二、我与团委：好好学习，好好工作

2016 级本科生　李赛宇

我在刚进入海科院团委组织部的时候，还是一个初入大学的新生。当时只是凭借着希望更好地融入大学生活、更快地融入本学科的学院生活的想法，才决定加入海科院团委组织部。初时可能会觉得学院的学生组织应该只是做一些小事、办一些小活动，但只有真正参与之后，我才深刻地了解到其中的不容易。

我很庆幸自己能够做出这样的选择，特别是在经过担任干事一年的锻炼，我决定竞选并且成功竞选更高的职位之后。在过去一年当中，虽然我只做了一些琐碎的工作，但我院团委工作成功地打开了新局面：组织参观活动、承办宿舍风采展示大赛。越来越多想要入党的同学加入我们组织的党章学习活动中。但这还仅仅只是开始，是我院团委的一个新起点。我们一直在路上！

除此以外，我还通过这段时间组织开展自我学习和向他人学习。在书记和辅导员的帮助下，我们一起学习十九大精神，一起总结经验、分析得失。我还和院团委的部长们一起研讨未来规划，和各班级团支部的团支书一起完成团建工作。同时，我还向其他学院的团委组织学习，以更好地完善自身工作和团委工作。

最后，我要感谢支持我的工作的师兄师姐们，特别是老部长，感谢院团委的部长以及干事们。曾经我的工作也存在问题，感谢你们的包容，感谢你们鼓励我不断进步，然后与我一起前行。同时我也非常欢迎同学们加入海科院团委！

二十三、我与海精灵和辩论队

2016 级本科生　王智娜

其实在大一上学期刚开学的时候我参加了很多社团，但是当时的我太年轻，没能意识到社团活动需要花很多时间，居然还会为没有加入更多看起来好玩有趣的社团而感到遗憾。当然，这都是后话了。

我在大一时就加入了学院的辩论队和海精灵这两个有爱的社团，并在大二担任辩论队的副队长和海精灵组织部的部长。虽然这两者之间并没有很大的共通性，我在辩论队和海精灵所做的工作也完全不同，所感受到的氛围也有所不同，但是在那段时间里，我的心境是相同的，做事情的心态也是一样的。总的来说，在这一年多的时间里，我不敢说自己"混"社团做出了多少成绩，只是更加明白了承担责任的重要性。

有"预谋"的相遇

加入辩论队和海精灵都是我"预谋"已久并成功实施的行动。

在高中时，作文需要写议论文，相信大家都经历过收集作文素材、学议论文写作格式的过程。而在这个过程中，我了解到马薇薇、黄执中、胡渐彪、邱晨等这些人物并迅速掉入辩论的"坑"。然后在开学之前我发现学院"迎新群"居然在讨论电车问题，之后还认识了一个辩论队的师姐（后来被我们亲切地称呼为厂长的队长），于是，在开学的时候我便积极地提交了报名表。在经过一次模拟辩论的面试后，我这个压根没接触过辩论的人就这么开始打起了辩论。

而海精灵则是在看学院的介绍资料时发现的，资料里面提到我们学院有一个专门保护中华白海豚的公益组织，当时我就开始好奇中华白海豚是什么了。经过一番了解之后，我就想这是一个多么棒的社团呀！所以在"百团大战"时我直接去了海精灵的摊位，然后就被一位看起来和蔼可亲的师姐"拐"进了组织部，开始了写策划、改策划、执行策划的日子。

有点"丧"的后来

我记得当时有人跟我说海精灵的活动不多、很闲的，现在想想，活动比起学生会来说确实不多，但闲肯定是假的。

海精灵的活动确实不多，一个学年也就六七个，但是当我作为活动负责人要负责把一个活动从0做到1的时候，事情就多且烦琐起来了，所以每次海精灵要举办活动时我都很紧张，生怕有什么意外发生（虽然还是发生了很多次意外）。到了大二担任部长后，这种紧张的感觉也没有消失，而是随着身上的责任越来越重而越来越强烈。

除了要在海精灵策划大大小小的活动以外，填满我课余时间的便是辩论了。每周都有的模拟辩论让我学会了在知网查找各种论文，写立论稿、结辩稿，这让我几乎每天都要和队友们约饭讨论，友谊大概就是在这种每天讨论的过程中建立起来的吧。

忙碌而又充实的后来

现在回想自己在社团的这两年，并没有做出很好的成绩，甚至感觉自己在社团的经历有些失败。尽管如此，但第一次从头到尾组织一场活动所收获的成就感是我真实体验到的，第一次亲眼看到在海面上跳跃的中华白海豚的喜悦也是我切实体会到的。每一次为了比赛所做出的努力和全身心投入也是我为之着迷的，更不用说我在这两个地方认识的那么可爱的人们了。

与辩论队队员合影（左一为王智娜）

如今回过头来翻阅我曾经写过的每一份策划和总结、为辩论写过的一沓沓论证稿和结辩稿、一张张或是活动或是大家一起聚餐的照片，我想，我交出了我一年多来在社团作为干事和队员的成绩单。天资愚钝且性格别扭的我虽然没有办法把所有的事情都做好，但还是能够把一件件小的、琐碎的事情做好。很感谢一直以来和我一起努力的海精灵和辩论队的小伙伴们，没有他们，我大概也坚持不下来。

"但行好事，莫问前程"，以前总觉得这句话是在逃避责任，但是现在想想，如果我们每个人不做好眼前的事，不多做义举的话，在这个总能遇到艰难和挫折的世界上，我们又怎能坚持去做那一件件烦琐的、看起来收益不大的事情呢？

最后我想说，海精灵是一个会给每一个成员过生日的社团，辩论队有着一群会一起去看凌晨5点海上日出的人，这里的每一个人都很可爱啊！

参加海精灵志愿者协会成员组培

参加海精灵志愿者协会社区游园会

二十四、不忘初心，继续前行

2016 级本科生　潘弘博

在来到中山大学读书的这一年里，我得到了许多锻炼，收获了许多宝贵的人生经验与阅历。在这里，我有幸成为 2016 级 2 班的班长，成为自己喜欢的两个社团的副团长，也获得了优秀学生奖学金，这些都使我对自身有了更深的认识，这些荣誉也鼓舞我不忘初心，继续前行。

曾经，我的信念是那么坚定，我的意志是那么坚强，我的性格是那么坚韧，但进入大学之后，我经历了短暂的迷茫。我已经成功地迈过了高考这道坎，那么接下来我将何去何从？我一开始并不知道。我不知道自己喜欢什么，自己想要什么，所以自然也不知道自己要如何努力，如何去付出。这严重影响了我，也影响了我大一下学期的学习成绩。而如今，我已拨开迷雾，看清自己想要的生活。

大一上学期，我加入了三个社团：珠海校区管弦乐团、海洋科学学院学生会和海洋科学学院羽毛球队。加入管弦乐团和羽毛球队是因为兴趣所趋。沉浸在音乐的海洋，变成万千音符中的一分子，别有一番趣味。用球拍奋力击打羽毛球，快速地跑动与精准地调动，与隔网的对手切磋，让我感受到羽毛球这项竞技性强、趣味性高而危险系数低的运动的魅力。加入海洋科学学院学生会，是想要借此机会锻炼自己的组织能力，了解一个服务机构的运作模式，并为学院贡献自己的一份力量。

大学丰富多彩的社团生活冲淡了高中时期的学习氛围，它就像一把双刃剑，既可以带来甜美而舒爽的自由之风，也可以带来绝望和痛苦的失败之痛。学习，在大学依然是主体任务，不将学习摆在第一位，必将体会到大学生活的阴暗面，必将遭受一系列的围攻，必将感受人生的不易、艰辛与痛苦。

阅读是我长久以来保持的习惯。高尔基曾说："书籍是人类进步的阶梯。"古人亦云："书中自有黄金屋，书中自有颜如玉。"读一本好书，就犹如同一个品德高尚的人在交谈。高中时期，书籍是唯一能够为我解忧，为我在黑夜中点亮星光的伴侣，它使我的心灵得到慰藉。书中蕴含着许许多多难以见识到的场面、丰富而深邃的智慧与哲理、厚重而宝贵的人生经验。在大学期间，我每天都坚持读书，这让我感到充实，没有虚度光阴。

　　海洋科学分为海洋地质、海洋生物、物理海洋和海洋化学四个方向。每个学科分支都有其特点与专长，可谓百花齐放，各有千秋。在这四个科目里，我逐渐发现自己的兴趣向生物方向转移，因为从小喜爱观察大自然中的动物和植物，喜爱亲近小动物，这些小时候留下的美好回忆对我如今的选择有着不可磨灭的影响。

　　2016年10月，刚开学不久，我就与同学一起参加了郭长军老师的创新实验项目：探究虹彩鱼病毒的发病机理。初次接触科研，虽然有些生疏，但在郭老师和师兄师姐的耐心教导与帮助下，一年后的我们取得了令人满意的结果。希望我们不辜负郭老师和师兄师姐对我们的期待，写出一篇优秀的论文，为此次虹彩之旅画上圆满的句号。

参加大学生科研训练

　　接下来该讲讲我如今所处的这个班级——2016级2班。作为班长，自上任的那一刻起，我就下定决心让这个班成为年级最强的班，让每一位在这个班级里生活、学习的同学都能感到骄傲和自豪。当然，光说不做可不行。为此，我组织了年级第一次班级外出活动，带领全班同学去珠海著名景点圆明新园游玩。之后又组织了烧烤活动、"轰趴"活动。总之，别的班不敢做、想不到的好事情，我都争取让同学们参与其中。在我的组织下，我们班设计制作了属于自己的班服。当然，制作的过程并不是一帆风顺的，当中经历了许多酸甜苦辣。但当我们拿到班服的那一刻，心里的那份喜悦与自豪溢于言表。在班风展示大会上，我们班勇夺年级第一，甚至"碾压"了许多学长，这大大地鼓舞了人心。接下来，我们班又夺得了学习成绩第一名，用实力证明了我们不只会玩，学习也不输别人。

　　"不忘初心，继续前行。"这是习近平总书记告诫全国人民的话。相信每个人的理解都有所不同，这句话对每个人的分量与意义也各不相同。我认为，这句话的意思就是：不要忘记我走到这里付出了多大的心血与代价，我必须继续前行，争取更加伟大的胜利。绝不能在这个自由之风盛行的环境中选择沉沦，因为现在的我没有退路，而且一直都不会有。

二十五、我与辩论队：人生如织，与君共勉

2016级本科生　黄应浩

我是海洋科学学院2016级2班的黄应浩，也是辩论队的队长。时光荏苒，我也大步迈向了大三。这次非常荣幸收到新闻中心的约稿邀请，下面跟大家分享自己一年多以来的心得体会。

初次接触辩论，是通过大学以前听说过的提出"白马非马"的公孙龙，还有雄辩滔滔的马薇薇……也正是抱着这种好奇而又敬仰的心态，大一时，我报名参加的第一个社团就是学院的辩论队。

虽然面试的时候表现十分紧张，但还是幸运地被选中，成为辩论队的一分子。之后的辩论队生活与我之前猜测的有相同也有不同：说到辩论，当然少不了逻辑思维的训练、自我表达能力的锻炼、规则赛制的介绍；但我万万没想到的是，辩论是需要投入很多精力去准备的。

以往看到台上的选手们唇枪舌剑，都以为是临场应变——形势瞬息万变，好像只能由选手灵机一动才能做出反应。但当我开始着手准备我们的第一场模拟辩论时，才知道原来真的是台上60分钟，台下5天工。台下的准备除了要将自己的体系一再修改，不断完善之外，也要准备对方有可能会讲的方向、谈的内容，好比行军打仗前要知己知彼，方能百战不殆一样，这都不是容易的工作。几乎每天进行一次讨论，整天都要思索辩题，这样沉重的任务让我明白，辩论中的妙语连珠，是需要前期做很多准备的。辩论并不是一项简单轻松的工作！

当然，这并不是我一个人的想法。辩论队的队员们也都觉得举办一场辩论赛远比我

与辩论队队员合影

们想象中的复杂、耗时间、累。而上场时的紧张也是我们较为惧怕的。每周一次的模拟辩论就像是周考一样,让我们想要逃避,但每次任务真的到来时,大家都会竭尽全力准备,不会有丝毫懈怠。

参加海洋科学学院"诚信"主题辩论赛

  尽管如此,有时候我们做得还是不够好:可能是没有及时回复通知,可能是没认真打好某一场辩论,也可能是某个错误被屡次提醒但仍未改正。这个时候就免不了要"挨骂"。其实我偶尔想过放弃,但最后我问自己做这件事的初心是什么。我不觉得自己是一个很有毅力的人,也不会强迫自己一定要坚持,但我会提醒自己勿忘初心。对于我来说,这能给我一个一直做这件事的理由。

  后来,我们也经历了不少模拟辩论和院系间的比赛。也正是在各种大大小小的辩论中,我开始真正领悟什么是辩论,也认识了很多有趣的人,会有一些自己的心得。同时，很荣幸的是，在大一结束的时候，我被大家选举为队长。加上当时正好赶上2017级的校区调整，许多工作和以前不一样，需要更多的想法和付出。正是在大二当上队长的这一年，我开始意识到肩上的另一种责任。在这一方面，我不敢说自己已经做到最好，但我会在日后的大学时光里与辩论队的伙伴们一起努力，为辩论队争得更多的荣誉和成就，也希望大家能真正爱上辩论，享受辩论！

二十六、浅忆我在海科院羽毛球队的经历

2016 级本科生　方思婷

在大学生活中，社团是很重要的一部分。中山大学海洋科学学院羽毛球队作为学院直属社团、羽毛球项目尖子的集结地，自大一新生入学以来就积极组织日常训练活动、参与学校举办的各类羽毛球比赛。以前基本上没有系统性地学过羽毛球的我，在大一的训练中，了解到很多专业的知识，如从最基本的握拍方式开始，到吊球、步法等具体的技术动作。陈龙队长一直耐心细致地带领我们逐步探索新的领域、加深对羽毛球这项运动的理解、提升对各种动作和战术的熟练运用。

我有幸随队长、副队长及各位技艺精湛的队友一同参加中山大学院系羽毛球比赛。对于我而言，这是一次难得且受益匪浅的经历。众所周知，训练时的心情和站在正式比赛场上的心情是大相径庭的。与平时不同的灯光、来自四周队友们的目光、球网对面蓄势待发的对手的动作，像半熟的柠檬的酸涩般刺激着我的神经，让我不由自主地紧张起来。比赛如同考试，其结果往往是三分看发挥、七分看平时。在训练中投入了更多汗水、更加用心去磨炼自己技巧的选手，总能在正式赛场上临危不乱，用早已刻入骨髓的应激反应和准确到位的动作来逐一回应来自对方的挑战，压制对方，将那仿佛雪白如鸟儿羽毛的羽毛球一来一回掌控在自己手中。说到这一点，我最佩服我的队友小熊猫同学。在我的印象中，他不仅是一个对待学业认真踏实的优秀学生，对羽毛球也抱有旁人难以企及的热情与拼劲。正因为如此，他往往能够在比赛的关键时刻为球队赢得胜利，使我们能够在比赛中走得更远。

我至今犹记得那段在投射着煞白灯光的球场上，和小梅同学一起练习的时光。一人站在球网的这一侧，将羽毛球逐个抛起，球网另一端的人则负责接球。想要接住掠过球网上沿轻飘飘下坠的羽毛球并做出完美的回击并非易事，是需要大量的练习的。一纸箱羽毛球，几十个？上百个？我也记不清了，只记得那一箱羽毛球周而复始地散落成一地白茫茫，再伴着练习者的谈笑风生被收回箱子里。而练习结束时喝的那一罐饮料，总是比平时来得更加痛快！

二十七、当我在新闻中心时

2017 级本科生　林理娥

"东风吹散梅梢雪，一夜挽回天下春。"

广州的冬天没有雪，自然不会有风吹雪的美景，但 3 月份的校园，满树的花开已是对广州春天最美的表达。

宋朝诗人白玉蟾的诗写得很好，用词妙，意境美。就因为这种文字的魅力，很早以前我就猝不及防地爱上了它。这便是我加入海科院新闻中心的初心——用文字记录事实、书写思想。

事实上，在新闻中心的一个学期以来，可以说收获颇丰。在这里，我能继续写作，同时也了解到了一个公众号背后有条不紊的运作，并有幸参与其中，还掌握了推送编辑的技能；明白了每一份看似简单的工作背后所需要的细致和认真，从而让我明白学习就是不懂的事情要重复做，重复的事情认真做；甚至从未接触过的 PS、AI、PR 等技术在新闻中心也能学到……于是慢慢地我爱上了它，爱上了这个虽然有时让我很烦但一直很可爱的新闻中心。

在这短暂的一个学期里，师兄师姐对我们的指导作用不可谓不重要。我们从身经百战的高三学子转变为初出茅庐的大一新生，"新"即意味着探索、发现。我们对未知的大学生活满怀好奇、憧憬，却不知如何在缤纷多彩的生活面前做出正确的选择，于是乎，师兄师姐们便用宝贵的经验对我们进行指导。说实话，我衷心感谢新闻中心的前辈们，一个学期下来，我从他们身上学到的不仅仅是各项硬技能，软实力也同样日益增长。此外，我更加明白了一个道理：所谓深渊，下去，也是万里前程。

新的学期当然会有新的期待。我进入了不同的社团部门，也即将开始不同的社团工作。即使是不同的工作，我也会用匠心与热情去完成。我一直很喜欢李娟在《冬牧场》中所说的一句话："大家都愿意盲从，好像世界上最安全的事情就是消失在'多数'中。"希望大家在今后遇到黄色的树林时，敢于选择人迹罕至的一条路，成为一个求真、向善、憧憬美好的特立独行的人。这也是未来在新闻中心工作或者在面对其他任何事情时，我希望自己能拥有的态度。

　　虽然大一、大二我们在两个不同的校区，隔着从广州到珠海的100多公里，但是我们的心是在一块的。记得有位学者说过："心灵和心灵的相遇，才是文艺。"在以后的日子里，希望我们用心灵碰撞出美丽的火花！

二十八、我与足球队的缘分

2017 级本科生　潘福鹏

我进入足球队真的可以用阴差阳错来形容，这应该就是缘分吧。

我是个足球迷，经常半夜起来熬夜看球。在足球队招新时，我只说我喜欢看球，但并没有练过足球和参加过比赛，最后我还是进入了足球队，就这样莫名其妙地成了足球队的一员。不过我相信，这也许是我和足球队的缘分。

因为没有练过，所以我的基本功很差。停球停不稳，传球传不准，在训练时很多时候没有配合好，没达到训练效果，拖了球队后腿。但大家都没有责怪我，而是拍拍我肩膀鼓励我，再根据每个队员的特点制定合适的战术。训练结束后，技术好的同学还会主动帮助我们这些技术不行的，教我们停球、带球、传球的动作要领，并给我们做示范，让我们的球技得到质的提高。

在第一场比赛中，因为技术不足，我浪费了很多得分的机会，球队一度陷入被动局面。但大家都没有责备我，而是给我更多的鼓励和信任。经历了 5 场进球荒后，终于，在正式比赛中我进球了，帮助球队获得了胜利。这是全队共同努力的结果，正是大家的帮助和信任，才有了我的进球，我们值得拥有这样的胜利。

在球队中，大家互帮互助，共同进步。足球，是一项团队运动，团队里的每个人各司其职，兢兢业业，努力完成自己的工作，实现团队目标。很高兴海科院足球队是这样一支队伍。每位队员都努力训练，在球场上团结协作，奋力拼搏，努力打败每一个对手，去争取更多的荣誉。在大家的共同努力下，我们的队伍越来越强大，我们获得了越来越多的荣誉。

我把在足球场上学到的带到学习和生活中：只有团结协作，互相配合，大家的劲往一处使，才能更好地实现既定的目标。在生活中，我们互帮互助；在学习上，我们互帮互助；在各方面我们都互帮互助，互相配合。只有这样，我们的大学生活才精彩纷呈！

因缘分与你结识，海科院足球队，有你真好！

日常足球训练

二十九、我与排球队：海排管家唠家常

2016 级本科生　李政坤

我是李政坤，排球队现任经理人之一。

进入排球队两年了，感觉每周聚在一起练球、打球早已成为习惯。虽然我的排球打得还是很烂，但是能感觉到自己在不断地进步，还是有点小成就感的。

排球队是个温暖的大家庭，球队的活动丰富多彩，大到节日聚会一起"浪"、考试前互相帮助，小到平时聊天互相"吐槽"、插科打诨，排球队早已成为我们生活中不可缺少的一部分。

最近趁着期末考试结束，排球队的成员聚在一起，为今年（2018 年）退役的 2014 级前辈们搞了一场小小的 Party。队员们的情谊如此深厚，以至于前辈们的一举一动我们都记忆犹新。同时我也体会到了排球队的团结和友爱。

至于我自己，可能是由于责任心和细心，因此有幸在大二的时候成为排球队的经理人。当时经常为了比赛的事情到处奔走，说不辛苦是假的，但是收获的满足和快乐绝对是真的。虽然因为实力不够无法上场，但是能以做后勤保障的形式给排球队出一份力真是太好了！

我们的排球之路还很长，希望大家共勉，不论是排球还是生活、学习，都要更上一层楼！

三十、一名新生，会对海洋科学有怎样的期待

2018 级本科生　刘俊宇

有人，稀里糊涂，一路盲冲直撞；
有人，深思熟虑，追随海上之光；
有人，热血满腔，志在科研报国；
有人，恋海之深，选择眷海之瀚；
……

不管曾经有着怎样的故事，怀揣着什么理想，你来到了这个地方，就是一件好事。像小溪汇成海，我们聚在海洋科学学院，或多或少，应该都开始对它有了期待。那么，作为一名新生，究竟会对海洋科学有着怎样的憧憬和想法呢？

欣喜而担忧

作为一个从小喜欢科研、对海洋充满了幻想的人，当查到自己被所填报的专业录取时，我按捺不住狂喜，跑去告诉爸爸妈妈，他们却眉头一皱，觉得这个专业冷门、前景不好。我试着努力说服他们，但是之后，几乎所有问起我的专业的人，都摇摇头，觉得冷门，不好就业。那时候我也开始有些怀疑自己，开始担忧。

兴奋和骄傲

带着忧虑，我慢慢去了解这个专业，发现它并不像人们口中说的那么冷门和不堪。无论是在教育部第四轮学科评估中位居全国第三，还是从《珠江晚报》报道第五届粤港澳台海洋科学大学生夏令营，到中山大学海洋科学学院强势加盟助力粤港澳大桥建设，再到中央电视台专题报道中山大学海洋战略，海洋科学抢尽风头，一次又一次进入公众的视野。而每一次见到自己的专业"登场"，我都倍感兴奋和骄傲。

海洋科学学院学生乘科考船出海实习

央视专题报道中山大学海洋战略

责任与担当

当我了解了这个专业学习培养的方向、内容后，才真正明白海洋科学存在的意义，学习钻研它，就意味着责任和担当。

课程多、作业多、实验多，专业复杂，学习难度大，这些都让人望而生畏；而各种实践与科考，又代表着孤独，考验着你的耐心。可正是这种将要面对的学习，让我感到我的责任，让我对这个务实的专业肃然起敬，让我想要诚心地去担当。

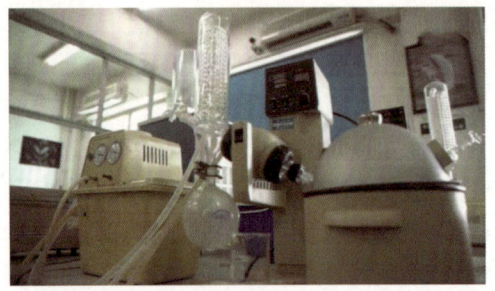

海洋科学学院学生实习与实践

期　待

最让我期待的，是在海洋科学专业中有待探索的未来。现在我什么都不知道，未来要学什么、上什么课、要做怎样的事情、我会去哪里，没有人告诉我标准答案。所有的谜底都等着我去解开，都让我兴奋不已。而我似乎又隐约知道些什么，也许我会到海边，海水冲过我的小腿；也许我还会出现在某艘科考船上，看着阳光被海风吹得柔和……当未来若隐若现，引人遐想时，我所有的期待便一涌而出，不再驻足，不再望而却步。

三十一、我与女篮：我的成长与收获

2017 级本科生　陈美莲

篮球，可以说是我上大学以来最鲜明的标签了。还在暑假的时候我就已经加入了海科院女篮招新群，当时仅仅凭着对篮球的喜欢而加入，却没想到能在这里遇到一群十分优秀的伙伴们：伟纯、刘佳、思睿、倩茹，每个人都在为南校小分队努力着，也为海科院女篮努力着；近在大二的萱庭师姐、思琪师姐、翟雪师姐、铭恩师姐，远在大四的简男神、海蓝姐，每个人都以不同的方式在照顾我们，加入海科院女篮就像是加入了一个温暖的大家庭。回想这学期作为海科院女篮一员的经历，可以说是五味杂陈。

女篮训练现场

刚开始南校小分队人数不足一个队伍，连训练都搞不起来，想到珠海集训也总是困难重重。在队友和师姐的支持与鼓励下，我们开始与大一男篮合训，和男篮队员们的关系从最初的尴尬到后来慢慢熟络起来，我们的球技、体能也有了很大的进步。当你处在一个凝聚力强的团队中，遇到问题时，只要肯一起努力，总有解决的办法。

　　南校小分队人数少，珠海现役大部队的师姐人数也不多，于是我们万能的师姐们拉来了化工、大气专业的小姐姐、小哥哥，组成了"海化气"联队，开始了我们的"篮协杯"征程。一个年轻的队伍，一个从未磨合过的队伍，肯定是要吃点苦头的。"篮协杯"比赛并不顺利，一场吊打、两场惨败。篮球可以说是一种综合格斗，考验的是球员的技术、体能与配合，但最重要的是，篮球是一项团队运动，不能过于注重个人的发展而忽略了团队的配合。

　　我想，有一群人为了同一个目标共同奋斗，若干年后，回想起来会是一件幸福的事。"篮协杯"开始之前，合练的时间几乎没有，训练的时间也不多，但到了比赛的时候，很高兴无论到场的人员怎么变，海科院的队员们始终站在一起。萱庭哥作为队长，常常不远千里带着奶茶来广州看望我们，圣诞节的时候会送我们感人的小礼物，并始终尽职监督联队的训练，同时对大一的我们给予母亲般的关心……

　　总的来说，在海科院女篮最大的收获就是认识了你们，来自五湖四海的队友们！就算是为了你们，我也要变得更强！

三十二、我与男篮：在海科院篮球队的这半年

2017级本科生　张璟国

"天行健，君子以自强不息。"没有一个好的身体，怎么为祖国健康工作50年？由此可见，身体健康对人何其重要。它是我们自强不息的基础，是我们取得一切成就的前提。而体育运动便是实现身体健康的一个重要途径，我在海科院篮球队的这半年深得其益。

首先，球队给我带来了不少正面效益。在社交上，我通过球队认识了学院内许多有趣的人，他们或球技高超，或善于谈吐，或很有责任心，或亲切可爱。在相对个体化的大学生活中，能有一个途径认识这么多优秀的人，无疑是难能可贵的。它打开了我的社交大门，让我有了一种安全感与归属感。每当在操场上挥汗如雨后，同学们的情谊就愈发深厚。此外，在球场上还能从另一个视角去接触平时十分严肃的老师，这也是一次难得的机会。

其次，在球队中，我找到了自己的榜样——上进的陈明懿学长。虽然见面的次数有限，但我一直记得他与我们第三次见面时说的那句十分朴素而又真实的话："其实无论做什么，打球也好，其他也罢，最简单而又最难做到的是'坚持'二字。很多时候，

平凡孕育伟大，坚持创造辉煌。"

说了这么多球队影响我的正能量后，再来谈谈它对我"内功"的调养。20 世纪清华大学的"强迫运动"曾以"文明其精神，野蛮其体魄"为口号，其实不无道理。体育运动往往对人的精神修养有积极的促进作用，无论是对于学习任务繁重的高三学生，还是对于如今"打持久战"的大学生。因此，坚持锻炼的好习惯我将一直保持下去。

大学的学习周期相对于中学以天为单位的学习周期来说明显加长了。以前，一天的作业知识点当天就能掌握，可如今，无论是论文还是高数，要弄懂一章动辄要花上十几个小时乃至一周的时间，时间久了人难免会疲乏。这时，每周二、周四的篮球训练对于我来说仿佛是节点一般。经过一周长达 4 天的以静为主的学习后，无论在生理上还是在心理上，我的压力都达到了极限，而周二、周四整个下午的篮球训练则可以将我的疲惫值彻底清零，让我重新"满血复活"，更有动力地去迎接挑战。

简而言之，是球队的训练，是体育运动让我的拼搏没有了上限，提高了个人的自制力，提高了个人的工作效率，放松了心情。科学也告诉我们，体育运动给人带来的快感是最长久的。季羡林曾说过，在清华读过书的人，谁也不会忘记两个馆，一个是体育馆，一个是图书馆，也许说的就是这个意思吧。

当然，球队的训练还着实提高了我打球的技术，尤其是定点射球和打配合，给了我一个在团体合作环境下重新认识自我、改正自我缺点的机会。有幸得到的几次上场机会，更是让我在极端紧张的环境下认识到了自己的不足，以及专业与非专业之间的巨大鸿沟。这些都说明，我仍有很大的努力空间。

对于我来说，在球队的生活是大一生活中浓墨重彩的一笔，如果缺失了，我的大一生活是破碎的。是篮球，让我的生活灵动起来。我爱海科院篮球队。

三十三、我与学生会：我的收获与成长

2017 级本科生　谢昊运

一年的时光就这么匆匆逝去，开学时参加学生会面试的经历仿佛还在昨天。一学年的社团活动让我学到了很多，也加快了我大学生活的步伐。与同学们一起讨论的场景、一起工作的时光、一起开心玩耍的日子被凝固在记忆中，成为璀璨的宝石。

加入学生会公关部以后，学生会主席就开会告诉我们相关的事项，主要是写策划、申请场地和报销等事务。听起来很简单，也没什么麻烦的地方，包括交给我们的作业也是，我都比较轻松地完成了。然而，之后发生的事逐渐改变了我的想法。

一开始，部长让我们负责图书漂流活动，大家都想着，不就是发一下书本吗，会很轻松吧。定下这个目标之后，马上迎来的就是策划的编写，如活动名称、活动意义、宣传方式等各个内容都要写出来。不仅如此，考虑活动的可行性也是十分重要的。我们写出来的初稿，部长说看都看不下去。一头雾水的我们看着部长的批注又一点一点地修改，反复几次才确定最终稿。之后，对图书漂流活动（二）的策划编写我们就熟练了很多，部长也觉得写出来的策划问题没有第一次的多。具体实施的时候，也偶尔出点小状况，但基本上都在预案之内，也可以比较快速地处理。

在公关部的时光让我明白，学生会的工作一点也不简单，需要热情、细致、耐心、团队合作才能完成得好。写策划时，别小看那几页纸，每句话都不能是废话，每个细节都不能缺失。策划的好坏直接体现在活动的执行力度和执行难度上。比如，发书不可能两个字就简单写完，要写出发书的具体时间、方法、人员安排、应急预案等内容。

　　后来，我成为元旦嘉年华活动的综合执行组组长，举办这个小型晚会背后的辛苦真的要在体验过之后才能清楚。还记得舍友们上床睡觉后，只有我桌上的台灯微微亮着，还时不时传来敲打电脑键盘的声音。

　　最终，我们组5个人完成了这份35页的策划。若是没有团队之间的配合，拼凑起来也是七零八落。执行活动时我们仍然有许多的不足，但是在现场基本都能解决。我完成了一项我从来没有做过的工作。

　　当我看到晚会主持人宣布晚会结束的时候，顿时觉得成就感满满，有一股说不出来的感动。每天晚上工作到一两点，每周除了学习就是学生会工作，和我的组员们解决一个又一个问题……没有热情、耐心真的坚持不下去。以前我会害怕步入社会之后每天都要面对这样的工作压力，但是现在的我有信心说我不怕。

　　在学生会，我经历了很多个第一次：第一次写策划，第一次组织这么大型的活动，第一次做这么完备的准备工作，第一次管理这么多人的工作。我在这里一点点地学习，一点点地进步，还收获了一群一起奋斗、一起玩耍的小伙伴们，可以说真的是很幸福了。

三十四、厉害了我的新闻中心

2016 级本科生　庞杰辉

从刚入学时我就对新闻中心情有独钟，因为我觉得这是一个真正能学到技术的组织，不像学生会、团委那样只能学到些文案上的东西，可能是因为我比较反感文案，对它不太感兴趣，嫌它麻烦吧。而在新闻中心，我可以学习摄影、制作海报、制作折页传单、推送编辑、视频剪辑等。

大一的时候，我参加活动挺积极的，几乎每个活动都有我的身影。到了大二我就消停了不少，因为有"小鲜肉"和新加入的同届小伙伴，机会就应该多留给他们。下面是我整理好的参加过的一些户外活动。

文件夹	日期时间	类型
17级游园参观活动	2017/10/28 23:10	文件夹
2016海洋节海报	2017/10/28 23:10	文件夹
2017海洋节闭幕式	2017/10/28 23:11	文件夹
2017年新闻中心第一次全员大会	2017/10/28 23:11	文件夹
2017深圳论坛	2017/12/21 23:10	文件夹
2017水上运动会	2017/10/28 23:11	文件夹
2017下排球赛	2017/10/28 23:11	文件夹
PS教程01	2017/10/28 23:11	文件夹
PS教程02	2017/10/28 23:12	文件夹
PS教程03	2017/10/28 23:13	文件夹
第八届珠海海洋知识竞赛高校宣传仪式	2017/10/28 23:18	文件夹
第六届海洋科技文化节开幕式	2017/10/28 23:18	文件夹
海科院2017年迎新晚会"怀梦新航"	2017/10/28 23:16	文件夹
井冈山革命传统教育培训	2017/10/28 23:15	文件夹
乒乓球队宣传单	2017/10/28 23:13	文件夹
院徽	2017/10/28 23:18	文件夹
约稿	2017/10/28 23:18	文件夹

然而，在新闻中心，我对摄影比较感兴趣。至于写稿、制作海报、编辑推送之类的，对于没有文艺细胞和奇思妙想的我来说真的很难。每次看到其他成员制作出很漂亮的宣传品时，我就觉得他们很厉害。虽然我不在行，但我还是认真地做好笔记。

看了上面的文件夹你就会知道新闻中心有很多丰富的活动。如果我说这只是其中一小部分，会不会让你大吃一惊呢？重要的事情说三遍，这里真的只是部分！部分！部分！

在2016级之前，新闻中心的成员都归属学生会。随着时代的发展，微信的普及，信息的快速流通，新闻中心脱颖而出，逐渐发展壮大起来。看着自家社团不断成长，是一件很幸福的事。这是我们共同努力的结果，大家都是最棒的。厉害了，我的新闻中心！

三十五、"悦"读感赏析：爱国·青年

2018 级本科生　李政圆

还记得季羡林先生在《谈国学》一书中曾说："中国的爱国主义怎样呢？它在主体上是属于真爱国主义范畴的，区别于极端民族沙文主义的遮羞布——伪爱国主义。"

2018 年，习近平总书记在北京大学师生座谈会上的讲话里清晰地提到了爱国。当时我就在想：国家，对于我来说到底是什么呢？是微博上看到的"危难时刻带你回家的中国人民解放军"，也是每年阅兵仪式上动作整齐划一、英姿飒爽的军队，更是孕育我十几年的土壤。而爱国呢？爱国就是我翻看历史书看到古代四大发明时内心涌起的骄傲与自豪感，也是看到八国联军侵华时内心的不平与痛苦——这些是由心灵深处散发出来的对国家的认同感与荣辱感。习近平总书记非常重视青年人的爱国精神，他也曾多次在与青年人的对话中提到爱国。我想，作为一个沐浴在中国特色社会主义核心价值观下的新一代青年人，我也愿意怀着一颗爱国主义的心，向远方启程。

也记得鲁迅先生在《热风》中写的："愿中国青年都摆脱冷气，只是向上走，不必听自暴自弃者流的话。能做事的做事，能发声的发声。有一分热，发一分光，就令萤火一般，也可以在黑暗里发一点光，不必等候炬火。此后如竟没有炬火：我便是唯一的光。"

在综合素质评价的自我介绍中,我曾提到我喜欢把自己称为青年人,而习近平总书记很喜欢与青年人沟通,为其希望,为其活力,为其愿景。"当代中国青年要有所作为,就必须投身人民的伟大奋斗",他是这样说的,意思是青年人要有担当,要有责任,要愿意在为人民服务的路上贡献自己的一份力量;"广大青年既是追梦者,也是圆梦人。追梦需要激情和理想,圆梦需要奋斗和奉献",他如是说,意思是青年人要有梦想,既要成为一个织梦者,也要成为一个筑梦者,道路或许很远,但在不断前行的路上,艰难险阻都阻挡不了心中炽热的梦想;"青年兴则国家兴,青年强则国家强。青年一代有理想、有本领、有担当,国家就有前途,民族就有希望",他如是说,意思是青年人与整个国家息息相关,昔有少年中国说,如今应当有青年中国路,而我们都该走上这样一条道路。

更记得《大学》开篇提到的:"大学之道,在明明德,在亲民,在止于至善。"

大学四年伊始,愿我四年之后仍走在一条我喜我愿众人悦之路。

三十六、"悦"读感赏析：
读《习近平的七年知青岁月》有感

2018 级本科生　谢奇伶

当收到"悦"读感推荐的书目列表时，我毫不犹豫地在《习近平的七年知青岁月》一栏的前面打了个勾。知青岁月，对于我们这一代人来说，是那样的陌生。但这并不影响我对那段充满神秘色彩的知青岁月的好奇。知青岁月，是特定年代的特殊产物，可以说是前无古人，后无来者。知青们在"上山下乡"的过程中经历的一切，对于一些人来说，是羁绊，而对于另一些人来说，却是人生道路的垫脚石。习近平总书记就属于后者。究竟是怎样的一方水土，养育出咱们实干有为、学识渊博的国家主席？我怀着期盼，翻开了这本书。

《习近平的七年知青岁月》这本书收集了习近平当年下乡所在的梁家河村的村民、知青伙伴以及各界人士的采访。在众人的回忆描述中，青年习近平踏实肯干、一心为民的形象渐渐在我脑海中形成；陕北农村环境恶劣、条件艰苦的生活场景也浮现在我的眼前。

习近平刚到梁家河做知青的时候，年纪和我们差不多大。在阅读的过程中，我常常遐想，假如自己也是其中的一名知青，我应该怎么做。我是否会在一天辛苦劳作挣工分的闲暇时抓紧阅读？我是否会在肩膀被磨出血的情况下依然尽力挑粪？我是否能在同辈都已经离开农村另寻出路的情况下仍旧一如既往地全心全意为民谋利益？我想自己很难有总书记这样的作为，但是我希望能够拥有和他一样博学、慎思、明辨、笃行的精神，这是一种不论在哪一个时代都永垂不朽的精神。

博学、慎思的精神

当时与习近平同住一孔窑洞的戴明同志在采访中提道："近平在梁家河从来没有放弃读书和思考。"无论是他刚下乡当知青时，随身携带的两个箱子里装满了沉甸甸的书的举动，还是他在四川学习办沼气时，见到好的对联就抄下来，遇到新鲜事就刨根问底的行为，都足以说明，习近平是一个对学习如饥似渴的人。在连温饱问题都没有解决的陕北地区，习近平仍不忘读书。在之后的七年知青岁月中，他每到夜晚收工的时候都手捧书卷，爱不释手。时过境迁，我们的物质生活已经有了质的飞跃，但是物质上的成就并不意味着可以在治学上松懈。我们如今拥有的优秀资源和广阔平台，是在祖辈们一代接一代的努力下才创造出来的，倘若我们不能继承和发扬习近平等前辈在艰苦年代的优秀学习作风，不懂得在学业上、生活中博学、慎思，那么就是在对好的资源的践踏，对艰苦奋斗的前辈们的辜负。

明辨、笃行的精神

在采访录中，村民形容习近平性格温和、有亲和力，还说他很有个性，一点也不软弱。没错，这看似矛盾的特征实则在青年习近平身上是和谐的。在梁家河担任党支部书记时，他提出的打坝修田的建议遭到了许多老村民的反对。但是他能明辨是非，坚定地为老村民做思想工作，最终建成了新田，给梁家河人民带来了福音。对于我们大学生来说，在学术研究领域，以质疑的眼光评判正误；在社会生活领域，以仁义为本明辨是非，是学习和科研中助我们冲破瓶颈的利器。除了懂得明辨外，青年时期的习近平还展露出踏实肯干的作风。从为梁家河人民办沼气、挖水井，成立铁业、代销、缝纫社，到为全国人民"拍苍蝇打老虎"、构建丝绸之路经济带……习近平博学慎思，更强调知行合一。

我也希望在接下来的四年大学生活中，努力践履所学，把专业知识落实到工作实践中。陆游曾言道："纸上得来终觉浅，觉知此事要躬行。"我谨将这良言，铭记于心，践之于行。

在《习近平的七年知青岁月》一书中，我找到了自己学习的榜样，也看到了中大校训"博学、审问、慎思、明辨、笃行"的生动诠释。在我的人生将翻开新篇章之际，我阅读了这样一本朴实的书籍，如醍醐灌顶。也愿我未来的人生路，在这本书的启发下，朝着理想的方向前进。

三十七、2018年秋季工作会议学习心得

2017级本科生　张俊林

我是张俊林，海洋科学学院2017级4班海洋科学专业本科生，学习委员。

2018年10月13日下午，我参加了学校2018年秋季工作会议，聆听了罗俊校长的秋季工作报告。这一次会议让我更加深入地了解到学校建设的现状、取得的卓越成绩和面临的艰巨挑战，同时也让我对学校的工作有了更多的理解，对中大也更多了一份家人般的亲切感。身为一个中大人，我为中大而骄傲自豪。

在罗校长的报告中，我印象最深刻的一句话是"学校的一切工作都应该以学生的培养为中心"。这句话让我深刻地感受到学校对我们的重视与关怀，不管什么样的工作，都是围绕着让我们能够更好地学习、生活而开展的。当遇到和我们学习相冲突的事情时，学校总会通过各种方法，来保障我们的学习、生活不受影响。我们能在这么一个处处为学生着想的学校里学习、生活，是何其幸运啊！在学校的每一天，从早晨的第一缕阳光洒落在校园里开始，我们就享受着学校给我们带来的舒适与温暖。不管是维护校园环境的清洁阿姨，还是维持校园秩序与安全的保安叔叔，或是饭堂里给我们打饭的叔叔阿姨，都是学校给我们提供的贴心生活保障。正因为有了这些保障，我们才能在整洁有序的校园里专心学习、专注科研、感受生活。这母亲般体贴入微的关怀，相信每一个中大人都能体会得到。中山大学就是这么守护滋养着我们，让我们在它的怀抱里成长、飞翔。

在参加这次会议之前，我对学校的认识只停留在校园生活表面，没有深入地了解和认识学校的建设与发展。这次会议让我深入地了解到学校三校区五校园布局规划的宏大；了解到学校在学科建设上的全面均衡和精益求精；了解到学校在建设"双一流"大学路途上的风雨兼程；了解到学校建设的卓越成果和艰巨挑战。身为中大人，我们在享受学校带来的优质教育资源和优美校园环境的同时，更应该成为建设学校的一分子，积极参与学校的建设。不管是人文环境的建设还是基础设施的建设，我们都应该予以支持和理解。只有在我们和学校的默契配合之下，我们的学习、生活环境才会更加美好。

散会后，我走在校道上，看着校园里的一切，心里多了一些敬意和感激。感受着校园里宁静舒适的生活气息，这一刻，我心中响起一个声音——很幸运能够和中大相遇！

三十八、2018年秋季工作会议学习心得

2018级硕士研究生　林海欣

我叫林海欣，是海洋科学学院2018级海洋地质专业硕士研究生，学院兼职辅导员。2018年10月13日下午，我聆听了罗俊校长2018年秋季工作会议报告。罗俊校长指出，中山大学在过去几年成功转型，找到了发展定位，转变了思维观念，不再拘泥于打造岭南第一学府，而是致力于建设世界一流大学，建立了三校区、五校园的办学格局。在改革发展的道路上，中山大学逢山开路、遇水填桥，一步步成长起来了。

我本科四年都在珠海校区度过，珠海校区的发展我都看在眼里。

珠海校区由原来的中大"后花园"转变为其中一个重点发展的校区，多项基础建设项目正在热火朝天地进行，比如天琴计划科研综合楼（一期）、大气科学学院院楼、海洋科学学院院楼、三号学院楼群、四号学院楼群、多学科交叉平台楼、教工食堂等。

看着珠海校区的蓬勃发展，我作为珠海校区的学生感到自豪，也相信学校一定能早日进入国内大学的第一方阵，成为世界一流大学。

结合秋季工作会议，我又再一次学习了9月召开的全国教育大会的会议精神。大会充分体现了党中央对教育事业的特别关怀和高度重视。

目前，我国正处于实现"两个一百年"奋斗目标的历史交汇期。在这样一个重要时间节点上，培育出德智体美全面发展，满足党和国家事业发展需要的社会主义建设者和接班人是目前最重大、迫切的问题。

全国教育大会的召开，有利于进一步在教育系统乃至全党、全社会统一思想、凝聚共识，有利于落实好教育优先发展的国家战略，发挥教育在中国特色社会主义发展全局中的作用。我们应牢牢把握习近平总书记重要讲话的方向，结合自身实际情况，为国家发展尽一份力。

三十九、严谨明辨，不锓笃行
——访2010级校友陈陈

2016级本科生　罗宇鑫

校友简介：陈陈，2010年就读于海洋科学学院，于2014年本科毕业后考取广西壮族自治区定向选调生，曾在防城港市企沙镇政府工作，2017年开始在广西壮族自治区民政厅工作，现任法制处科员。

陈陈师姐（左三）与寻访队伍留影

顶着8月的骄阳，我们一行人来到了广西壮族自治区首府南宁。在这里，我们采访了现就职于广西壮族自治区民政厅法制处的陈陈师姐。交谈中，师姐向我们介绍了她的工作及选调生的相关事宜，还回忆了学生时代的经历，并就专业方向选择、学习习惯、学习态度等方面分享了她的宝贵经验。

明确目标，笃定前行

"目标有着巨大的威力，它能循序渐进地推动我们前进。"这句话在陈陈师姐身上有着很好的体现。

交谈中我们了解到，陈陈师姐在学习期间就对自己毕业后的去向有明确的目标："到了大三我就考虑往公务员方向发展，了解到学校举办关于选调生的宣讲，我便参加了。"定下这个目标之后，陈陈师姐便开始做充分的准备：认真研究宣讲会介绍的内容，了解选调生所需要的专业，认真准备公务员考试。"我当时准备了差不多半年的时间，但是准备时间长并不是单纯地拉长战线，而是留更多的时间给自己高效地做好准备。"说到这些时，师姐的语气变得十分认真，眼神中透露出坚定。

通过选调生考试后，组织安排陈陈师姐到防城港企沙镇工作。她表示，镇上的工作分工没有那么细致，每天在办公室处理的事务也都比较烦琐。"当时就有个小目标，希望能够好好工作，如果有机会，一定争取到自治区部门学习。"师姐浅浅地笑了一笑，继续说道："现在已经实现啦！"

对于如何确定自己的目标，我们采访的阙雨薇师姐也认为，首先，应该判断自己的性格适合学什么、做什么，不同的性格所能适应的学习或工作内容是不一样的。其次，有了初步判断之后，一定要多收集资料进行深入了解，看看自己是否感兴趣，然后再做决定。

严于律己，勤于学习

严于律己、勤于学习，是我们从陈陈师姐身上看到的优秀品质。

陈陈师姐的工作岗位要求她具备极其严谨、细致的工作态度。"这些习惯应该都是在学校求学时形成的"，师姐在与我们交谈中提到，一直坚持早睡早起，不熬夜，认真上课，是在校时她对自己提出的要求。而老师严谨的治学作风，追求卓越的学风、校风，都让师姐在潜移默化中越来越严谨、细致。问及让她印象最深的人、事、物时，陈陈师姐第一时间提到了授课十分严谨认真的杨清书教授："你交一份作业用一个方法，杨老师会把其他方法列出来给你，甚至每个标点符号都会仔细地去帮你纠正。"

陈陈师姐工作之余一直不忘学习。当我们看到桌子上堆放着厚厚的几本与工作相关的资料时，我们不禁疑惑：怎么才能将这么多的内容灵活应用？"只要平时认真工作，自然就会逐渐掌握了"，师姐在旁边说道。

陈陈师姐坦言她很感激大学时期刻苦学习的日子，正是那段日子培养了她的自律性和严谨性，对现在的工作有极大的促进作用。她告诉我们，正是中山大学海洋科学学院培养了她"博学、审问、慎思、明辨、笃行"的中大精神，然后她将它内化于心，形成自律、严谨、细致、认真的工作作风，从而在工作生活中都能获得别人的认可。

先得平衡，方可成功

谈及在学校除了课堂学习以外的课余生活，陈陈师姐认真地说出了她的看法。她告诉我们，面对想要做的事情时，千万不要害怕尝试，不要担心出丑或是引来嘲笑，因为没有人会在毕业后记得你在学习一样新东西时犯下的错误。但如果你害怕尝试，就会失去一次学习新知识或新技能的机会。如果你连这些都不敢去尝试，以后害怕的事情会越来越多。陈陈师姐认为，课余活动，例如社团，在精不在多。我们需要在精力有限的情况下将自己喜爱的事情做好、做专。同时，陈陈师姐也强调了要参与集体活动，如体育运动，要多去尝试，多去学习。多参与运动，会让你的形象更加开朗，在别人心中会留下更好的印象。

在讨论课余活动的同时，陈陈师姐始终向我们强调学习的重要性。她谦虚地说她后悔当初没有加倍努力学习，没有继续升学深造，以汲取更多的知识。学生的本职工作就是学习，无论是科研还是工作，优秀的学习成绩都会给我们带来很多收获，例如良好的行为习惯、出色的学习能力等。她建议我们在课余时间多学习英语。一直以来，学院对阅读英文文献的高要求使她的英文水平得到很大的提升，在她毕业以后的工作中也起到了很大的作用。

综上所述，以学习为主，加强英语学习，辅以课余活动，大胆地尝试新鲜事物，是陈陈师姐分享给我们的经验。

直到访谈结束前，陈陈师姐还在强调学习的重要性，并和我们分享了在海洋科学学院学习生涯中的收获。从师姐身上，我们看到中山大学追求卓越的校风和海洋科学学院的优良学风对中大学子潜移默化的影响。

最后，陈陈师姐说："特别感谢学院和学校的栽培之恩，希望学院和学校都越来越好，师弟师妹们都更加努力学习，也愿越来越多的中大学子取得成功！"

这一趟寻访之旅，不仅让我们在陈陈师姐身上看到了国家公职人员严谨认真的工作态度，也感受到了中山大学"学在中大，追求卓越"的校风、学风。采访结束后，一种信念油然而生：有老师们的谆谆教诲，有校友们的传承奉献，海洋科学学院的学子定能继续扬帆踏浪，乘着中大之风驶向梦想的彼岸！

四十、蜕于瘠地，迎风绽放
——访 2008 级校友阙雨薇

2016 级本科生　林骊镕

校友简介：阙雨薇，2008 年就读于海洋科学学院，于 2012 年本科毕业后考取广西壮族自治区选调生，在广西壮族自治区钦州市工作至今。现任中国共产主义青年团钦州市钦北区委员会副书记，于钦州市委组织部跟班学习。

阙雨薇师姐（左三）与寻访队伍合照

1811 年，威廉·伯奇尔在南非普里斯卡发现了一种花，他在书中写道："将它从肮脏的地面拾起，这看似是一颗奇怪的卵石，却竟然是一种植物！……它在外观上与其周围的石头极其相似，但是它正在生长。"这种形状奇特、色彩绮丽的花叫生石花。

生石花常生长在岩石缝隙、石砾中和沙漠里，它又被称为"开花的石头"。春天到来时，生石花新的叶片已经缓慢孕育，休眠结束后，新叶开始快速生长，这时，老叶会皱缩、干瘪，最后只剩下一层薄皮。这就是生石花的蜕皮过程。

生石花蜕皮是一个持续数月的缓慢过程。而对于从海洋科学学院走出去的第一届毕业生阙雨薇师姐来说，这个蜕于瘠地、迎风绽放的蜕变过程持续了十年。

十年之间，成长与蜕变

初见阙雨薇师姐时，她踩着黑色高跟鞋从钦州市政府大门走出，穿着一件无袖的黑色连衣裙，走路时长发飘飘，神采飞扬。成熟和自信，是她给我们的第一印象。毕业后六年的公务员工作经历，已经让她从初出校园的小女孩蜕变为在工作中游刃有余的沉稳职业女性。

在专业培养方面，从师姐那了解的海洋科学学院和我们眼中的海洋科学学院不尽相同。不同于拥有物理海洋学、海洋化学、海洋生物学、海洋地质四个二级学科且门类体系健全的现在，学院初建立时，各种资源设施都有待进一步健全和完善。

在学生组织方面，雨薇师姐用"一片空白"来形容当时的海洋科学学院。作为海洋科学学院第一任团委副书记，师姐和其他同学一同承担起组建学院团学组织的重任。由于没有学长学姐传授经验，他们只能"摸着石头过河"。经过辅导员牵线，兄弟院系的学长学姐给予组建团委架构、制度、流程方面的经验帮助……终于，学院拥有了自己的团学组织。师姐表示，尽管当时仍存在许多不足，但学院和同学们一起迎难而上，披荆斩棘、克服困难的精神至今让她难以忘怀。

十年过去了，海洋科学学院也终于从师姐口中刚成立的小学院扬帆起航。访谈将近结束时，雨薇师姐似乎想起了什么，于是问起与珠海校区一路相隔的海洋生物技术研究开发中心的现况。原来，那里是当年雨薇师姐他们一起做毕业论文实验的场所。获悉实验室因为校区扩建已经被拆时，雨薇师姐露出惋惜的表情。随后眼神又转为坚定，"我觉得现在是国家发展海洋事业最好的时期，大家也赶上了一个最好的时代"。师姐表示，毕业之后她通过微信公众号关注学院的最新动态，看到学院慢慢发展起来，她感到十分欣慰。作为学院第一届学生，他们为学院的发展打下了坚实的基础，也为学院如今的蜕变和获得的成就而欣喜自豪，并坚信学院会勇攀高峰，成为更高更好的平台。

埋下种子的时刻

雨薇师姐毕业时考取了广西选调生，选择到基层工作。当被问到为何做出这样的选择时，师姐坦言，大学期间经历了很多摸索和尝试。在任职于学院团委以及社团组织时，她参与了一些社会实践活动，提升了自己的综合能力，积累了自己的处事经验，发现自己热衷这样的工作方式，希望通过工作服务他人，并认为毕业后可以试着走这一条路。钦州是一座沿海城市，师姐也希望能用所学的专业知识服务于这座城市的发展建设。

刚到岗时，雨薇师姐并非直接到市直、区直单位，而是被分配到了乡镇政府工作。最初，乡镇艰苦的工作条件、生活条件，让在城市里面长大的雨薇师姐大吃一惊。经过短短的思想挣扎，她悄悄抹干眼泪，暗暗跟自己较劲，告诉自己不能放弃。在工作中，她笑脸迎人，谦虚地向有经验的领导和同事请教，耐心地与群众接触；在生活中，她自己动手，一点点改善环境。在较短时间内，她就适应了乡镇工作，逐渐开始独当一面。相比于学校中服务于学生的团学工作，师姐表示，基层的工作难度要大得多。在学校里，学生的思想水平大体相同。但在基层工作时，群众的文化水平参差不齐、年龄高低有别，需要有针对性地、灵活地开展工作。上面千条线，下面一根针，乡镇是国家政策落实最直接的一层。而直面群众的工作性质也要求她利用国家政策、法律法规为群众解决实际问题。白天走村入户，晚上完善材料，熬夜是常有的事，基层工作并不轻松。谈起那两年扎扎实实在乡镇的工作经历，雨薇师姐概括为"非常锻炼人"。

中大人的"优越感"

提起中大对自己的影响，师姐笑称，毕业后她常感受到作为中大人的"优越感"。

许多在本科生涯习以为常的学习方法和工作经验，毕业后才发现是中大人所特有的优秀作风。分析问题的广度与深度，为人处事的方式与方法，都是中大对师姐潜移默化的影响。可以说，中大在她的心中烙下了独特的印记。

珍惜中大的平台和资源，是雨薇师姐给我们的建议。她表示，不要只局限于本学院，也要多通过学校接触不同学院的同学，了解不同专业的思维方式，各取所长，这样会受益匪浅。师姐在校时常去图书馆十楼自习，在窗边看海。她坦言，毕业后很难找到这样好的环境与资源，并以此勉励师弟师妹们珍惜图书馆的图书和电子资源。

当被问到有什么建议给师弟师妹们时，师姐给出了三方面的建议：一是要先找准自己的方向，想清楚自己想要什么样的未来。但前提是已经经过不同方向的不断尝试，不要太早限定自己的方向。如果有机会的话，不同类型的活动、项目、专业学习都可以去尝试。不要担心，不要缩手缩脚，要有"初生牛犊不怕虎"的勇气，大胆迈开步子尝试，并在尝试中不断摸索。二是多读文献，多读书，多关心时事。不仅是专业书籍、文献，与历史、社会相关的人文书籍也都值得读。很多东西应该在学校积累完成，而要获得这些，只能通过阅读学习。三是认真学习专业知识。希望师弟师妹们能牢牢把握住海洋发展的机遇，立足于国家"海洋强国"战略和"一带一路"倡议，努力成为在各领域服务国家海洋战略发展的人才，为国家在海洋领域的进一步发展做出自己应有的贡献。

雨薇师姐以中大和海院为契机，从广东到广西，视野逐渐开阔，心态逐渐成熟。"我很自豪我是中大的学生"，师姐骄傲地对我们说。

生石花蜕于瘠地，却成长为石缝、沙漠中的奇花。其花势喜人，但蜕变过程也值得铭记。无论是已取得一定成就的海洋科学学院，还是成长中的雨薇师姐，相信都会有更加明媚耀眼的未来。

四十一、认清自我，明确目标
——访2009级校友杨嘉

2015级本科生　曹宸宇　2017级本科生　袁梦楚

校友简介：杨嘉，中山大学海洋科学学院2009级海洋生物资源与环境专业本科生，2013年毕业后考取广西壮族自治区定向选调生，目前在广西壮族自治区北海市海洋与渔业局资源环保科工作。

采访时间：2018年8月12日

采访人员：中山大学海洋科学学院2015级本科生曹宸宇、2017级本科生袁梦楚

2018年8月，我们采访了在广西北海就职的杨嘉师姐，杨嘉师姐的热情与随和很快感染了我们。在对杨嘉师姐表明来意并做简要的自我介绍后，我们便开始和杨嘉师姐聊起当年她在中大的生活。

忆往昔大学时光

谈起当年选择专业的经历，杨嘉师姐表示自己是受父亲的影响。当时她的父亲觉得国家对海洋方面的重视与日俱增，海洋科学专业虽然才刚刚起步，但今后会有很好的发展前景，所以杨嘉师姐最后选择报考海洋科学专业。依照目前海洋科学专业的发展形势和如今学院的发展变化来看，杨嘉师姐可谓高瞻远瞩。

回忆往昔，当时的海洋科学学院只有海洋生物资源与环境这一个专业，课程设置方面也有待完善。尽管如此，杨嘉师姐依然觉得自己是幸运的，因为还有上一届的师兄师姐为他们铺路，给她带来了许多帮助。她清楚地记得他们在第一届师兄师姐的帮助下成功举办了圣诞晚会和元旦晚会，那是她第一次策划活动和参与场地布置。虽然生疏，但

也给她带来了满足感和成就感。

初入大学，海洋科学学院的各类课程繁多，杨嘉师姐倍感压力。大一、大二的课程紧密，她把重心放在学业上。日常生活和其他大学生一样，宿舍、课室和饭堂三点一线。但杨嘉师姐还是抽空参加了许多运动类社团，这既可以锻炼身体，又可以广交好友，让自己更加开朗。回忆四年的大学生活，最终留在杨嘉师姐脑海中挥之不去的还是那些琐碎却温暖的日常：和室友一起赶课，生病时受到无微不至的照顾，大家一起熬夜复习、一起参加社团活动，宿舍的夜谈会等。这些平淡的事情，在经历时光的洗礼后已被遗忘了一半，但其中收获的幸福、有趣的细节却构成了美好难忘的回忆。

工作经历浅谈

选调生，是各省级党委组织部门有计划地从高等院校选调品学兼优的应届大学本科及其以上毕业生到基层工作，作为党政领导干部后备人选和县级以上党政机关高素质工作人员人选进行重点培养的群体的简称。简而言之，选调生是公务员的一种，是作为领导干部后备人选的群体。我们与师姐一起畅聊她的工作经历，以期从中了解多一个发展的机会和平台，为未来增添一个选择。

杨嘉师姐坦言，最初的选择是不经意的，却又像是命中注定的。毕业后，杨嘉师姐在准备国考时无意中发现广西招考选调生的信息，从广西的急需专业清单中看见了自己的专业。杨嘉师姐感到自己是被需要的，所学的专业知识是有用武之地的，所以她怀着一腔热血来到广西发展。在她看来，选调生的报考与一般公务员相似，不过相比公务员会有更大的发展空间，受到更多的关注和栽培，同时也有更多的福利。她建议师弟师妹们如有意愿报考选调生，应当早做打算，尽早了解各个省份的报考要求，如广西选调生就要求考生具备以下三个条件之一：党员、学生干部或三好学生。她建议师弟师妹们提前关注每年的招考信息，了解招考流程是很有必要的。

杨嘉师姐目前在海洋与渔业局的资源环保科工作，平时做得更多的是行政方面的工作，特别是公文写作与处理。因为她本身毕业于海洋科学专业，对工作中涉及的有关海洋科学的专业内容更有把握，所以在工作上思维更加开阔，创新能力也更强。

认清自我，有明确的目标

杨嘉师姐在谈话过程中多次提到"目标"这个词。在相对自由的大学里，每个人所拥有的目标不同，为此要付出的精力、时间也就不一样。杨嘉师姐认为，在专注于学习之余，还要多去体验和接触新鲜事物，在过程中认清自我，找到一条属于自己的路并坚定不移地走下去。她建议，身为中大学子，学习仍应放在首位，要保证学习的质量，找到属于自己的学习方法。杨嘉师姐认为上课认真听讲是最有效的方法，并且要注重平常的学习，切忌临时抱佛脚，否则时间一长，之前所学的知识会全部忘光。杨嘉师姐离开学校后才明白，毕业以后再也不会有人给你强制灌输知识，给你提供帮助，若想要获取某些信息，只能自己想办法去寻找。我们都应珍惜在校园学习的机会，在学习之余多参加活动，力所能及地考取一些证书，例如英语四六级、计算机等级证和会计证等。技多不压身，这些在将来找工作时都会有很大用处。

母校于我，我于母校

  一晃眼，杨嘉师姐离开中大已经五年了。自成立以来，十年里，海科院日新月异，拥有了众多优秀的师资力量，培养了许多优秀的海洋学子，学科建设也越来越完备。听到学院这些年蓬勃的发展变化，杨嘉师姐也感到非常高兴。现在国家对海洋的开发利用程度越来越高，在资源开发利用和环境保护等方面的人才需求量也越来越大，杨嘉师姐非常期待未来能有同门师弟师妹们来和她一起工作。

  谈起母校与自己的关系，杨嘉师姐认为母校就和母亲一样，从我们踏进校门的那一刻起她就在保护我们，而工作以后"中大人"的身份也时刻带给她荣光。即使平常的我们默默无闻，但只要在日常生活中做好自己的本职工作，平时的表现能得到他人的认可，别人良好的评价同样能惠及母校。这也意味着离开母校后我们的一言一行都烙上了中大的印记，我们要努力做高素质人才，为母校争光。

  采访渐入尾声，杨嘉师姐也送上了她对海科院的祝福。在海科院建院十周年之际，杨嘉师姐衷心希望学校的综合实力越来越强，学院越来越壮大，希望将来能够看到更多的师弟师妹们加入国家海洋系统。祝愿海科院越办越好，成为全国海洋科学领域首屈一指的人才培养基地！

四十二、人生无法设计，权且向前走
——访2014级校友苏渭棋

2016级本科生　钟财芬

校友简介：苏渭棋，中山大学海洋科学学院2014级海洋化学专业硕士研究生，2017年毕业后考取广西壮族自治区选调生，现于广西壮族自治区贵港市商务局任副主任科员。

作者信息：中山大学海洋科学学院2016级本科生钟财芬

采访时间：2018年8月11日

采访地点：广西壮族自治区贵港市商务局

采访成员：中山大学海洋科学学院2016级钟财芬、朱思琪、冼丹榕、梁翠文

苏渭棋（左三）与校友寻访队伍合影

贵港是一座位于广西东南部内河港口的新兴城市，不同于大城市的喧嚣与繁华，这里安然静好，小城居民各司其职。继高铁站建成开通后，一条高架桥又投入建设，现代化城市的苗头，正在这座城市的各个角落悄然萌发。对于我们此次寻访的对象苏渭棋师兄而言，这座城市于他有着别样的意义，出生于贵港市平南县的他，在历经数年的异地求学生涯后，又辗转回到这里，为家乡这座城市的现代化发展出力。

沉得下心，就没有什么过不去的

本科就读于生物工程专业的苏渭棋师兄，在毕业后并没有按照既定轨迹进入相关行业，而是选择了跨专业考研。由于大二就提前修完了大三的部分课程，因此苏渭棋师兄

采访进行中（左三为苏渭棋）

能够有较多时间准备考研。有人说，"考研是一个人的战斗"，但对于师兄而言，也许是时间充裕、安排得当的缘故，那段准备考研的日子反而多了一份闲适与淡然。大三下学期把专业课本耐心细致地看过一遍之后，苏渭棋师兄在大四伊始就投入模拟题的练习中。与此同时，意识到自己英语方面的不足，师兄也坚持早起背单词，时间安排得有条不紊。"大四上学期开始就要紧张起来，那时候就要合理地安排时间"，苏渭棋师兄如是说。

经过充分的复习准备，苏渭棋师兄最终顺利通过考试，之后又联系到杨丽华副教授，进入海洋化学专业进行深造，开始了自己的研究生生涯。他坦言，在新的学习阶段会面临新的风雨，要克服新的挑战，也很可能由此陷入心理和情感迷途。"研一期间遇到的种种问题让我迷惑，于是我开始反思。读研大部分时间都是在研读文献中度过的。这个过程实际上比较枯燥，尽管努力研读，还是领悟不到文献中真正的信息点，这个时候最压抑。"研究生期间，苏渭棋师兄也曾经历过一段时间的瓶颈期，但最终还是选择了坚持，"既然选择了这一行，你就要努力地做好工作，即使不喜欢，也要先努力地做下来，坚持下来也是一段难忘的经历，至少今后在面临压力时知道如何调整心态、如何处理负面情绪"。那时候苏渭棋师兄还不知道，正是这份在读研期间培养出来的踏实与沉着，使后来成为选调生的他受益良多。

对于计划读研的同学，苏渭棋师兄建议，在大一、大二期间进入实验室跟着导师学习是比较有帮助的：一方面可以体验进实验室做科研的感觉，明确自己是否真的对科研感兴趣；另一方面提前熟悉导师的研究课题后，如果成绩足够优秀，还可以争取保研资格或考到导师所在的团队继续学习。

什么都不想的时候，往前走就好了

"身体与灵魂至少有一个在路上"，苏渭棋师兄是一个总是行走在路上的人。研生期间，他就经常在周末背上背包去徒步、爬山，他喜欢这种释放压力的方式，"研究生期间，烦躁压抑的时候，我就想着周末出去逛一逛。我减压的方法很简单，比如出去跑个十公里"。

永远也不要对以后的生活下定论

如果说跨专业读研是一个自然而然的转折，那么对于研究生专业是海洋化学的苏渭棋师兄而言，作为选调生进入贵港市商务局则是另一个出乎意料的转折。苏渭棋师兄坦言，本科期间并没有想过要考公务员，"大四的时候我还笑考公务员的同学，没想到笑着笑着自己就跳进去了"。

研一时，实验室的一位师兄参加了选调生考试，苏渭棋师兄才开始了解选调生。随后，在机缘巧合之下，他也参加了选调生选拔，并脱颖而出成为一名定向选调生。苏渭棋师兄向我们介绍，定向选调生是公务员的一种，一般由每个省级党委组织部定向到部分高校选拔优秀的应届毕业生，选调生要去基层工作两年。作为干部队伍的后备力量，他们有着更为直接的晋升机会。

如今，对于苏渭棋师兄而言，写各种层出不穷的材料成了他最经常做的事情。尽管之前的专业和如今的工作之间跨度很大，但他并没有太多的不适应。事实上，这应该得益于大学期间所掌握的接纳新事物的能力。苏渭棋师兄告诉我们："在学校学的东西可以充实我们的头脑，但大部分知识与今后的工作并没有直接的关联，最重要的还是你的学习能力和思考能力。"对于还在学校学习的师弟师妹们，苏渭棋师兄则建议在学习之余可以多锻炼自己的交际能力，好的口才与应变能力可以使自己在日后的研究生面试或者工作面试中占据优势。

尽管已经进入社会工作，苏渭棋师兄仍时常关注学校与学院的动态，他还和我们提起最近了解到的关于南海科考的事，感慨自己读研时没有这样的机会。诚然，随着国家愈发重视海洋事业，学院发展日新月异，正如苏渭棋师兄所祝福的那般，相信海洋科学学院一定会越办越好！

四十三、不忘初心，砥砺前行
——访2008级校友李濛晓妍

2017级本科生　仝循权

校友简介：李濛晓妍，中山大学海洋科学学院2008级海洋生物资源与环境专业本科生，本科毕业后前往中国科学院南海海洋研究所深造，研究生毕业后就职于广州大学。

作者信息：中山大学海洋科学学院2017级本科生仝循权

采访时间：2018年8月23日

采访地点：广州大学

采访人员：中山大学海洋科学学院2017级本科生谭佩佩、汪昊、施丹娜、仝循权

李濛晓妍（左三）与校友寻访队伍合影

有计划的求学之路

9月，对于莘莘学子而言，又是一个新的开始。对于刚步入大学校园的大一新生而言，脱离了那个熟悉自在的港湾，来到一个陌生的城市，内心不免激动、忐忑。十年前，李濛晓妍师姐便是其中一员。一个来自陕南的女孩，与其他人一样，手里提着行李，眼睛里闪烁着憧憬之光，而迎接她的是一个新建的学院，这个学院等着她去探索。

采访之初，我们以为当时由于学院初建，晓妍师姐多半是被调剂过去的，没想到晓妍师姐给了一个出乎意料的答案："我第一志愿就是海科院啊！选择海科院是因为填报

志愿的时候看到海洋生物资源与环境这个专业，作为从没见过海的陕西妹子，瞬间就做出了选择。"凭着这份直觉和热情，晓妍师姐开始了七年的海洋科学专业求学生涯。

晓妍师姐坦言，大三时她就认准了教师这个职业。随着对教师这个职业的深入了解，她更坚定了自己要当一名教师的决心。从中山大学海洋科学学院毕业后，晓妍师姐选择到中国科学院南海海洋研究所深造，硕士毕业后进入广州大学，成为一名教师。

海科院的"爱心妈妈"

刚上大学时，新建学院一切都得从零开始，学生会这边的工作也是零基础。晓妍师姐积极参加学生会工作，成为院学生会生活部部长，主要负责宿舍评比、设计海洋生活报等，大家都亲切地叫她"爱心妈妈"。由于没有学长学姐指导，因此一切活动都得自己摸索，困难都得自己克服，经验也在此时慢慢积攒。虽然当时举办很多活动都跌跌撞撞，出现了不少失误，但也正是因为这样，2008级的同学们格外团结，当年举办的那些活动拉近了每个人的距离，凝聚了每一位同学的心。

给师弟师妹的建议

当被问到本科生和研究生做实验的区别时，晓妍师姐认为，本科做实验是师兄师姐手把手带，他们会着重强调实验室安全和操作规范，研究生期间就没有人对你耳提面命实验室安全和操作规范的问题了，因为此时的你应该掌握了基本的实验操作。

晓妍师姐认为，读研期间自己的最大收获就是学会了主动沟通。在研究生阶段，导师不会整天找你谈实验，当你有想法、有进展时，就要学会主动去找导师沟通。她坦言，研究生刚开始的时候不懂这些道理，总是埋头苦干，花几个月时间查文献、写综述，确定开题方向，最后跟导师沟通后发现实验室达不到这个条件，所有的努力都白费了。从此以后，她意识到及时、有效的沟通是十分重要的。"到了工作中，对这点的体会更加深刻。只有学会主动与领导沟通，才能及时调整、纠正自己工作中的问题，避免犯错。在个人生活上，我们的确有选择的权利，但是做决定之前一定要和身边的亲友沟通，取得他们的理解和支持，这样人生的路才会更好走。"晓妍师姐语重心长地告诉我们。

晓妍师姐还建议我们，无论在哪个阶段，都要给自己留余地，尽量把每件事都做好，不断提升自己，锻炼自己，自己以后能做的选择才足够多。就像学习专业知识，也许知识点深奥难懂，自己不太感兴趣，但谁能保证自己未来不会在某个时刻需要用上这些知识点？年轻时不要太早下定论，多努力，多尝试，才知道自己真正想要什么。当明白自己真正想要什么时，才发现自身条件不足，岂不可惜？

访谈结束之际，出乎我们的意料，晓妍师姐邀请我们去她家吃晚饭。我们推辞了几次，但盛情难却。到了晓妍师姐家，一切井井有条，孩子活泼可爱，师姐的丈夫在厨房忙里忙外，一家三口温馨和谐。晓妍师姐与她的丈夫是大学同班同学，两人从大学开始就一直在一起，非常恩爱幸福。我们愉快地聊了几个小时，晓妍师姐的开朗与热情深深感染了我们，她对学院的热爱和感激早已化作飞扬的眉宇和对师弟师妹的关照，就像晓妍师姐给学院的寄语一样：十年之前，你不认识我，我不属于你，我们一起创造了美好的回忆；十年之后，我的心永远属于你，愿你越办越好！

四十四、绽放在海洋保护第一线的花
——访 2011 级校友杨丽丽

2016 级本科生　李赛宇

校友简介：杨丽丽，中山大学海洋科学学院 2011 级海洋生物学专业硕士研究生，毕业后考取广西壮族自治区定向选调生，目前在广西壮族自治区防城港市海洋局海洋环境保护和海洋预报减灾科工作，现任副科长。
作者信息：中山大学海洋科学学院 2016 级本科生李赛宇
采访时间：2018 年 8 月 19 日
采访地点：广西壮族自治区防城港市海洋局海洋环境保护和海洋预报减灾科办公室
采访成员：中山大学海洋科学学院 2016 级本科生李赛宇、林骈镕、罗宇鑫

杨丽丽（左三）与校友寻访队伍合影

在我国沿海城市，海洋资源开发与保护逐渐成为当地政府的重要事务之一。目前，已经有大批人才奔向了海洋保护第一线，并且也将有越来越多的人走上与海洋保护相关的工作岗位。对于从中山大学海洋科学学院毕业后来到广西防城港工作的杨丽丽师姐来说，这已经是她在海洋保护的第一线奋战的第四个年头，她就像一朵常开的花，扎根在迎击风浪的海岸上。

初　见

初见丽丽师姐，是她开车来接我们的时候。从新城区开往老城区的路上，丽丽师姐向我们介绍了防城港市近几年的发展历程。出生于江西的她，经过四年的工作沉淀，已经对防城港市的点点滴滴都十分熟悉。途经西湾时，她给我们大致描述了防城港市的用海情况，言语之间透露着骄傲与自信。

在访谈中，丽丽师姐一言一语都透露出对海洋保护工作的热爱。说到她和同事在防城港市海洋保护工作中所做出的努力时，她神采飞扬，仿佛连发丝都在飘扬。谈到海洋污染和生活垃圾时，她眉头紧皱，连带着我们也都被气氛所感染，变得不安起来。

谈起工作中的不易和现阶段所取得的成果时，丽丽师姐不禁回想起在中山大学海洋科学学院读研的那段时光。丽丽师姐初入海洋科学学院时，学院建院不久，匮乏的教学资源并没有给丽丽师姐带来太多的烦恼。看着海洋科学学院一步步壮大，并逐渐拥有独立的实验室和精细复杂的实验器材以及不断加入的优秀教师，丽丽师姐对海洋科学学院多了一份不可名状的情愫。

萌　芽

研究生毕业后，丽丽师姐考取了广西定向选调生。师姐坦言，在选择报考广西定向选调生时，自己更多地是考虑自身未来发展，这些想法不仅仅在报考选调生时才萌发，早在报考研究生时就已萌芽。

考取广西定向选调生之后，可能是出于职位的空缺和个人的专业等双重考虑，丽丽师姐并没有像大多数选调生一样，首先被分配到乡镇锻炼，而是直接来到了广西壮族自治区防城港市海洋局海洋环境保护和海洋预报减灾科工作。丽丽师姐向我们介绍了这个科室主要负责两方面的工作，一个是防城港市海洋环境保护，另一个是海洋灾害预警预报。所在科室的工作专业性强、涉及面广，上手的难度不低，初来乍到的她暗暗地和自己较劲，先是自己下苦功吃透涉海的相关法律法规，同时谦虚地向当时的老科长请教学习，并时常和同事以及前辈沟通交流。凭着这股拼劲，没过多久丽丽师姐就成为科室中能够独当一面的人。工作了一段时间之后，按照组织的安排，丽丽师姐还在防城港经济技术开发区挂职，帮助企业落地工业园，接触了更多更有挑战性的工作，同时也学到了很多。

绽　放

经过四年海洋保护工作的沉淀，丽丽师姐对防城港市的海洋情况以及相当一批涉海项目已经了如指掌。"从全国来说，防城港的水质应该是排在前面的，我们每年都会做监测，编写质量公报，这两三年的一、二类海水水质面积都是在80％以上，优良率都比较高，所以防城港的海洋环境从水质指标来看都是比较好的"，丽丽师姐自豪地说道。

同时，丽丽师姐也提及一部分海洋问题：其一，入海生活垃圾；其二，陆源性入海污染物。"导致水质变差的污染源主要是陆源性的，环保督查也提及近岸海域水质下降的问题，市里面正在做的事情是把非法或设置不合理的入海排污口封堵，同时加快污水处理基础设施的建设。"目前，海洋环保部门已经建立了有效的合作机制，共同保护我们的海洋环境。

建　议

在访谈的过程中，对于求学生涯，丽丽师姐言语间满是怀念。回望求学之路，在易梅生教授的团队中学习和研究三年之后,她认为自己更加沉稳了,心更静了。

  针对我们对于读研和工作的疑问,丽丽师姐提到,人生道路的选择首先要看的是个人的性格,她建议性格踏实、热爱专业的师弟师妹们可以选择继续读研。她还建议师弟师妹们在大学期间应该多去尝试,同时也要多出去走走,如果觉得不太合适,也可以随时调整。最后,丽丽师姐半开玩笑地说道:"大学一定要谈一场恋爱。"

  海洋保护一直是丽丽师姐强调的话题,初次了解的我们被她的情绪所感染,也被她在这个岗位上所付出的努力所感动。丽丽师姐还提到她未来的计划是继续学习海洋相关的知识和经验,她直言自己所了解的和掌握的还很不足,在海洋管理方面还有很多需要去学习的东西,她也将继续扎根在这个岗位上,为海洋事业做出贡献。

四十五、公益囊赏析：
广东省立中山图书馆志愿者

2018 级本科生　薛媛

在漫长的暑假生活中，如何合理安排自己的时间是个大问题。得益于科技的发达，我们足不出户便可知天下事。但若是仅宅在家里，那么眼前之景、心中所想就只会局限在小小的房间里。只有走出房门，才能真正接触社会，触碰现实。而参与公益活动是迈向社会的绝佳选择。

2018 年暑假，我去了广东省立中山图书馆做义工。我觉得做公益活动有很大的意义，这是一件踏出房门、走向社会、传递正能量以及提升自我、惠人惠己的事情。

我在图书馆做志愿工作，与我的同学一起，看到了她严谨仔细的一面；与图书馆的员工一起，看到了他们熟练高效、井井有条的工作作风；与前来看报的老人一起，看到了他们阅读各种各样报纸时所展示出来的丰富多彩的表情……这一切都是我在自己的房间里看不到的，社会这么大，我们何不推开房门去看看？

公益活动传递的是一种精神。当我和同学穿着校服在书架间穿梭时，总有一些人注意到我们，并向我们报以微笑，这让我不禁想起高中时在地铁站维持秩序的义工活动。当时我穿着红色的小背心制服，引导人们站在规定的区域排队候车，一个 10 岁左右的小女孩突然跑到我面前，围着我转了一圈，并腼腆地笑了笑，随后又跑开，把她的妈妈拉过来，问我是不是在当志愿者，并问怎么当志愿者。我回答了她的问题，并鼓励她多多参与公益活动。多参与公益活动，能让志愿者成为积极的社会力量。当我们看见马路上的"小红旗""小红帽"时，即使他们没有吹哨，我们也不会横穿马路；当我们看见地铁站的工作人员时，不用他们提醒，我们也会按秩序排队。这就是"志愿"的力量，它传递奉献友爱的精神，熔铸社会正能量。

如果说走向社会和传递正能量是公益活动向外的渗透，那么自我愉悦便是内在的升华。我仍记得在漫天书海里搜寻编号，记得与社区老人一同学习串珠，记得在少年宫与小朋友们一起挥洒墨水的情景……这些公益活动，表面上是我在付出，但其实我收获了更有价值的内心的愉悦。美国心理学家马斯洛把人的需求分为五个层次：生理、安全、社交、尊重和自我实现。我们每个人都在追求尊重和自我实现，所以参与公益活动得到的自我价值的肯定与心理的满足感是一个人最珍贵的收获。

  参与公益活动，为社会传递正能量，为自我造就温暖的港湾。我们是生活在社会中的人，谁也不能脱离他人而独自存在，因此，将孤岛连成大陆，需要你和我共同伸出友善的手，互帮互助，在穿林打叶声中，吟啸且徐行。

四十六、公益囊赏析：海南万宁黄山小学支教

2018 级本科生　翁生泽

2018 年 7 月 29 日至 8 月 10 日，我在海南省万宁市黄山小学进行支教。该支教活动由万宁市大学生志愿者协会组织，我担任科普老师一职，负责学生日常科普教学，协助支教活动的正常开展，与其他支教老师一同筹备晚会等工作。

在支教中

支教结束后，曾有人对我说，你支教时间那么短，你能教给他们什么呢？能改变他们什么呢？

我想说，教育是培养一个人对未来的希望。尽管我们陪伴孩子的时间十分短暂，但是我们教给孩子的却不仅仅是课本上的知识点，还有对未来的展望。我们尽力拓宽他们的视野，让他们了解外面的世界。

孩子们会笑着跟你说以后见，代表着他们知道以后有机会在这个大大的世界与你相遇。孩子们会把刚折好的小兔子给你，会把从家里带来的糖果给你，因为他们懂得分享，懂得快乐是可以用魔法变成双份的。孩子们会认真听你的话，相信你说的都是真理。所以，我们作为老师，身上仿佛有千钧重担，怕说错一句话，每天备课到深夜，不敢轻视。

我们遇到调皮不认真学习的孩子，会头痛，因为我们期待他能变好。我们知道每个孩子都有属于他的潜能，我们有义务去挖掘，去引导他变得更好。我们进行家访，耐心地和家长沟通，期待可以改变家长们的想法，因为我们深知家庭对孩子的影响是无比巨大的。我们筹备晚会，不仅为了给大家留下一个美好的回忆，还给孩子们一个展现自我的机会，一个勇敢抬头、增加自信的机会。

有的支教老师说，支教结束后，老师们满载而归，独留孩子们原地等候。其实我们老师何尝不在等候。我们等候春雨，期待着嫩芽破土而生；我们等候微风，期待着蒲公英随风飘扬；我们等候晨光，期待着朝霞溢满天边。但始终有很多遗憾的地方：我们没有时间陪孩子做许多的游戏，我们陪伴孩子的时间终究过短，没来得及逐个熟悉就相互道别，没来得及微笑就泪如雨下，没来得及守望就开始感慨。

还有一同支教的老师们，能遇到你们真的非常开心。那灯火通明的办公室，那热气逼人的食堂，那璀璨的星空，那难忘的表演，那爽朗的欢笑……共同构成了美好的回忆。然而，有遇见，也就难免会挥手告别。朋友们，再见了。

家访体会

草木葱翠，天辽山阔，纵使骄阳无情，也阻挡不了我们家访的步伐。

某日，我们一同前去孩子们的家中，与家长们进行了交流。家长们对孩子的学习都很上心，常常提出各种各样的问题询问我们，而我们都尽力回答家长的问题。

令我感动的是，许多家长对老师有着淳朴的热情，很配合我们的谈话，对我们也很尊敬。然而，正是这种淳朴的热情，让我们感到肩膀上的责任重大。家长信任我们，我们也要尽自己所能，把自身所知道的、对孩子有益的部分尽力教给孩子，让他们少走弯路。许多同学的家庭条件并不算好，但家长们也会坚持让孩子念书，这本身就是一种可贵的托付，我们没有理由辜负家长们的信任。剩下的时间真的不多了，我希望在最后的日子里，能陪孩子们度过一段充实而富有意义的支教时光。

约翰·多恩曾经说过，没有人是一座孤岛，可以自全。愿老师和孩子们紧密相连，汇成一片辽阔大陆。

四十七、清华大学博士后、我院 2013 届本科毕业生万蕊雪获 2018 年度青年科学家奖

2018 年 11 月 23 日，《科学》杂志和 Sci Life Lab 颁发的 2018 年度青年科学家奖（Science & Sci Life Lab Prize for Young Scientists）揭晓，清华大学博士后万蕊雪因其在剪接体三维结构及 RNA 剪接方面的研究成果，当选为细胞及分子生物学类别的胜出者。这是在中国本土攻读博士学位的研究人员首获该奖。

Science & Sci Life Lab Prize for Young Scientists 是一项全球范围的奖项，由 Science/AAAS、Sci Life Lab 及 4 所著名高校共同发起。

该奖项每年评选一次，从来自全世界的申报者中遴选出 4 位在各自领域最为出色的青年研究者。

万蕊雪的获奖文章"A Key Component of Gene Expression, Revealed – High Resolution Microscopy Sheds Light on the Molecular Mechanisms of the Spliceosome"也于 11 月 23 日同步发表在《科学》杂志上。

她是非常耀眼的学术新星

据清华大学结构生物学高精尖创新中心（ICSB）官方平台介绍，这是清华校友第四次获得该奖。

本科就读于清华大学生物科学与技术系 1991 级的时松海和 1996 级的颜宁曾于 2001 年和 2005 年分别因其博士期间的研究获得该奖的前身"青年科学家奖"（Young Scientist Award）全球大奖和北美地区奖，他们现在都是生命科学领域的著名教授。而在 2013 年第一届 Science & Sci Life Lab Prize for Young Scientists 中，本科就读于清华大学生物科学与技术系 2002 级的洪暐哲（现为加州大学洛杉矶分校助理教授），也因其在斯坦福大学攻读博士期间的研究获奖。

万蕊雪是近两年来清华大学非常耀眼的学术新星，主要专注于酵母剪接体的三维结构与分子机理研究，以共同第一作者身份发表了9篇相关领域的研究文章［其中，7篇发表于 Science（《科学》），2篇发表于 Cell（《细胞》）］。

2016年，还在清华大学医学院攻读博士学位的万蕊雪入选中国科学技术协会的"未来女科学家计划"，成为全国5名入选者中唯一一名在读博士研究生。她也曾获得清华大学研究生特等奖学金、清华大学"学术新秀"、清华大学学生年度人物、清华大学优秀博士毕业生等奖项和称号。

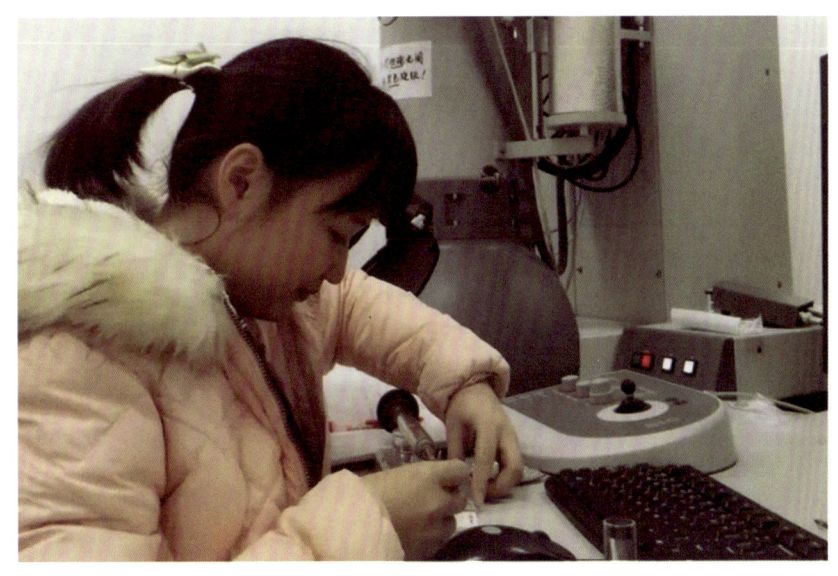

师从施一公，从一通电话开始

有一次，家里亲戚患病，万蕊雪听说基因工程可能会是未来解决这些疾病的方法，这更加坚定了她学习生物学的决心，希望能够做一个有用的人。

带着对生物学"天马行空的幻想"，万蕊雪进入中山大学开始本科阶段的学习。四年来，她脚踏实地，最终取得专业第一的优异成绩。

娇小的万蕊雪说话温柔，笑容甜美，虽然自称从小就有一些自卑，但谈起自己做科研的初心时却很坚定。而站在人生拐点需要做出选择时，她也表现得非常果敢且有主见，重新选择基础生物学研究就是一个很好的例子，而后来"斗胆"给施一公教授写信的故事更是她不轻言放弃的最好证明。

那时万蕊雪读大三，她了解到施老师的研究方向和实验室后，很想有机会去清华大学学习，于是她鼓起勇气给施老师写了一封邮件，希望能到施老师的实验室去做毕业论文研究。"邮件发出去一个星期之后，一直没有回音，我就想着这事可能黄了，但是我还是坚持又发了一封邮件，想着要是再没有消息就算了。谁知道那之后有一天突然接到一个北京打来的电话，打电话的人说：'我是施一公，我看到你发的邮件了，欢迎你到我们实验室来。'当时接到这个电话我太兴奋了，高兴得在家蹦了一天。"

万蕊雪就这样怀揣着惊喜和忐忑的心情走进了清华大学施老师的实验室，并如愿以偿地留下来攻读博士学位。最初，万蕊雪很担心自己做得不够好，总怕自己犯错，幸好有耐心的周丽君师姐手把手教她做实验。而施老师在开组会时，也总是会鼓励低年级的学生加入课题讨论，大胆发表自己的观点。她惊讶地发现，在这个人人走路都带风的繁忙的实验室里，竟然有如此好的气氛，这让她紧张的心慢慢得到了放松。

她也发现施老师是一个平易近人的人，除了很注重学生的科研技术培养外，还非常注重对博士生逻辑思维的训练。

在博士二年级的时候，万蕊雪被施老师委以重任，开始和同学一起向结构生物学领域最难的课题——剪接体"发起进攻"。"我当时才二年级，不知道是什么让施老师如此相信我，交给我这么重要的课题，但这份信任给了我很大的鼓励，让我能够放开胆子去做。"

万蕊雪所从事的正是剪接体结构的研究，在施老师的安排下，她承担起酵母剪接体课题组的剪接体提纯工作。简单来说，她要打响的是解析酵母剪接体的第一战：为解析结构提供优质的剪接体样品，这是非常基础但又至关重要的工作。然而，当时实验室在这方面还没有丰富的经验，一切都需要万蕊雪自己找到突破点。

尽管很忐忑，但她那不服输的个性让她再一次铆足了劲。"我去读了很多文献，想了很多大胆的实验方向，然后一个一个方向去排除，最后我决定提取内源剪接体，这个方法不算新，但我们实验室当时没有人做过。于是我四方打听，最后找到了北京生命科学研究所的一个实验室，该实验室的工作人员在给内源蛋白加标签方面有很丰富的经验，我便去跟他们学习技术。"之后，她连续几个星期往返于清华大学和昌平，到实验室去学习构建酵母菌株的方法。实验的步骤很快就学会了，但当自己去做的时候，每一步都失败了。面对失败，万蕊雪越挫越勇，绝不陷入消极的情绪当中，而是不停地去找人咨询，不停地寻找解决的办法。每解决一个问题，她都积极地迎接下一个问题。"我是一个不怕输的人，遇到瓶颈不会轻言放弃，而且那种每解决一个问题所获得的满足感，会促使我继续去解决下一个问题。"

在"亢奋"的状态下，万蕊雪终于成功掌握了完美的提取内源剪接体的方法，并成功地提取剪接体样品。当看到在冷冻电镜下清晰的剪接体结构时，她异常激动，"当时没想到自己第一次提取的样品品质就很好，第一个酵母剪接体的结构看到后，我们后面做的事情相对来说就水到渠成了"。

2015年8月21日，施一公研究组在《科学》杂志在线同时发表两篇论文——《3.6埃的酵母剪接体结构》和《前体信使RNA剪接的结构基础》，这是世界上首次报道剪接体的高分辨率结构的论文，而研究组的成员闫创业、杭婧和万蕊雪都非常年轻，万蕊雪是年龄最小的一个，当时才24岁。对于这个研究成果，2009年诺贝尔生理学或医学奖得主、哈佛大学医学院教授杰克·绍斯德克评价道："剪接体是细胞内最后一个被等待解析结构的超大复合体，而这一等待实在已经太久了。"

当时有个广为流传的故事：在收集电镜数据时，为了保证数据质量和收集效率，课题组的几个同学决定24小时轮班，万蕊雪主动承担了半夜的工作，每3个小时电镜的

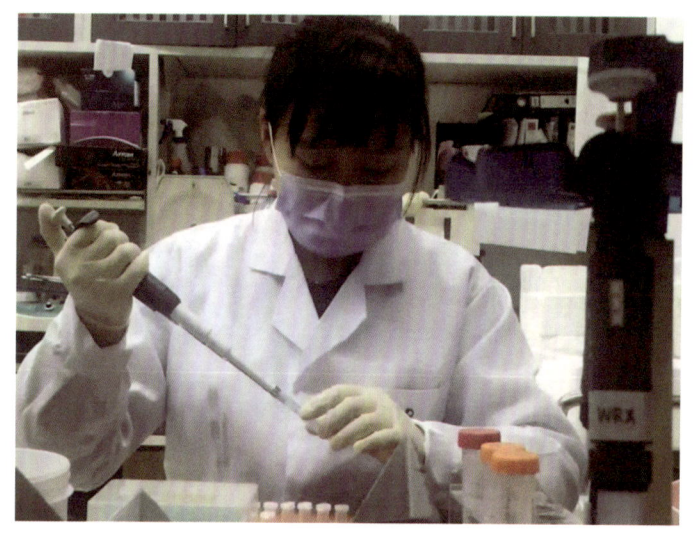

相机需要矫正一次，其间仅有 5 分钟可以上洗手间。

此外，很多人不知道的是，其他时间万蕊雪还是会在实验室待到晚上，从未把自己的工作当成负担。

科研之外最爱吃，凭毅力曾 3 个月减掉 20 斤

每当说起万蕊雪，可能许多人对她的印象都是学霸，而科研之外的她是什么样子呢？

"我超爱吃，不管是什么好像都爱吃"，说起美食，万蕊雪像谈起科研一样两眼放光，"我只要听说哪里开了什么好吃的店，就很想去尝一尝"。

因为爱吃，万蕊雪说自己从小就胖，2017 年 7 月，她突然觉得自己太胖了，于是开始努力减肥，定期跑步，管住嘴，她凭着毅力 3 个月减掉了 20 斤。"减肥以后真的像发现了新大陆一样"，说起减肥的效果，万蕊雪笑得非常开心，"不过，科研之外我还是最爱吃，运动嘛，感觉需要一口气才能坚持"。

就像做科研一样，万蕊雪的减肥大计也经过了几个阶段。"我没事就翻翻微博、微信朋友圈，看网上的减肥攻略。虽然也曾对代餐粉、节食减肥动过心，但后来发现还是合理的饮食和适当的锻炼比较靠谱。"她通常选择出去聚餐而不是逛街，"因为逛街之后很容易会继续吃"。

谈及未来的打算时，万蕊雪说："我还是想一直做科研，剪接体的主要结构虽然已经被我们捕获了，但越做下去发现谜团就越多，所以我现在就是单纯地想把剪接体的课题继续做下去。之后，我想成为 PI（研究员），用更多手段从不同侧面揭示 RNA 剪接的奥秘，以及探寻这个过程与人类健康的关系。"

四十八、中山大学 94 周年生日，看海科人给它送上了什么礼物

2018 级本科生　陈新龙

　　2018 年校庆，珠海校区图书馆举办了"一起来——拼出你的专属告白"图书馆窗帘秀活动。各学院分别提交了作品表达对母校的祝福，海洋科学学院学生设计的作品于 11 月 13 日进行了展示。

　　海洋科学学院学生设计的作品名为"海科 腾跃 翱翔"，由 2018 级海洋科学 1 班本科生完成设计并进行展示。作品由单词"Marine Science"和一只简笔勾勒出的将跃出水面的海豚宝宝，以及结合 2—4 楼楼层的高度特征而设计布置的在海面飞行的海鸥组成。字母排布庄重大气，动物形象活泼灵动，表现了中山大学海洋科学学科蓬勃发展的朝气和海科人敢于迎风而上的魄力。

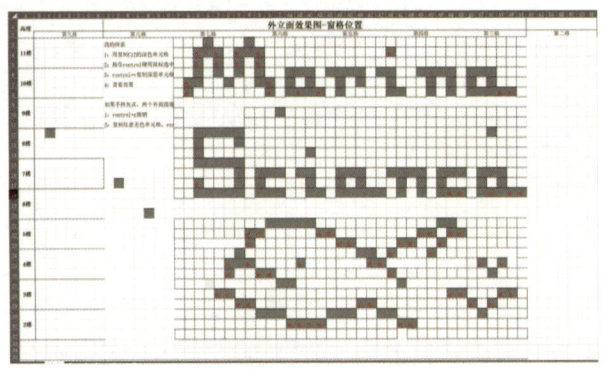

海洋科学学院学生设计的作品

　　11 月 13 日下午下课后，2018 级海洋科学 1 班同学陆续到达图书馆，开始布置窗帘。

在布置窗帘的同学

在布置窗帘的同学

在设计布置窗帘位置

在计算所需海报数量的同学

由于背景灯光太强，因此效果并不理想。虽然有不足，但这不失为海科人送给母校的一份别出心裁的生日礼物，希望中大喜欢，中大人喜欢。本次窗帘秀活动，从前期策划到中期统筹协调再到后期完善，无不体现着海科学子团结互助的友爱精神和细致严谨的科研态度，彰显了中山大学的人才培养理念，这既是对中山大学精神的继承，更是给中大最好的生日礼物。

在张贴海报

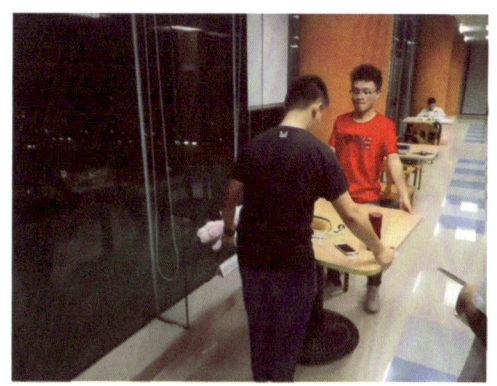
在张贴海报

窗帘造型出炉

四十九、与世界大学青年领袖交流对话

2015 级本科生　李永恒

2018 年 10 月 19—21 日，第 11 届克林顿全球倡议大学会议（Clinton Global Initiative University Meeting，简称 CGIU 会议）在美国芝加哥大学举行。来自全球各个大学的青年领袖聚集在这里，就世界最迫切需要解决的难题，如教育、环境和气候变化、贫穷、公共卫生等，分享了各自的公益项目，寻求创新的解决方案。我有幸被学校选派，作为学生代表前往参加会议。

在 CGIU 会上，我听到了来自世界各个大学的青年学生的分享，有关于如何解决校园暴力的，也有关于全球环境议题的。我看到了来自不同国家的青年学生，说着不同口音的英语，发挥自己所能，持续地在当地推进一些公益项目，去努力解决一些全球性议题，去让自己所在的社区、国家乃至世界变得更好。

我所参与的公益项目是"Design to Inspire Goodness"（简称 DIG 项目），该项

李永恒在 CGIU 会议上

目的主要内容是在珠海市两个社区进行垃圾分类知识普及。2017 年，珠海市制定了《推进生活垃圾分类工作方案》，旨在推进珠海市生活垃圾分类工作，并在 2020 年全面实现生活垃圾分类 100% 全覆盖。在此契机下，我们团队在珠海市唐家社区进行了垃圾分类知识推广，采取视频放映、举办分享会、实地彩绘等方式，让唐家社区的居民能够切实获得关于垃圾分类的相关知识，有助于更好地推进生活垃圾分类工作。

该项目在珠海市第二届青年公益创新大赛的路演中获得了二等奖。路演结束后，珠海市香洲区梅华街道办以政府购买服务的方式，希望我们能够将原来的策划方案进行总结细化后，再一次落实到珠海市上冲社区，能够让更多的珠海市民受益。我们深受鼓舞，我们团队将会踏着新时代的步伐，朝着新时代的目标进发！

李永恒（左一）与参会人员合影

在唐家小学旁边落地的垃圾分类知识墙绘

唐家社区的小朋友手绘的分类垃圾桶

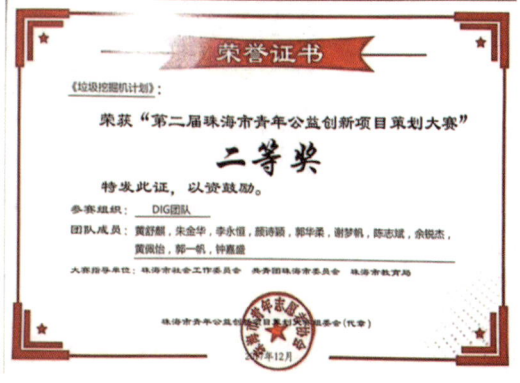
DIG团队获"第二届珠海市青年公益创新项目策划大赛"二等奖

五十、第二届高校大学生海洋与化学科技实践论坛

2015 级本科生　黎泽林、李剑焕　2017 级本科生　姬翔、刘佳

2018 年 11 月 21 日，在贾鹏博士后、林奇琦辅导员的带领下，我们一行六人前往山东青岛中国海洋大学崂山校区参加"第二届高校大学生海洋与化学科技实践论坛"。本次论坛主题为"夯实基础，加强实践，培育化学与海洋人才"。论坛活动分两天进行，第一天为主题报告与墙报展示，第二天为参观青岛海洋科学与技术国家实验室和青岛国际院士港。

在梧桐树下留影

（从左往右：姬翔、刘佳、李剑焕、林奇琦、黎泽林、贾鹏）

在主题报告环节，李剑焕同学做了题为"两株珠江口重要海水鱼类细胞系的建立、鉴定及应用"的主题报告。这项课题建立了珠江口重要鱼类——银鲳、叫姑鱼组织细胞系，为今后开展珠江口鱼类的种质保存工作提供支持，并为鱼类免疫学、毒理学等研究提供体外研究平台。

黎泽林、刘佳同学做了题为"一株病毒性出血性败血症病毒（VHSV）的分离鉴定及全基因组序

李剑焕同学在做报告

列分析"的墙报展示。该研究首次从珠江口海域的野生大口黑鲈中成功检测到 VHSV，并成功将该种病毒株进行分离鉴定，最终通过 cDNA 末端快捷克隆技术（RACE）获得该病毒全基因组序列。该研究为深入研究 VHSV 与大口黑鲈之间的相互关系提供了重要的实验基础。

黎泽林同学展示墙报

刘佳同学展示墙报

姬翔同学做了题为"银鲳鱼鳍细胞系的建立、鉴定及应用"的墙报展示，简要描述了银鲳鱼细胞系的建立，以及之后的一系列生物学特性和病毒敏感性检测的内容。

姬翔同学展示墙报

在本次论坛中，我们的主题报告和墙报在众多优秀作品中脱颖而出，斩获佳绩。其中，李剑焕同学荣获"优秀报告二等奖"，黎泽林、刘佳同学荣获"优秀墙报奖"。

获奖同学合影

论坛第二天，主办方组织与会师生参观了青岛海洋科学与技术国家实验室和青岛国际院士港。

在青岛海洋科学与技术国家实验室合影　　　　　　　　　在青岛国际院士港合影

本次论坛结束后，同学们感慨颇多。

黎泽林说："学而不已，阖棺乃止。"

李剑焕说："中国海大，人灵地杰，有校训：海纳百川，取则行远。月中，英才汇聚，各展风华；后三省吾身，颇有不足之处。如能假人之长，补己之短，亦不虚此行也。"

姬翔说："这次青岛之行是我进入大学之后第一次走出校门，与来自全国各地的同辈们进行学术交流。这次论坛增长了自己的见识，让我了解了他人的工作，并认识到做学问不只是平时上好一门门基础课，还要培养良好的思维素养，磨炼必要的科研品质。这一切对于大二的我来说，无疑是一次重要的启蒙。"

刘佳说："此行青岛，虽舟车劳顿，但受益匪浅。即使北方再寒冷，也抵挡不住大家学术交流的热情。各高校优秀学子齐聚一堂，思想碰撞出火花。评委老师的指导，让研究的道路更加明晰。认真严谨做科研的精神，需要一直铭记。这次论坛在我心里种下了一颗种子，一颗在研究道路上不断成长的种子。"

论坛举办时正值青岛初冬之际，在这清冷的天气里，枯黄的梧桐、油黄的银杏、红艳的枫叶，为这个城市点缀了几分浪漫。

美丽的中国海洋大学崂山校区　　　　　　　　　青岛市民冬泳

排队过马路

最后,衷心感谢学院与易梅生教授团队对我们的支持和帮助,让我们有机会去与其他高校的优秀学生进行交流、学习与分享。

五十一、第 29 届国际基因组信息学会议之行

2016 级本科生 黄沛霖、林蔚常

2018 年 12 月 3—5 日，在卢建国副教授的带领下，我们一行四人前往昆明参加第 29 届国际基因组信息学会议（GIW 2018）。

参会人员合影
（从左往右：高栋、卢建国副教授、黄沛霖、林蔚常）

第一届 GIW 于 1990 年 12 月 3—4 日在东京举行，是成立时间最久的生物信息学领域的国际会议。会议主要围绕系统生物学、生物信息学等基于分子基础对生物系统进行计算和理解的研究为主题进行报告、做海报等交流活动。

本次会议在昆明理工大学的伍集成会堂举行，会议共进行三天，内容分为主报告、报告和海报三个部分。其中，主报告由特邀嘉宾展示，各参会人员做报告，海报则是放在会场进行展示，有专门的时间供大家自由来往讨论。

主报告

主报告共有 10 场，每场平均 50 分钟，邀请了各领域国际闻名的专家就各自科研团队的工作进行演讲介绍。

马克斯－普朗克进化人类学研究所所长 Janet 以尼安德特人基因和现代人基因关系的系列研究做了十分有趣的报告。从古基因组的介绍，到从组学分析得到的历史上的人

种的时空分布和演变过程，再讲到尼安德特人在现代人不同人群中的基因分布和基因作用，思路清晰，内容详细且令人振奋。

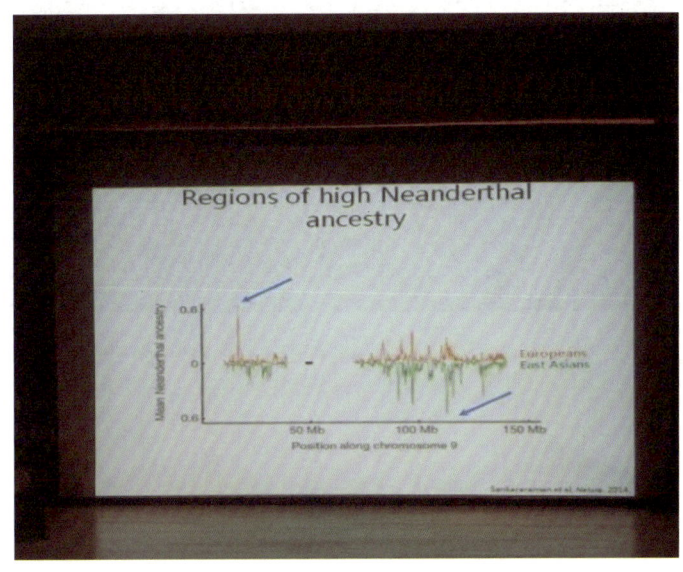

Janet 所长在会议上做报告

报　告

报告总共有 78 场，按不同主题在三个分会场同时进行，每场 15 分钟。报告的内容更为宽泛，从机器学习在全基因组关联分析的应用到肠道宏基因组都有，参会人员可以自由地选择不同的分会场，也可以在报告进行的时候中转。有意思的是，在这个过程中，我们遇见了中山医学院的同学在做题为"条件特定的基因互作网络对于阿兹海默症病人脑组织的关键通路和调控因子的挖掘"的报告。

中山医学院同学在会议上做报告

高栋在会议上做题为"miRNA 在黄颡鱼性别决定机制中的潜在作用"的报告

海 报

海报环节在每天会议的最后阶段于会场中进行，大家有 50 分钟的时间可以相互交流、提问。

卢建国副教授做海报展示

我们的海报展示内容主要是从转录组水平来阐明与鲤鱼的生长相关的基因的表达情况和作用。到了海报环节，我们内心其实有些忐忑，但由于我们提前就对可能被提到的问题做了详细的讨论和准备，因此，当别人提问的时候，我们还是可以流利地说出来。在简单地浏览了海报中的图片后，有一些学者会一针见血地问这项研究中可能存在的问题，问题尖锐，但是态度真诚，大家会彼此交流如何克服这些困难。

在没有人来问问题的时候，大家也可以去看其他海报，和其他学者进行一些深入交流。报告较严肃，时间短暂，一些不敢问的问题也可以在这个时候大胆地提出来。因为这个时候大家都没有了紧张的情绪，谈话思路清晰，有时还会谈笑风生。有的还会把海报拍下来，记下文献题目，以后可以再慢慢细读。

林蔚常（左）、黄沛霖（右）做海报展示

感　想

黄沛霖表示："在完成自己工作的过程中，我或独立或合作地解决了许多技术上的、非技术上的问题。实践是学习的最好方式，感谢这次的会议，我学到了很多。在会议上，我看到了在这个领域里世界各地众多优秀学者的杰出工作，感觉到自己的工作还有许多地方需要完善，他们细致的科研态度会一直鼓励我在今后的科研中向他们学习，因为优秀的成果都是建立在严谨的态度和长期的积累前提下的。"

林蔚常说："主报告环节有些嘉宾的报告真的是精彩绝伦，可以提前打开录音，再尽情沉浸其中，以后再将不懂的问题回听。这次会议时间较长，信息密度高，研究领域广泛，所以要提前有针对性地对一些感兴趣的报告做调查，带着问题去听。对于其他报告，可以选择性地放弃，避免信息过载。

海报环节、茶歇环节甚至晚饭自助餐，都是很好的和其他学者交流彼此研究的内容和一些研究上普遍遇到的困难的机会，坐在'大牛'旁边听他们的聊天也很有趣。

最后，感谢卢老师对我们的指导和帮助，让我们可以完成这次会议的海报。也十分感谢学院对本科生的支持和帮助，使我们可以在本科阶段参加国际会议，对研究的广度和深度有了新的看法。这增强了我们对科研的兴趣，让我们坚定了在海洋科学领域继续深造的决心，将来为国家的海洋事业发展贡献一份力量！"

会后参观西南联合大学旧址

第29届国际基因组信息学会议参会人员大合影

五十二、不忘初心,牢记使命

2018 级本科生　张田雪钰

在第一次党课上,我认识了十九大的四个关键词:新时代、新思想、新矛盾、新目标。

令我印象深刻的是党的十九大关于新时代的五个定位:"新时代是承前启后、继往开来、在新的历史条件下继续夺取中国特色社会主义伟大胜利的时代,是决胜全面建成小康社会、进而全面建设社会主义现代化强国的时代,是全国各族人民团结奋斗、不断创造美好生活、逐步实现全体人民共同富裕的时代,是全体中华儿女勠力同心、奋力实现中华民族伟大复兴中国梦的时代,是我国日益走近世界舞台中央、不断为人类作出更大贡献的时代。"

与好友合影(左为张田雪钰)

新时代是一个奋力实现中华民族伟大复兴中国梦的时代,也是属于我们的时代。

"德才兼备、领袖气质、家国情怀",这不仅是我们中大人的担当,更应该是每一位大学生的担当。

我们这批在校大学生,现在十八九岁,到 2035 年社会主义现代化基本实现时,还不到 40 岁;到 21 世纪中叶全面建成社会主义现代化强国的时候,50 岁左右。我们这代青年是民族复兴伟大进程的见证者与参与者,也是社会主义事业的主力军。我们有义务为国家伟大复兴的实现贡献一份属于自己的力量,所以我们应该坚定理想信念,志存高远,脚踏实地,承担起自己的历史使命和时代责任,把自己的每一小步与国家的发展、建设联系起来,让中华民族的伟大复兴在我们的奋斗中变成现实!

我们在树立了人生目标之后,也应该了解新时代国家的主要矛盾是什么。"我国社会主要矛盾已经转化为人民日益增长的美好生活需要和不平衡不充分的发展之间的矛盾。"这是党的十九大对于我们这一时期的新认识，主要分为两个方面，第一是人民需求方面，温饱问题解决了，全面小康也要建成了；而"美好生活"不仅包括吃饱穿暖，更包括吃好、穿好、行好、住好，而且还有"非物质"方面的需求，比如民主、法治、公平、正义、安全等。这些成为现在我们社会需要去着力跟进和大力改善的地方，意味着我们国家的经济等方面有了大的发展，我们人民的生活水平大大提高，目光不再局限于物质层面，有了余力去关注精神层面，去追求更有内涵、有情调的生活，向往平等、法治、温情的社会，这是一项伟大的成就。第二是社会生产方面，"我国已经是世界上第二大经济体，社会生产力水平总体上显著提高，很多方面都进入了世界前列。现在更加突出的问题，是发展不平衡不充分"。我们国家在总体实力上取得了巨大进步，但很多方面仍需改善。这就要求我们年轻人要有充分的创新精神，要有创新能力，在前辈们的基础上开动脑筋，找到自己的方法，开创自己的新思维、新天地，让世界顶尖技术能有中国的身影，有中国人自己开辟的一片新的天地。"不能因现实复杂而放弃梦想，不能因理想遥远而放弃追求。"

"不忘初心，牢记使命"，不仅是党的目标，而且是我们青年一代的目标。作为社会主义接班人，我们肩负着自己的梦想和中国的梦想，我们不但要在大学求学期间勤学苦干，磨炼心性，而且要将这个过程贯穿在整个人生中，将中国梦化为一点一滴的小事长期坚持下去。而在这个过程中，正确的政治方向是一个人生命的灵魂。要想为国家的建设出一份力，我们青年人就应该努力向党靠拢，紧跟党的步伐，把我们的未来、我们的成就、我们的愿望与党的未来、党的成就、党的愿望结合起来。我们不仅仅是一个人，不仅仅是一个单独的个体，所做的事、所取得的成就也不仅仅是我们某一个人的，它更是中华民族的，也是国家的。

五十三、感谢陪我走过漫长岁月的你

2018 级本科生　林施妤

【编者按】2018 年 11 月 17 日至 12 月 16 日,由中山大学学生会港澳台同学部主办的 2018 粤托邦——粤唱粤强 K 歌大赛在珠海校区举办,大赛分为初赛、复赛和决赛,我院 2018 级海洋科学专业本科生林施妤在决赛中夺得冠军及最佳人气奖。

拿破仑说过:"我们应当努力奋斗,有所作为。这样,我们就可以说,我们没有虚度年华,并有可能在时间的沙滩上留下我们的足迹。"

回顾我参加粤托邦的过程,虽然有点搞笑、有点心酸,但是其中有自己努力的身影,还有默默陪伴我的同学们。

记得当时粤托邦在摆台的时候,我们乐元素也在旁边摆台宣传草地音乐会,后来在副社长的"怂恿"之下,我迷迷糊糊地报名了。初选那天晚上我才选好歌,从来唱歌不背词的自己着急地跑去榕园食堂的天台背词,结果还是因为紧张唱串了三句词,然后迷迷糊糊进了复赛。

在比赛舞台上

复赛要求合唱,为了磨合,我和符家杰学长飙歌的身影就经常出现在榕园天台。符家杰学长是一个特别可爱的大朋友,经常让我忍不住狂笑,那些我们相互指点、相互鼓励的日子真的很开心。复赛那天我发烧了,头昏昏沉沉的,合唱没唱好,难受到不想再唱第二首歌,我跟赵芷婷说:"要不我回去好了,反正他们这么厉害,我也进不了。"也许就是当时的"佛系"参赛,让我不那么紧张了,把《一生所爱》按我想要的感觉唱完了。

决赛之前遇到了很多状况：撞歌，伴奏比特率不够，反复更改舞蹈……我连续三个晚上熬夜用 cool edit 编辑伴奏，在那之前，我一点都不了解这个音频编辑器。12 月 15 日下午，我的乐队 The Aspirin（阿司匹林）例行排练，12 月 30 日的乐队表演要到了，所以我们都很着急。15 日下午，为了把歌排好，我们连续排练了近 4 个小时，我也唱了近 4 个小时，结果那天晚上就几乎失声了。当时的我不知所措，第二天就决赛了，我完全不能想象我要是失声了怎么唱。那天晚上我吃了很多清咽片，含了很多金嗓子，乖乖听鼓手老谭的话，拼命喝温开水。

在比赛舞台上

决赛那晚我的喉咙还是很难受，一发声就会刺痛。我唱歌"偏头症"本来没有那么严重，但是为了不让我咳嗽的声音录进麦，我唱几句就会偏一下头轻咳一下，所以每唱完一首歌我都很庆幸自己坚持下来了。

我从来不觉得自己多厉害，我也从来没想过自己会得冠军，也没想过自己会得人气奖。我只是单纯喜欢音乐，喜欢唱歌，喜欢通过唱歌来传达我说不尽的情绪。我没学过唱歌，所以一直觉得自己唱歌是乱来。我自认为我比不过十强里面的很多选手，但是你们一直在鼓励我、支持我，让我一步一个脚印慢慢迈过去，通往天梯。我经常一站在台上就会慌张，但是那晚你们在下面慢慢挥动荧光棒，给我欢呼，给我掌声，给我鼓励，让我从心底感觉到一股力量，告诉我不能倒，让我相信自己。《李香兰》之后的独白虽然一开始听起来有点扯，但确实是我的内心写照：我虽然是小小只，虽然藏在人群里就找不到了，但我的力量不会小，永远不会小。

谢谢我的经纪人赵芷婷像个小保姆一样照顾我。

谢谢粤托邦所有工作人员的付出。

谢谢所有选手在台上散发的光芒。

谢谢我庞大的粉丝团告诉我不要慌。

谢谢老邝（邝起宇）精彩绝伦的伴舞。

谢谢为我助威的海科院小伙伴们。
谢谢听我唱歌给我掌声的所有观众。
我想唱歌的时候你们愿意聆听,这是一件多么美好的事。

在颁奖台上(右一为林施妤)

2018级本科生邝起宇伴舞

五十四、第一次党章活动有感

2017 级本科生　龚涵

2018年11月3日周六上午，我们参加了党章学习小组开班仪式。其间，潘书记向我们讲解了党的十九大报告，还有已经是党员的师兄师姐们发表讲话。就我个人而言，这次的开班仪式对我有比较大的震撼，所感所想远比我之前预料的要多。无论是潘书记关于党的十九大报告的讲解，还是师兄师姐们情真意切的发言，都让我感触颇深。

先说说对解读党的十九大报告的感触。潘书记对党的十九大报告的讲解既详细又容易理解，他在讲解的时候结合日常生活和我们学院的学科建设，使我明白国家的发展和建设与我们的日常生活和学习其实息息相关，我们要学会将个人发展与国家的发展联系起来。党的十九大报告的内容较多，我就先谈谈印象最深刻的几点。

开篇的"不忘初心，牢记使命"这八个大字可谓醍醐灌顶，鼓舞了广大人民的斗志，坚定了中华儿女的信念。中国共产党的使命和初心是为中国人民谋幸福，为中华民族谋复兴。我个人认为，为中国人民谋幸福，为中华民族谋复兴绝不只是党员们的使命，更是广大中华儿女的共同奋斗目标。周恩来总理少年时"为中华之崛起而读书"的誓言，激励着我们一代又一代的学子将国家的兴衰与个人的发展联系在一起。实现中华民族的伟大复兴，凝聚了几代中国人的夙愿，是百年来中华儿女矢志不渝的奋斗目标，是中国人民的跨世纪梦想。每一位中华儿女都有责任和义务，为实现中华民族的梦想贡献自己的一份力量。为国家和民族做贡献看似与普通百姓的日常生活相去甚远，实则息息相关。"中国梦"与"我的梦"本就有着不可分割的联系，每个人的小梦想的实现其实都是在为"中国梦"助力，个人的进步和超越都是在为"中国梦"的实现贡献自己的一份力量。其实，人们各司其职，兢兢业业，就是在为"中国梦"助力，就是在为中华民族的伟大复兴目标贡献自己的一份力量。作为学生的我们，学好课业便是为"中国梦"助力。作为中大学子的我们，更应该珍惜优越的教育资源和条件，铭记"博学、审问、慎思、明辨、笃行"这十字校训，严于律己，勤于思考，努力成为一名优秀的中大学子，成为一名合格的社会主义接班人，无愧于母校多年来的栽培，无愧于祖国母亲长久以来的养育。

"经过长期努力，中国的发展进入了新时代，这是我国发展的新的历史定位。"习近平总书记在大会上的这句话掷地有声，振奋人心。这句话的句眼是"新"字，很多时候大家都关注到"新"字，却忽略了在这个"新"字的前面还有一个关键词叫"长期努力"。可见，这个"新"字可谓承载了几代人的梦想，其背后是几代人的血汗和拼搏。当读到这句话的时候，我想到的是，这一刻恐怕是几代人期盼很久很久了，有些老前辈幸运地等到了这一刻的到来，但是有些则不然。当这些老前辈看到这一刻的到来时，我想他们会是热泪盈眶和万分激动的，这种"守得云开见月明"的激动和欣慰是难以抑制的。我们时常说要对现在所拥有的一切带着感恩的心，因为现在所拥有的一切都是老前辈们用血汗换来的，凝聚着几代人的努力成果。

报告还指出，在新时代，我国的主要矛盾是"人民日益增长的美好生活需要和不平衡不充分的发展之间的矛盾"。这个主要矛盾的转变令我印象深刻。还记得中学时期的教材上写的我国当时的主要矛盾，有一个词尤为扎眼，它叫作"落后"。初中时我曾经对这个词的准确与否产生了一定的疑惑，但当我去询问之后，老师也只能无奈地摇摇头。这么多年以来，这个词就像是一个标签一直贴在我国的发展面貌上，格外的扎眼，却又对它无可奈何。从2000年到2017年，我国生产力一直在以惊人的速度提升，GDP一路飞速增长，排名上一路赶超数个发达国家，一跃成为世界第二大经济体，震撼了全世界。中国人民终于对自己国家的生产力有了充分的自信，可以底气十足、无比自豪地说："厉害了，我的国。"尽管如此，那个标签依然还在。直到党的十九大提出新时代我国主要矛盾的转变，这个扎眼的标签才被取了下来，没人可以再用这个标签来评价我们国家。如此扬眉吐气的时刻，怎能不振奋人心呢？

作为一名入党积极分子，我也自然关注到报告中提出的新时代对党的建设的总体要求。报告指出将党的政治建设放在首位，用习近平新时代中国特色社会主义思想武装全党，建设高素质专业化干部队伍，加强基层组织建设，持之以恒正风肃纪，争取反腐斗争压倒性胜利，健全党和国家监督体系，全面增强执政本领。因此，我们青年一代要坚守自己的思想和道德准则，不要被社会上的不良风气影响自己的初心。随着时间的推移，如今，我们青年一代逐渐成为时代舞台的主角。因此，我们这一代人的思想和作风将会影响党和国家未来的建设与发展，我们理应取其精华、弃其糟粕，永远不要成为我们年少时最厌恶的人的模样。青年兴则国家兴，我们新一代青年应当有担当、有理想、有本事。青年强则国家强，我们有责任、有义务接好上一代人传下来的接力棒，终点是中华民族的复兴，并且终有一天，在一代又一代青年的不懈奋斗之下，我们会抵达梦想的终点。

在师兄师姐们的发言中，我印象最深刻的一句话是："每天为自己的信仰留下一个固定的时间。"这句话让我震撼的原因是我从没有想过原来可以将自己的信仰提到日程安排中，原来信仰也可以列在每天的提醒事项中。记得曾经有这么一个说法，说中国人缺少信仰。的确，中国大部分人没有宗教信仰，但是中国人并非完全没有信仰。信仰不一定是宗教，也可以是一种精神，一种品质，或者一种理论。其实我们完全可以将中国特色社会主义理论体系作为自己的信仰，并时刻以此来提醒自己每天都要有所进步。随着社会的发展，教育水平的提升，我相信会有越来越多的人以此为信仰，以此来督促、提升自己。

五十五、李霄、谢韬林、詹志鹏代表学院参加珠海第一届大学生海洋环保论坛获一等奖

2018年12月9日下午，由珠海市海洋资源保护开发协会与横琴新区管理委员会主办的"珠海第一届大学生海洋环保论坛"在伍舜德酒店国际学术交流中心举办，来自中山大学、北京理工大学珠海学院、北京师范大学珠海分校、暨南大学、北京师范大学—香港浸会大学联合国际学院5所高校的学生参加了本次论坛。

论坛上，中山大学海洋科学学院2016级本科生李霄发表了《温度对传染性脾肾坏死病毒发

李霄发表论文演讲

表的影响》论文演讲，并获得一等奖的佳绩。该论文由海洋科学学院郭长军教授、何键副研究员指导，2016级本科生李霄、谢韬林及2017级本科生詹志鹏共同完成。

本次论坛包括专家讲座、高校学生论文演讲、文艺汇演等部分。在论文演讲环节，共有来自5所高校的8位同学就海洋环境保护、海洋资源保护与利用、城市建设与环保（围绕横琴新区）等方面进行了汇报。

参会学生合影
（从左至右：詹志鹏、李霄、谢韬林）

五十六、2017—2018 学年国家奖学金获奖学生事迹

2015 级本科生　魏怀昱

【编者按】魏怀昱，男，汉族，1997 年出生于山东省邹平市，共青团员，2015 级海洋科学专业物理海洋方向本科生。2015—2016 学年获中山大学优秀学生二等奖学金，佐丹奴奖学金。2016—2017 学年获中山大学优秀学生二等奖学金，珠海市可口可乐奖学金。2017—2018 学年获国家奖学金，中山大学优秀学生一等奖学金。2016—2018 年连续三年获优秀共青团员荣誉称号。

认真学习，成就美好的明天

学习方面，我勤奋好学，成绩优异。性格方面，我活泼开朗，幽默风趣，自信热情，乐于交友，身边的同学常常能感受到我带来的正能量。

进入大学后，我的学习和生活的道路更加宽阔，也多了很多选择。我在积极参加各种课外活动的同时，并没有忽视第一课堂的重要性，上课认真听讲，不迟到、不早退、不旷课，积极思考并按时完成作业。在小组合作学习中，我积极参与小组讨论，按时完成任务，得到了大家的一致认可。经过大学三年的认真学习，我取得了除公选课以外其他所有课程平均绩点在学院排名第一的好成绩。好的成绩虽然不能充分说明一个人的学习能力，但是足以证明我对学习的重视和在学习上的投入。

科研训练，实现自我突破

2017 年 4 月，我所在的创新项目小组成功申请到国家级创新项目——"海岸盐沼沉积物的抗侵蚀性及其影响因子"。2018 年 1 月，我们小组投稿欧洲地球科学联盟年会，我作为第一作者的摘要"The Pattern and Control of Erodibility of Cohesive Sediments in a Spartina Alterniflora Marsh on the Coast of Jiangsu, China"被接收，我于 2018 年 4 月前往奥地利维也纳做展板报告。在进行大学生科研训练的过程中，我进一步夯实了专业基础知识，增强了动手实践能力，提升了科研创新水平。

暑期交换，探索新的世界

2017 年暑假，我有幸前往加拿大的不列颠哥伦比亚大学（UBC）进行交流学习。在一个月的学习生活中，我充分体验了国外的学习生活。在接受新知识的同时，我积极表现，希望展现中国学子的风采。在最后的课程展示作业上，我们小组取得了总成绩第一名的优异成绩，得到了其他同学和老师的认可。在最后的结课考试中，我取得了平均分 94 分的好成绩。

社团生活，开辟新的蓝天

大学一年级，我在海洋科学学院学生会学术部和海精灵志愿者协会宣传部任干事，并积极投身于社团工作中，起到了良好的带头作用。我还在班级中担任宣传委员，努力为班级贡献自己的力量。我参加了班级的所有活动，并且态度认真积极。这些工作培养了我的领导能力和奉献、协作精神，提高了我的综合素质。在大学二年级，我担任了海洋科学学院学生会学术部部长，积极领导工作，顺利举办了学术网盘建设、微信说、方舟计划等线上活动和薪火相传交流会等线下活动。

薪火相传交流会是我们的招牌线下活动，虽然看似只是一场简简单单的讲座、一场不算正式的模拟面试，可是其中的点点滴滴都体现着我们的努力。我们从寒假开始筹划，开学不久就开始联系嘉宾，准备礼品和物资。我们希望把每一场讲座做到极致。要么不做，要么就做到最好。我相信作为一场由学生自愿参加的讲座，薪火相传交流会第一期绝对是学院参与度较高的讲座。讲座过程中，学长学姐认真分享经验，学弟学妹认真聆听，认真记录。看到来参加讲座的学弟学妹们能有所收获，我们感到十分开心和欣慰，因为我们的努力没有白费！

社团生活除了让我收获工作经验以外，还让我收获了无比宝贵的友谊。一次次活动的举办，一个个困难的解决，也让我们的友情一步步升温。也正是这些友谊，让我的大学生活更加丰富多彩，也在一定程度上促进了我学业的进步。

积极入党，提高思想境界

在大学期间，我认真学习党的知识，力求提高自己的思想境界，认真参加学院团委组织的党章学习小组活动，希望成为中国共产党中的一员。记得有一次，我参加了学院团委组织的"一学一做"系列学习活动，感触颇深。无论是团支书的发言、党员代表的讲话，还是观看的学习视频、团员们的自我评价，都让我收获颇多。我们物理海洋班的团支书为大家充分阐述了"富强民主文明和谐，自由平等公正法治，爱国敬业诚信友善"社会主义核心价值观的深刻含义，我忽然发现自己虽然能够将这 24 个字铭记在心，可是并不是特别清楚这些朴实的文字背后的深刻含义。那次学习活动令我记忆最深刻的是党员代表李永恒同学为我们播放的关于抗美援朝前辈们无私奉献的纪录片。如果没有前辈们的奉献，如果没有中国共产党的正确领导，我们怎么会过上如今这物质资料较为丰富的生活？学习活动结束后，我深刻反思自己作为共青团员的一切行为，决定努力进取，争取早日成为中国共产党员，为中华之崛起做出自己的贡献！

五十七、2017—2018学年国家奖学金获奖学生事迹

2017级本科生　黄薇

【编者按】黄薇，女，壮族，1998年11月17日出生于广西南宁市宾阳县，共青团员。2017级海洋科学专业本科生。2017—2018学年获国家奖学金，中山大学优秀学生奖学金一等奖。

相比很多同学不凡的经历和获得的众多荣誉来说，我的事迹更多的是自己默默奋斗、勤恳付出的平凡小事。在我尚且不长的人生经历中，求学的历程占了大部分。也就是在这个过程中，我慢慢养成了许多个人品质和积累了人生感悟。对于我个人而言，我认为我有以下几个较为突出的优秀品质。

勤奋好学、坚韧不屈

我认为我在学习和生活中都拥有积极向上、勤奋好学、坚韧不屈的优秀品质。

和身边的很多同学不一样，我来自落后的农村。在村里读完小学，到县城里读初中，再到市里读高中，最后我才来到中山大学。看似平静顺利的求学道路，实际上背后要付出许多汗水和努力。在经济、教育、思想都比较落后的农村，能坚持上学不是一件易事，在一起读小学的同学里，坚持读到高中的寥寥无几。

且不说从村里的小学考到县城最好的初中，再到市里的高中的艰辛，这其中每一次学习环境的改变对我来说都是一次巨大的挑战。生活习惯的改变，学习习惯的改变，刚入学时与身边的同学格格不入，每一次开阔眼界的惊喜和自己所见所识及浅薄的局促感

相互混杂，学习总是慢半拍，课程进度总是跟不上，而且也没有培养任何特长和兴趣，迎面而来的是种种打击。

好在凭着对学习的一腔热情以及不服输的性格，我一直都没有放弃。很多时候我都是坐在教室里看着外面的同学在玩耍、谈笑风生，然后自己默默地看书学习。其实我也不是一个只会读书、只会学习课本知识的书呆子，我也很关心国内国际的时政新闻，在放学后经常收看新闻节目；我也有自己的爱好，比如喜欢绘画、爱好文学，家里经济条件不允许我报兴趣班，我就一直自学绘画，也阅读了很多中外名著；我也曾担任班里的很多职务……不管怎么样，重要的不是起点如何，而是在本来就不利的环境下是否还能坚持自己的热爱，坚持对知识的渴望，坚持努力，就算最后的结果和自己预期的不完全一样，也不会相差太远。

我认为在求学过程中收获的品质和感悟带给我的喜悦和对我的人生的指导作用是任何荣誉所不能及的。虽然不能总做最优秀的那一个，但我一定会尽力做最认真、最努力的那一个。

刚进入大学时，我和绝大多数同学一样，对大学生活充满好奇与期待，也有迷茫和紧张，对于自己学习的专业还是一知半解，对于未来的规划也不甚明朗，就这样，我懵懵懂懂地开始了大学生活。身边的同学比起高中时对待学习或多或少有些松懈，我仍然坚持着高中六点多起床背单词，上课认真听讲，积极思考，不懂的问题向老师和同学请教，课余时间在教室或者图书馆自习，晚上按时睡觉的生活习惯，好在这样我才没有荒废大学第一年的珍贵时光。我也常常在空无一人的教室里思考自己努力的意义，在昏黄的路灯下想着人生的方向，虽然一直没有答案，但是也从没有后悔过那些努力的日子。见过很多来到大学后放纵自我的同学，曾经他们也是朝着自己的梦想不留余力奋斗的人，每次想到这些我都会感慨万分。

大学只是一个新的起点，是漫长的马拉松中一个小小的转折。我一直记得初中班主任对我们反复说过的一句话："好的开端是成功的一半。"对于我来说，在这一年里所获得的荣誉只是对自己过去一年努力的肯定，并不意味着这是长跑获胜的号角，更不是一个终止符。我庆幸自己在大学里有一个好的开始，也因此更有自信以勤勉、积极的姿态走完珍贵的大学四年。

心怀感激、回报社会

我在中学、大学都得到了国家、社会的很多资助，获得了国家助学贷款和国家助学金，得以顺利进入大学学习。我心怀感激，也希望能回报社会，做出自己的贡献。

虽然在学校时没有太多时间参加公益活动，但我在寒暑假时常常做一些志愿者工作，比如我长期坚持在区图书馆担任志愿者，负责在馆内引导读者，进行图书的分类、上架，还有杂志的馆藏、溯源以及图书馆的阅读推广活动等工作；也常在社区担任志愿者，进行公益服务，关爱孤寡老人等。未来还打算在寒暑假时参加短期支教活动和其他一些公益活动。对于回报社会这一点，我觉得我做得还不够多。

回报社会的方式有很多种，但最有效的，无疑是我们都应该坚守在自己的岗位上，尽到自己的责任。作为当代大学生，时代赋予我们的使命是无论如何都不能忘记的，每一代人肩上都扛着上一代人传承下来的责任，我们心中要有坚定的信念，要有家国情怀，努力学习知识，不荒废时光，不辜负国家、社会、家人对我们的期望。少年强，则国强。

"吾生也有涯，而知也无涯。"对于知识的渴求，对于未知的探索，我不应该停下脚步。孟子曰："大人者，不失其赤子之心者也。"在人生的每一个阶段、每一个选择的关口，对于每一次遇到的挫折，每一个收获的荣誉，重要的是不要忘记善良、纯真的本心和对求知、探索的渴望。

五十八、2017—2018 学年国家奖学金获奖学生事迹

2017 级本科生　姬翔

【编者按】姬翔，男，汉族，1998 年 6 月生于河南开封，共青团员；2017 级海洋科学专业本科生。获 2017—2018 年国家奖学金，中山大学优秀学生一等奖学金，"逸仙思源，服务社会"优秀学生培养计划第五期学员。

在与青春有关的无数意象里，我最喜欢的一个就是"路"。

"你的目的地在哪里呢？出发之前，是否要找个充分的理由呢？你脚下这条路又是通向何处呢？"这些问题，我曾无数次问过自己，整个大一期间，也断断续续地想过答案。

虽然平时自己就有阶段性记录生活的习惯，但一直没有对进入大学以来的经历做一次完整的回顾。这次既然有契机动笔，索性翻遍了之前的涂涂写写，日记、周记、小诗，仿佛揉皱了的一张张车票被展开，铺满桌面。这些让我回想起上大学以来走过的路。

"这儿的空气，真像一团热乎乎的稀粥。"在 8 月底的一个闷热的阴雨天，我来到广州中山大学报到。步入这样一所百年名校，初次接触自己填报却几乎一无所知的海洋科学专业，那种因陌生和期待而生发的无比兴奋，就和我吃到的第一口肠粉一样，至今回味无穷。"管他去往哪里"，我只知道，我又一次上路了。

凭着这股兴奋劲，我对最初遇到的每一件事都全心全意。认真上课是最基本的。为了体验丰富多彩的校园生活，我加入了校学生会学术部，还加入了武术协会，参与散打训练。此时的我站在起点，似乎踮起脚尖就能看到前方直通地平线的绚烂。

然而，大学生活比饮食和气候要难适应得多。

首先，最令我费神的便是大学全新的学习方式。大学课堂的速度快、信息量大，而自己课后学习资料有限，信息检索能力不足，老师的教学方式与中学不同，这些都让最初的学习事倍功半。记得尤其不擅长数学的我往往花一整个下午才能参透高数课本上一个很简单的知识点；生物课上那些让我感到新奇的知识，还是得加点想象力才能勉强记得住；还有，怎么有这么多课堂展示？

其次，课外承担的社团工作也是一个不小的挑战。没有任何社团工作经验的我和部门里的小伙伴共同承担校区辩论赛的组织策划。经历之后才知道一场活动背后需要如此细致繁杂的准备，有大大小小的任务要去完成，这自然也需要大量的时间和精力的投入。

在兴趣爱好方面，武术协会的训练也不能落下。每周我克服万难，至少参加两次训练，有时还要到其他校区参与集训。同时因为散打这项运动本身带有危险性，小伤防不住，有几次甚至疼到行动不便，某种程度上也算是一大"负担"了。

这几件事情凑到一起的时候，真是让人感到分身乏术。新奇的兴奋劲过去之后，这一切不可避免地让我感受到不断沉淀的压力。一些"醒悟"过来的同学用实际行动劝我对此有所取舍，但生性执拗的我却从没考虑过放弃。我告诉自己这才刚刚走出舒适区，只能用积极的态度来适应新的节奏。大概过了两个月，我才找到一套应对当下节奏的全面策略：每天天色尚早，便眯缝着睡眼爬下床，揽衣出门。或许是留给学习的时间太有限了，每一段能用来学习的时间，我都会尽可能充分利用。学习上的难点，一定要去图书馆查阅资料，或者找老师讨论，直到不留疑问为止。

在社团工作上，我要求自己一定要尽力，为大家负责。从最初负责物资、负责宣传，到最后承担四校区辩论赛总决赛的总策划、熬夜写文案和策划书，跑腿准备物资和场地，与相关人员和辩手多次交涉，我都尽心尽力。虽然时常忙到后半夜，累得倒头就睡，但是大家通力合作把一个个想法变成现实的过程令人兴奋。后来，我干脆把用心组织活动当成调解学习压力的方式。体育锻炼则交给社团训练负责，倒也挤掉了那些"毫无意义的消遣时间"……

似乎我终于在这条路上走稳当了，当时我的确也是这么觉得的。可是不久后我就发现，这一路还缺了点什么风景。这种缺失感一度使得自己陷入巨大的无助之中，使得旅途显得十分不完整。

如果要我形容这种缺失感的话，就姑且引用电影《无问西东》里提到的说法："人把自己置身于忙碌当中，有一种麻木的踏实，但丧失了真实……"没有了真实，似乎每天的忙碌就是为了完成任务，或者获得高分，就算退一万步讲，也只是对个人的外部条件的苦心营建。我知道，这样"充实"下去，自己会得到很多成果，但自己心底的渴望是什么？"……你的青春也不过只有这些日子。"

经过一个寒假的思索，我想通了。在保持上一学期的紧凑节奏的同时，我决定挑战自己。

返校之后，我如同再次上路的旅人：背上背着阔别半年的吉他，要求自己至少两天练一次，不让自己热爱的吉他因忙碌而荒芜；寒假联系了教授，收集好资料，雄心勃勃地尝试大学生创新创业训练计划项目，接触优秀的科研工作者，同时看看自己有没有做科研的天赋；作为当代青年，我还想知道自己和社会、国家、世界的联系，于是报名参加我校"逸仙思源"计划的选拔，经过长达一个月的面试，我成功入选，趁暑假前往云南调研。

　　做出这些决定的背后，是比以往更多的劳累，更多的疲倦。而这一路收获的绚烂风景，就是对我的疲惫的最好回报。我能感受到，目前所做的一切尝试，有效的或无效的，都使我向外发现自己所处的社会和伟大时代，向内对自己的内心展开细腻的探索。而在这个过程中，我从没考虑过对与错。

　　让我感到幸运的是，这一路上我并不孤独，有中山大学"家国情怀"的滋养，有海洋科学学院家庭般的关怀，还有大大小小集体里的贵人相助。我遇到良师，他们不仅教授我知识，还为我带来人生的启迪；遇到知己时，我们畅谈对饮，直至黎明；我知道远方的亲人和故旧在默默祝福着。

　　本次获得国家奖学金，算是这场旅行中的一处风景，是对自己长途跋涉的小小奖励。但我明白，这条路没有终点，美景总是排斥逗留。况且我至今也不知道这条路将通向何方，只能用青春去流浪。

　　令我倍感踏实的是，这颗心仍是那么迫不及待，它早已准备好要再次上路了。

五十九、2017—2018学年国家励志奖学金获奖学生事迹

2015级本科生　区锦堂

【编者按】区锦堂，男，汉族，出生于1997年3月，中共预备党员，2015级海洋科学专业物理海洋方向本科生。2015—2016学年获中山大学优秀学生奖学金一等奖、曾宪梓奖学金；2016—2017学年获国家奖学金、中山大学优秀学生奖学金一等奖；2017—2018学年获中山大学优秀学生奖学金三等奖、国家励志奖学金。2015—2016学年度获评中山大学优秀学生干部；2016—2018连续三年获评中山大学优秀团员。

光阴似箭，日月如梭，不知不觉间，我的大学生涯已经走过了三个年头。这些时光充满了快乐和激情，也夹杂着遗憾与失落。但我很高兴看到自己在这个过程中不断成长、进步。一步一个脚印，一直走到今天，这一切都只为了实现我当初给自己设定的一个目标——成为一名优秀的21世纪新青年。

从小到大，父母在学习上对我的要求很严格。从小学开始，我在学习上就丝毫不敢松懈，努力学习科学文化知识。我还积极参与班级活动，一直担任班干部，为同学们全心全意服务。同时，我也很乐于帮助别人，经常帮助老师、同学解决疑难问题，响应毛泽东"向雷锋同志学习"的号召。现在，进入大学以后，我十分珍惜这个学习的机会，它满足了我对知识的无限渴求，因此，我一直都不敢有所懈怠。课前充分预习，课上认真听讲，课后按时按量完成老师布置的任务，这些我都一直在坚持做，并且在这个过程中不断汲取知识养分，最终也获得了不错的成绩。尽管在大一上学期由于尚处于对学习方法的摸索阶段，成绩不尽如人意，但在下学期，通过对学习方法做出调整，我的成绩取得明显的进步。在下学期，我的绩点排名年级第一，整个大一学年综合成绩排名年级第三。但我并不满足于此，我相信只要付出更多的努力，就一定能做得更好。于是，在第二学年，我在学习上投入了比以往更多的精力，并且更加注重学习效率，从而做到在有限的时间里取得最好的学习效果，不断追求进步。随着课程的深入，虽然课程难度有所增加，但最终功夫不负有心人，在最后的学年奖学金评比中，我的综合成绩排名全年级第一，荣获学校优秀学生奖学金一等奖和国家奖学金，我终于实现了个人在成绩上的一个小突破。而在第三学年，我则开始注重提高自己的个人技能。如今，我可以熟练地使用 Fortran 计算机语言，同时学会使用 Matlab、AutoCAD 等软件进行计算与图形图表绘制，还学会熟练使用 Office 软件。这些技能对我将来的发展都是至关重要的。

当然，我心里很清楚，想要成为一名优秀的 21 世纪新青年，只有优秀的学习成绩是不够的，我还需要更多的社会实践经验。于是，我在大一上学期担任学院学生会公关部干事，参与筹备了许多院级和校级活动，包括作为策划组组长，策划筹备了大一上学期期末的新年晚会；作为院风小组的一员，代表院学生会参加 2016 年院系学生会风采大赛，并获得了"最受欢迎服务"奖；作为工作人员参与海洋节，为海洋节的成功举办出一份力；等等。在这些活动中，我学到很多书本上不曾提及的东西，收获了非常宝贵的社团工作经验。更重要的是，我体会到原来服务他人、为他人排忧解难其实是一件很快乐的事情。这些经历也帮助我在接下来的学生会换届竞选中成功当选学生会主席。这，既是一份荣誉，更是一份沉甸甸的责任。一开始，我还是十分迷茫的，虽然心里知道有很多事情要做，但不知道应该先做什么，说白了就是没有一个长期的计划。还好我及时向师兄师姐取经，从他们那里获取经验，然后再结合自己的想法，做出了一个清晰的规划，从而开始一步一个脚印，走上一条正常的轨道。在那段时间里，我在领导者这个位置上不停地摸索着，不断地摸索如何可以做得更好，因为我知道，领导能力对于我未来的发展是十分重要的，所以，十分感激学院能给我这个机会，让我能在锻炼自己能力的同时，还能为他人提供服务。

另外，在大一时我还递交了入党申请书，争取成为一名光荣的共产党员。在团组织的培养之下，经过了三年的努力，我在大三学年完成了党校学习，从而成为一名预备党员。那段经历对我来说是十分宝贵的，它让我懂得了服务他人的真谛，让我对党和国家有了更深入的了解。我相信，这些都会伴随我的一生，给我的人生指引方向。

同时，我也知道自己并不完美，自身仍有许多缺点有待在之后的学习生活中努力改正。比如，我有时过于专注学习而忽略与其他同学搞好人际关系；我做事不够稳重，经常让父母长辈忧心。但是，我不会回避这些不足，我会鼓起勇气面对它们，然后设法改正，使自己在这个过程中不断进步。为了做到这一点，我经常向我身边的同学、师兄师姐、老师询问意见，了解别人眼中的我到底有什么做得不够好的，然后我会请求他们监督我、提醒我。正因如此，我才能一直进步。正所谓"逆水行舟，不进则退"，要成为一名优秀的 21 世纪新青年，就必须以这样的高标准时刻约束自己。

时至今日，我依然觉得自己很幸运，很庆幸自己能够来到中山大学，并在这所百年学府的熏陶下日益成长。未来的路还很长，现在的我需要更多地向前看，努力抓住每一个机遇，为实现自己当初的目标而不断奋斗。

六十、学会自律

2016 级本科生　钱罡轸

【编者按】钱罡轸，女，汉族，生于 1998 年 12 月 11 日，共青团员，2016 级海洋科学专业物理海洋方向本科生。2016—2017 学年获中山大学优秀学生奖学金一等奖。2017—2018 学年获国家奖学金、中山大学优秀学生奖学金一等奖。曾获"康乐杯"定向越野女子团队赛第二名，第二届全国大学生环保知识竞赛优秀奖，中山大学优秀共青团员荣誉称号。

相比大一游走在各种社团活动和学业之间的多彩生活，大二的生活变得相对单调，特别是专业分流之后，课程数量和难度都有所提升。有了更为清晰的目标后，我也渐渐从各种社团中抽出身来，把更多的精力投入学业和科研中。大二以来，面对巨大的压力和挑战，我认为学会自律是非常重要的一种品质。

专业分流之后，我进入物理海洋班，虽然专业成绩比较占优势，但是很快我便发现困难和挑战接踵而至，如果不下定决心进行彻头彻尾的"革命"，很快就会跟不上老师和同学的进度。编程语言是给我的第一个"下马威"。可以毫不夸张地说，我在编程方面是零基础，而熟练地掌握一门编程语言能让你在物理海洋专业的学习中如鱼得水。编程语言就好像一把钥匙，用之得法，就能够迅速地在海量数据中提取到有效信息。大二下学期，在认真听讲每周的 Fortran 语言课之后，我还是一头雾水，课本翻过多遍也不知所云；做创新项目时，面对陌生的 Matlab 和老师无奈的眼神，我手足无措，身为负责人却感到力不从心，每次小组讨论时都感觉自己在浪费别人的时间。这些对于我来说像"家常便饭"。我时常有深深的挫败感，也会怀疑自己的学习能力，这些编程语言对于那时的我来说就像是"魔鬼",使尽浑身解数也无法战胜。经过几番打击、受挫之后,我决定爬起来,打一场扎扎实实的"翻身仗"。

在哪里跌倒,就在哪里爬起来,让自己变得更强大,才是面对失败最正确的态度。毕竟,只有具备了良好的编程基础,才能把更多的想法变成现实,否则就只能是空想而已。面对很多难题,即便想出很好的解决方法,也无从下手。因此,我会及时向老师和同学请教,解析模型的代码看不懂就约师姐出来讨论。当然,最重要的还是一遍遍地翻书,不厌其烦地逐句读代码。我以前不太相信"书读百遍,其义自见"这个道理,但是在一遍遍看书的过程中,我开始慢慢地体会到它的魅力。最初的挣扎必定是最痛苦的,我深知自己基础薄弱,"白手起家"需要经历漫长的量变过程。自身能力不足,既然不甘平庸,那就要虚心学习,比别人慢一点又何妨呢?长夜的尽头总有黎明的曙光在等待。最终,创新项目的阶段性成果得到了老师的肯定,我学会了修改模型中的一些基本参数;Fortran 语言专业选修课我也拿到了第一名,虽然一些课程比这门课拿到了更好的成绩,但对于我而言,它们的意义远不及这门课程。它给了我最深的"痛",也让我痛定思痛,发奋图强之后,我尝到了最甜的"果实"。

"穷则思变,变则通",要有足够的勇气和毅力把前进路上的绊脚石变为使你离目标更近的垫脚石。现在回顾起那段经历,其实无非是这些简单朴素的道理。大二以来的种种经历,也让我越来越感受到这些最朴素的道理的正确性。在我看来,简单的事情重复做、坚持做,久而久之,翻出新意,做到极致,便是了不起。GPA(平均绩点)只是某个阶段个人应试能力、应试技巧的体现,区区几个数字并不能代表大学生活的全部,也不应成为我们追求的全部意义。以考试不挂科、拿高分为目的的学习是浅尝辄止、索然无味的,学习不应是用来完成考试、修够学分的工具,习得知识的过程应是获取新知、不断揣摩、学以致用、融会贯通的迂回前进、曲折漫长的过程。其间,经历了初学新知时的迷惑,反复追问时的坚持,百思不解时的煎熬,醍醐灌顶时的通透之后,知识被一遍遍研磨,既而吸收"同化"。保持学习的热情,持续地汲取养分,将它们化为不断成长的动力,我认为这应该成为一种能力,继而把它内化为一种习惯,甚至应是我们终生奉行的准则。

严格的自律者通过理性的思维来约束自己的行为。然而,我并不是一个严格的自律者,有时也会被懒惰所左右,躲在自己的舒适区里。但是,我觉得在重要的事情上做到自律,磨炼自制力和自我管理的能力是非常必要的。萧伯纳曾言:"自我控制,是最强者的本能。"冯仑也说过:"伟大是管理自己,而不是领导别人。"在我看来,自律就是正确的时间做正确的事,即所谓"work hard, play hard"。想学习的时候就放下手机,忘掉朋友圈里丰富多彩的生活;吃饭的时间就专心吃饭,吃完饭再去忙其他的事;该玩的时候就彻彻底底地放松,不要总惦记着还没有完成的任务;到了睡觉的时间,就安心地睡觉。将大脑"格式化",在正确的时间内最大限度地提高效率,实现工作、娱乐和休息三者之间的平衡,而不是玩手机的时候惦记着作业,写作业的时候又惦记着手机。"慎独精神"讲的也是这个道理。在没有人监督的情况下,在各种诱惑面前,依然坚持做好该做的事,细水长流,生命才会日日而新,渐入佳境。

"真正的自由不是随心所欲,而是自我主宰。"做自己的主人,适时而行,适可而止,越自律,越自由。

六十一、这是我的态度

2016 级本科生　梁铭恩

【编者按】梁铭恩，女，汉族，1998 年 2 月出生，共青团员，2016 级海洋科学专业物理海洋方向本科生。2016—2017 学年获中山大学优秀学生奖学金一等奖、珠海市可口可乐优秀学生奖学金。2017—2018 学年获国家奖学金、中山大学优秀学生奖学金一等奖。2017 年代表学院参加中山大学"康乐杯"学生十大体育赛事之跑射联项接力赛，获三等奖。

"一个人的态度决定他的高度"，这句话很真实。大二这一年的我，比大一时更坚定了自己未来的方向，也更坚持了自己的态度。

大二这一年的开始，可以用"挑战"两个字形容。

这一年我们学院第一次独立举办属于自己的迎新晚会，也是我第一次以舞台总监的身份参与一场晚会的筹办。说实话，这是我第一次真真正正地接触一场晚会的后台工作，有巨大的压力，害怕自己做得不够好，使晚会无法正常举办。当然，有压力就有动力，我相信自己可以克服困难去完成这个任务。

在整个筹办的过程中，我们要面对的一个最大挑战就是跨校。晚会的举办地在珠海，而我们的工作人员大多为南校的大一同学。我们所有可以当面解决的事情都要改成线上商量，这也就导致了无法很准确地表达我们的想法，也很难高效率地完成每一项工作。因此，一次能完成的工作我们可能要花费三次的时间，这也导致我们要比别人付出更多的课外时间去完成晚会相关的工作。

另一个大的挑战就是我们没有单独举办晚会的经验，对于晚会后台的许多工作细节我们都不清楚。这是决定晚会成败的关键，也是我们必须面对和克服的难关。不懂就问吧，这是我们解决问题的唯一办法。在这里要感谢每一位耐心解答我们问题的同学，是他们让我们对整个晚会的流程更加清晰，也让我们知道了什么是禁忌，什么是必要事项。

为了晚会的顺利进行，我和所有的伙伴们奋斗了近一个月。每一次为修改细则而熬的夜，每一次为追求完美而投入的时间，都让这场晚会在我们心中占据了很大的分量，也让最终看到它顺利呈现时的我们更加享受其中的快乐。

这一个月，让我们知道没有什么是不可能的，只要你相信自己可以，那就可以。

而晚会结束后的生活，更多的是与学习有关。

大一时的自己，对于自己的专业，更多的是迷茫。不知道这个专业是否适合自己，也不知道自己选择坚持的保鲜期能有多久。而大二时的自己，对于自己的专业有了更多的认识，也开始坚定自己要在这个领域走下去。大二上学期分了专业方向之后，我对自己下一步要走的路就更加明确了。由于课程的专业性和针对性变强，其难度也有了明显的提升，许多过去没有接触过的数学知识，没有接触过的电脑软件和处理方式，让我的学习压力剧增。有的人会在压力下被击垮，有的人会在压力下更加发奋、做到最好，我更乐于做后者。因为选择前者不仅否定了过去自己做出的所有努力，也否定了自己的能力。我相信我不差，我也相信我可以。

一遍看不懂，就看两遍、三遍……直到看懂为止。还记得当初学频谱分析的时候，上课老师说的话一句都没听懂，回去看第一遍教材的时候还是什么都不懂。为了弄懂它，我只能一遍一遍地看，一次提炼出一个关键点，直到摸透频谱分析到底是用来做什么的，了解我们要用什么手段去实现频谱分析为止。而分了方向之后，我第一次接触这么多电脑软件知识，很多都是第一次听说，就更别说要掌握它们了。Fortran 语言是我学习的第一门程序设计语言，它可以说是属于最简单的语言了，但是刚学的时候写出来的程序错漏百出，显示的错误项有几十项。为了查错，我只能一行一行地看，翻书查阅相关的语言内容，再去修改并记录下来，这样下次就不会再犯同样的错误了。正是这样一次次的训练，让我对这门语言的应用有了一定的了解。也正因如此，当我真正成功用这个语言去写出一个程序，并把它应用到我们的相关运算时，那种满足感真的是美好得无法形容。

回顾大二这一年的生活，其实我过得真的很平淡，生活的主线依旧是学习，其余的时间除了工作外大多就是娱乐了。很多人可能认为我的全部时间都是学习，其实不然。我用于学习的时间其实和大家差不多，平时也会玩手机、逛街、看电视剧，放假则会去旅行。因为我认为适当的娱乐可以让我们的心态更加放松，也可以让我们更加享受每一天的生活。但是有一点是我一如既往坚持的，那就是在该做什么事情的时候就认真做什么事情。在该听课的时候认真地听课，该学习的时候认真地学习。当然，在该玩的时候也要认真地玩。专注，是高效的体现，也是高效的原因。

还记得过去我的一位补习老师总说我是一个很固执的人。确实，我挺固执的。我所认定的东西我就会去做，我不允许自己做的事情就不会去触碰。在大学里，我不允许自己虚度光阴，所以我会认真对待自己的学业，也不允许自己负责的事情在别人看来是在敷衍，所以我努力做到最好。我认定的路，就会坚持走下去。

都说做自己很难，但我在努力。这就是我的态度。

六十二、我们，己亥见
——学生会本学期活动回顾

2016级本科生　卢振华

【编者按】不知不觉，又到了学期末，海洋科学学院学生会又陪伴了大家一学期。在这个学期里，在每一个角落，都有海洋科学学院学生会蓝马甲的身影：军训送清凉、Ourself迎新嘉年华、Coastline新年晚会、图书漂流、暖冬暖信、微信说……

清凉饮

2018年9月，学生会给军训中的2018级海洋学子送上清凉饮品。一盒小小的柠檬茶，带给大家的是阵阵清凉与丝丝关爱。

学生会干事在给军训中的海洋学子派发饮料

学生会完成干事招新

10月，学生会完成干事招新，31名小伙伴在层层选拔后成为我们的新成员，为学生会注入了新鲜血液。10月13日，第一次全员大会后，在山房路唐家礅门前，第十届海科院学生会拥有了第一张大合照。

第十届海科院学生会留影

第十届团员代表大会暨学生代表大会

10月20日，海洋科学学院第十届团员代表大会暨学生代表大会成功召开。会议成功选举出海科院第十届学生会主席团成员，第十届海科院学生会成功扬帆起航。

在第十届团员代表大会暨学生代表大会上留影

内部素质拓展活动

10月21日，学生会公关部组织了内部素质拓展活动。通过这次活动，学生会的新成员们得以相互熟悉，协同合作，大大增强了学生会的内部凝聚力。在珠海校区教学楼，学生会拥有了第二张大合照。

学生会内部素质拓展活动

"Ourself" 迎新嘉年华

11月18日，学生会在荔园篮球场举办了"Ourself"迎新嘉年华活动。刚进入大学的新生齐聚一堂，在游戏中释放天性，结交朋友，较快地融入了大学生活。

迎新嘉年华海报

"薪火相传"交流会

11月24日，学生会举办了"薪火相传"专业分流交流会。学生会邀请老师以及各方向优秀的师兄师姐为刚进入大学的大一同学和即将面对专业分流的大二同学解答疑惑，帮助他们深入认识各专业方向，为接下来的专业分流做好准备。

师兄师姐在为学弟学妹们答疑解惑

"图书漂流"活动

11月,学生会举办"图书漂流"活动,为大家送上高年级师兄师姐捐出的笔记、书本等资料,帮助同学们了解学科特色和学习方法,同时为环保事业出一份力,让师兄师姐的辛苦结晶得以传承。

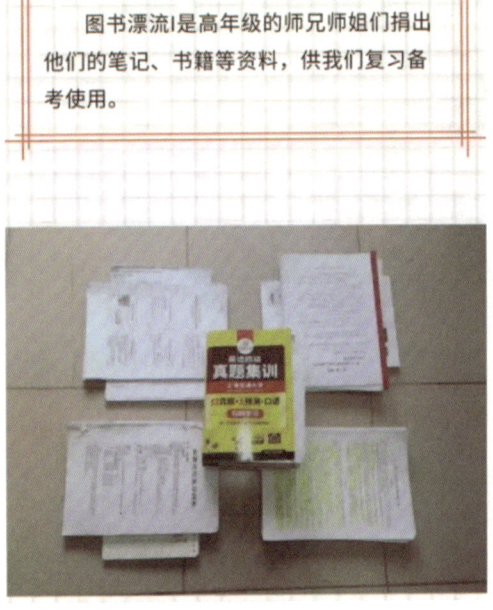

"图书漂流"活动资料

海地"Coastline"新年晚会

12月23日,学生会举办海地"Coastline"新年晚会。舞台上的节目形式各异、风格多样、精彩纷呈。学生会用一个精彩的晚会给大家送上了最诚挚的新年祝福。在珠海校区新体育馆,学生会拥有了它的第三张大合照。

学生会举办海地"Coastline"新年晚会

"微信说" 活动

在贯穿整个学期的"微信说"活动中,优秀师兄师姐现身说法,整理考试重点和难点,传授学习经验,帮助大家提升绩点。

"微信说" 活动

"暖冬暖信" 活动

2018年年末,迎来了这个学期学生会的最后一个活动——"暖冬暖信"。执起放下已久的笔,写一封信给一年后的自己,或写给自己想念的人,或写下真挚的祝福给不知名的同学。在写信的过程中,大家都收获良多。

"暖冬暖信" 活动

至此,海洋科学学院学生会2018—2019学年秋季学期的所有活动均已结束,感谢大家的信任与支持,下学期我们会变得更好,也期待见到来年更好的各位。

六十三、不忘初心，做回自己

2017 级本科生　曹志欣

【编者按】 曹志欣，男，汉族，出生于 1997 年 11 月，中共预备党员，2017 级海洋科学专业本科生。2017—2018 学年获中山大学优秀学生奖学金二等奖、国家励志奖学金，获评中山大学优秀共青团员。

如何在大学脱颖而出？想必我们在高考后就已经想好了。但在拿到大学通知书的那一刻，我们才比任何时候都更加向往大学的生活，我们才比任何时候都更加接近自己的梦想。于是我们脑海中闪现最多的问题就是如何在大学锻炼自己，如何在大学实现高中没有实现的想法，如何在大学这个优秀的集体中更加突出。我定下了很多目标：知道大学的兴趣社团丰富多彩，于是想加入一些社团提升自己的社交能力和扩展自己的人脉；知道大学图书馆的各类书籍不计其数，于是想在空闲时间约室友去图书馆培养自己的文化修养；知道大学的师资力量雄厚，于是想课后和老师交流探讨学术问题来提高自己的水平。进入大学之后的时间大体安排好了。至于高考后这么长的暑假，我要好好计划，这样才能比其他人先走一步。听说进入大学后英语四级考试很重要，那么我就安排每天背点单词，听听英语，这样英语就不用担心了；听说高等数学很难，暑假这么长的时间我就提前预习预习，到时候上课就不会感到有压力了……一切都被安排得好好的。到了该实施计划的时候了，开始几天按照计划进行得很顺利，感觉每一天都过得比较充实。但是这样的宁静被打破了，面对同学们的邀请，刚开始我还有点犹豫，但想着不就一次吗，没有关系吧！在外面玩了一天，很晚才回到家，拿起手机准备背单词，但看到时间才 9 点多，看看班群里面都在聊什么吧！聊到差不多 11 点的时候，心想这么晚了，今天就算了吧，明天早上把今天的任务补上吧。一天的时间就这样过去了。第二天我才发现自己已经不能保持高考前的那种状态了。进入大学前的暑假就这样度过了，想着大部分同学的暑假都这样，自己内心的内疚感全无，好不容易放松一下，等到了大学再去努力也不迟。

可是，当我踏入大学校门的那一天，我才发现大学不是我想象中的那样，大学不是高中老师和学长学姐口中说的那样，大学的学习生活根本不比高中轻松。正式开学以后，我一步一步按照自己最初的设想来，参加了团委的招新，刚开始也会去图书馆自习，也向老师请教过一些专业问题，但是随着时间和周围环境的改变，自己当初的那份热血慢慢地冷却了。刚开始还会提前预习上课的内容，慢慢地课后复习都没有了，考试也从提前一个月复习变成考前晚上突击。就这样度过了大一上学期，我自己都想不到不到半年我当初的斗志就烟消云散了。寒假和同学们商量一块去见高中的班主任，当班主任问我们大学的情况时，其他同学都过得很好，都在按照自己最初的目标前进，每个人都在坚持自己最初的梦想，并取得不错的成绩。想想我们这个小集体，只有我荒废了，虽然成绩不能代表一切，但是至少代表一种对学习的态度。被这件事刺激之后，我决定重新拾回自己的梦想，坚持自己最初的梦想，做回最初的自己。

到了大一下学期我才慢慢地往自己最初的目标前进，一开始有点不适应，但是我不断克服困难，最后才算回到正轨。都说大学的上课模式与高中有很大区别，我不以为然，按照自己高中的学习模式学习，刚开始并没有什么不同，但是慢慢地我发现有点跟不上老师的节奏了。像一些记忆类的课程还好，但对于高数、物理这类基础课就不管用了，高中老师会详细和我们解释其中的原理，并进行大量的练习，我们可能不了解其中的道理，但是知道这样肯定没错。有些比较深的东西，老师都会说高考不考，就不会进一步解释，说知道这样写肯定可以得分。但是大学的课程完全不一样，有些东西我们可能从来没有学过，老师会简单解释一下，让我们课后查阅相关的资料，然后接着讲我们根本没接触过的知识。老师不但不会讲第二遍，而且还会说是考试重点。我也向师兄师姐请教过，才慢慢领悟大学学习的真谛——主动式学习。如果有人问我：你觉得大学最重要的事情是什么？我现在肯定会说，大学最重要的事情有两件，其中一件就是学习。高考之前我们就知道学习是第一位，因为只有好好学习才能进入自己理想的学校。但是到了大学以后，很多人觉得社交才是第一位，慢慢地忽略了学习的重要性，经常在各个部门出入，觉得不挂科就行，这种想法我很不赞成。的确，锻炼自己的社交能力很重要，但是学习能力更重要，我们只有认清这个，才能在大学里活出精彩。大学的学习不光是课本上的，更多的是自主学习，这种角色的转变需要一个过程，当我真正理解时，我才成为严格意义上的大学生。

从我自己的经历来看，我觉得最重要的就是不忘初心，做回自己。从当初刚到大学时的迷茫，到现在的目标坚定，这个过程充满了未知和惊喜。不忘初心就是不要被周围环境所影响，保持自己最初的那份梦想，因为最初的理想是最天真最无邪的，我们要始终保持它，无论外界如何变化，都要坚持下去。做回自己就是当我们迷茫时，不知道自己前进奋斗的目标是什么时，我们要做的就是做回之前的那个自己，始终坚信自己的选择没有错，朝着这个方向前进，就不会有什么遗憾了。要想在大学里脱颖而出，我觉得就是要保持这样的特点，只有保持最真的自己，我们的奋斗方向才不会错，努力的方向才会有价值。让自己保持终身学习的态度，重新定义学习。学习不仅仅是一个过程，更是一种态度；不仅仅是知识的学习，更是一种人生的学习。

六十四、观庆祝改革开放40周年大会有感

2016级本科生　严珠月

【编者按】严珠月，海洋科学学院2016级海洋科学专业海洋生物方向本科生，预备党员。

"40年春风化雨、春华秋实……"40年来，先辈们披荆斩棘、砥砺奋进，换来了今天的美好！回守40年改革开放的历程，历史是其最好的见证者，人民是其最大的受益者。

1998—2018年，亲历的20年，改革的巨变点点滴滴渗透我的生活。还记得刚上学的时候，我在煤油灯下写作业，左手处一片阴影，右手处一片阴影，加上握着的笔和低着的头，重重叠叠四重影，趴在左手上写字的习惯很久也改不过来。再大一些的时候，我就习惯了村里的重活苦活等着我们学生放假来干，砍柴的时候跌进山沟里也不会太在意。高中的时候，冬天太阳一出，满手满脚的冻疮开始变得灼热痛痒。到现在，宿舍的热水供应让冬天在校用冷水洗漱的生活成为过去……

"艰难困苦，玉汝于成。"这句话道出了40年巨变背后的不易，也道出了中国改革开放以来取得的巨大成就与党和国家立足于基本国情、坚持改革开放密不可分。"打赢脱贫攻坚"，建设"一带一路"，改革司法体制，改革生态环境督察体制，建成一项项伟大工程，实施各项便民、惠民、利民举措，在发展中保障和改善民生等无一不是先辈们风雨同舟、砥砺奋进所取得的成果，无一不是全党全国各族人民用勤劳、智慧、勇气创造的无数可能，无一不是历史发展进程中主观能动性与客观规律性的完美结合，无一不是把握住历史发展大势，抓住历史变革时机的奋发有为、锐意进取。

"行之力则知愈进，知之深则行愈达。"在实践与认识的相互促进中，40年巨变为当代中国的发展积累了宝贵的经验，也要求我们这一代人传好接力棒，为下一代人跑出一个好成绩。自1978年开始实行改革开放政策以来，中国经济建设取得了飞跃性的发展。从1997年开始，中国经济稳步增长，成为世界上经济发展速度最快的国家。2001年，中国加入世界贸易组织，加快了对外开放的进程。中国分别在2008年和2010年成

功举办了奥运会和世博会，赢得了世界对中国经济的关注和喝彩。然而，在取得的诸如此类成就面前，我们依然面临众多的挑战。

　　40年巨变，弹指一挥间。在国家发展历程中，40年仅仅是一个片段，而对于个人的发展而言，40年已是人生半程。对于我们当代大学生而言，我们享受着前人奋斗的硕果，也应该创新、思辨，在行之愈艰、进之愈险的发展潮流中，勇于承担更光荣的使命、更艰巨的任务，迎接更严峻的挑战。

六十五、海洋科学专业"有趣又有料"的作业：当情侣路遇到山竹

2016级本科生　左皓晟

每当一个学期步入尾声时，不少同学或在纸张上奋笔疾书，或对着屏幕敲打键盘，进行论文写作、报告撰写课程期末任务。这个时候，就会有一些同学在朋友圈晒出"奇葩"的作业要求。

今天，就让我们一起来看一下，在海洋科学学院求学的时光里，那些不走寻常路的老师们曾布置过什么"有料又有趣"的作业。

题目：当情侣路遇到山竹。

课程：海岸工程。

任课教师：贾良文教授。

作业要求：为什么台风会导致情侣路岸段受淹？如何对该岸段进行防护？

海天驿站公园岸滩

海天驿站公园栈道

这份极具实用性的作业来自"海岸工程"课程。作为2016级海洋科学专业物理海洋方向的本科生，我第一眼看到作业要求时，便觉得颇有难度，不知道如何下手。但真正站在海边考察时，沿岸吹来的海风拨开了我心中的迷雾。

　　为了完成这门作业，我和同学走遍了情侣北中南路，亲临现场，一目了然，也便对如何完成作业胸有成竹了。我的感想是：在对书本知识的学习以外，还要有对海岸工程的实际概念，这样的作业形式很有趣，希望以后可以多结合书本知识和现场实习。

　　不知同学们完成这份作业后，会不会和我一样，有一种成就感呢？

情侣北路格力海岸

情侣中路

左皓晟（左一）

六十六、不要灰心，我们去寻找吧

2016 级本科生　苏建南

【编者按】苏建南，女，汉族，1996 年 10 月生，共青团员，2016 级海洋科学专业海洋化学方向本科生。2017—2018 学年获中山大学优秀学生奖学金三等奖、国家励志奖学金。

说起自己的大一，那真是天真又心酸。相信很多同学都是靠高中老师说的"等你们上了大学就轻松了"这句话熬过高三的。上了大学，我对此深信不疑（其实是偷懒的借口），以至于大一定的目标是不要挂科就好，想尝试什么就去做吧。那个时候我加入了我们院的羽毛球队、团委组织部，还做了实验室助理。我在初中、高中虽然做过志愿者，但没加入过任何一个社团。大一上学期即使没有早课我也要早起，因为要参加球队训练。队长教得既认真又专业，只不过我有点吊儿郎当，抱着"随便打还不是一样能锻炼身体"的心态，结果球技一如既往的烂。大一虽然学业繁重，但加入这些社团并未完全占用我的时间。让我无心学习的是我迷上了网络小说。其实我高三以前并不喜欢看网络小说，毕业后的暑假闲来无事，开始走上看小说之路。大一的时候我还同时追几部连载小说，晚上必定是熬夜的，熬夜熬到两三点，早上起来脑袋疼得要命，还要上高数课，没有一天不打瞌睡的。

大一的时候我比较自卑，一部分是因为自己没见过什么世面，没去过几个地方，那些"潮事潮语"我都不"感冒"；更多的是因为自己不善言辞，性格腼腆，被人误会的时候会很生气，却笨嘴笨舌说不出个所以然来。每次我和别人讲话，对方把耳朵凑过来听，我都会感到一阵难堪，内心狠狠责骂自己：看，你连话都不敢说，真够怂的。每次不得不上台演讲时，我都会哆嗦，语速飞快，关键是口齿不清，这让我很挫败。有时候我很需要鼓励，别人真心的一句"不要怕"都会让我镇定下来。在一群人当中，如果不是被要求，我一般都不会发言，静静倾听，听着别人的笑话。以前常常因为说话小声而让人不耐烦或转移话题，久而久之，我学会了保持沉默。沉默寡言的人往往被忽略，这样也让我更加理解弱者的心情。总之，大一的时候，迷茫和自卑把我困在网络小说的世界里，只有看小说我才不会胡思乱想，才能麻痹自己的自卑心理，欺骗自己，说自己还是很厉害的。

不过，努力学习了十几年，大学生活这么堕落，这真的是我想要的吗？在某些清醒时刻，我还是忍不住对自己发问。害怕想起自己的梦想，因为觉得自己不配。不敢告诉爸爸我不学无术。大一第一学期的成绩果然如自己所愿，虽没有挂科，但成绩惨烈。看着其他同学都踌躇满志地迎接新年，我却独自黯然神伤，暗暗对自己说，下学期少看小说，认真学习。

坏习惯放纵几次就形成了，要戒掉可不容易，况且经过一个暑假和一个学期的放纵，我对网络小说已经有了依赖心理，它仿佛就是我心灵的"避风港"。为了不熬夜看手机，我强制自己不把手机带上床；大一上学期去图书馆的次数总数不超过 5 次，下学期没事我就跑图书馆，重拾起我一直爱看的世界名著和《青年文摘》。《青年文摘》是我从初三开始看的，持续到现在，一直很信任这本杂志。尽管很努力很上进，但学习效果不太好，我总感到吃力、乏味，很想放弃，偶尔也忍不住堕落。下学期成绩依然不理想，尤其是分析化学，惨得让我直接在选专业方向时划掉"海洋化学"这个选项。我再次经历失败，怀疑自己的智商。但是每当感觉压死骆驼的最后一根稻草来了的时候，就会有一只无形的手弹掉稻草；每当感觉自己要溺死在堕落的漩涡之中时，就会出现一条绳索将我拉起来。这大概就是经典书籍潜移默化的力量，接触得多了，不知不觉就开始信奉它那高尚坚韧的思想理念。

话又说回来，大二第一学期，为了重塑自己的自信心，找到安身立命的方法，我买了几本俞敏洪写的励志书。不喜欢空洞的说教，也不喜欢热血却浅薄的口号，我希望找到可以启迪自己走出困境的方法。俞敏洪的亲身经历就是如此，满足了我的需求。在读书的过程中，我不断对照自身的状况和俞老师的故事，借鉴一二，然后笨拙地去行动。他的《愿你的青春不负梦想》这本书还在我床头。虽然我已经许久不看了，但这本书抚慰过我受伤的心灵。知道这么厉害的人曾经也像我一样自卑无助，我感到莫大的宽慰——我不是一个人在战斗，像我一样在路上的人应该也千千万万，不管曾经多么差劲，试着相信自己的力量，亡羊补牢，一切还来得及。这么一想，大二上学期的生活便充实明朗起来。然而，我在临近期末的专业分流上又遭到了打击。看到自己的名字被物理海洋方向名单上刷下来的那一刻，我把之前的努力全都忘记了，自卑感又汹涌而来。不过没几天就释然了，我可能更适合海洋化学。初三的时候因为班主任是化学老师，所以我很喜欢化学，高中又当了三年化学科代表，看来我和化学的缘分是天注定的。因为一门分析化学就否认自己的化学天赋，就有点以偏概全了。就这样我一步一步走了过来。到了大三，我不再妄自菲薄，即使还是觉得自己做得不够好。

唠叨完自己的心路历程，最后说点人生感悟。人在迷茫的时候总要做点什么，这样才能更快地走出迷茫期。可以欣赏别人的优点，但不要沉迷于把自己的短板和对方的长处做比较，而是去发现和培养自己的独特优势。有句话是这么说的，"只有足够努力的人才看起来风轻云淡"，我虽然还做不到，但现在至少能够平静地看待自己和他人，坚定地朝自己的方向走下去。

六十七、忆大二难忘的点滴

2016级本科生　陈晓芝

【编者按】陈晓芝，女，汉族，1997年10月出生，共青团员，2016级海洋科学专业海洋生物方向本科生，2016—2017学年获中山大学优秀学生奖学金二等奖、国家励志奖学金，2017—2018学年获国家励志奖学金。曾在中山大学"康乐杯"体育赛事之定向越野团体赛中获得第四名。

早晨出门的时候凉风习习，我在心里暗自感慨秋天又要来了，陡然想起这已经是我在这个学校读书期间第三次产生这样的想法了。

大二需要面对的事情比大一多很多，也累得多。对于我而言，"二年级"在学习生涯的每一个阶段都是转折点。初二的时候，我意识到了学习方法的问题，并努力去改正，方才顺利地考上高中；高二的时候，因为学校激烈的竞争和自身学习的懈怠，我遭遇前所未有的恐慌，甚至开始怀疑人生，在不安和痛苦中战战兢兢地度过了那一年。后来，虽然还是没有较大的突破，却也能够处之泰然。最后，我来到了中大。

很多人刚入大学时无疑是开心的，从单调重复的习题轰炸式生活一下子切换到纷繁有趣的大学生活，自然会放飞自我。我也不例外，并且放飞得心安理得。但是一旦踏入大二，特别是在下半学期的时候，脑子里无比清晰地产生这样的想法：还有两年我就要毕业了。这样的心情在初二、高二的时候我就已经有过了。如今，我的心境一如既往，不安依旧笼罩着我，而这个时候我总是暗示自己，只要去做你以前不敢做的事情，就算是一种进步。所以我选择继续待在新闻中心和宿管会，端起只会使用自动模式的相机，边听讲座边揣摩这篇新闻稿到底要怎么写才能够既生动又切中要点。我会为了如何更高效地做到上传下达而绞尽脑汁，虽然对于其他人来说这些或许都是再简单不过的工作，但对于一向胆小怕事又一无所长的我来说，已是不小的挑战。

在大学里，即使是看似简单的工作，真正做起来也非常难以把控，各种层出不穷的状况和细节一次次摧残我弱小的心灵。最开始遇到的麻烦应该是宿管会的换届，当时天真的我觉得换届只是发布招新信息，汇总后进行面试这么简单的流程，结果还没开始就栽了跟头。宿管会性质特殊，所以申请课室时遇到了困难，当时招新信息上已经确定了面试时间，难以更改，最后还是会长联系指导老师才得以解决。由于没有详尽的策划和时间节点，也没有提前想好应对突发状况的对策，因此，我们在招新期间一直处于手忙脚乱的状态，临近截止日期才到各宿舍楼宣传。到了面试前一天晚上我们还在给申请的小伙伴们发通知短信。在面试中又因为准备得不充分而难以问出自己真正想了解的东西。虽然状况百出，但最后招新也算顺利地结束了，这让我深深地意识到每次都会看见的策划书结尾密密麻麻的各种注意事项的意义，也算是吃一堑长一智吧。

如果要说2018年印象比较深刻的事情，那应该就是开学时申报的大学生创新创业训练计划项目终于落下帷幕了。3月份的时候我们接到了答辩的消息，之后就开始马不停蹄地投入数据统计整理和结题报告的撰写中。在这里我要感谢我的小伙伴们，因为那段时间的课程很满，所以大部分的数据汇总都是他们合力完成的。最感动的便是答辩前几日看到群里凌晨4点还在改PPT的聊天记录。和大家一起完成一件事的时光是宝贵的，不论是第一次坐小船出海欣赏风景，还是坐在办公室里共同敲击键盘，都令人难忘。

到了大学我才真正意识到身体是革命的本钱。从小就几乎不运动的我直到体能测试后望着从头到尾都是六十开头的分数时才开始黯然神伤。于是从大二开始，我又恢复了每周定时去夜跑的习惯。虽然总是会因各种意外受伤而中断，但是运动给身体带来的改变我还是真实感受得到的。所以当我看到百里徒步活动时，就毫不犹豫报名了。一开始出发的时候我还信心满满，然而，当走到休息站听说还没有过三分之一的时候，我心里已经开始发怵了，甚至在走回中大的时候有回宿舍躺着的冲动。但最后我还是选择继续往前走，也因此看到了更多的风景，去到了许多之前没有去过的地方。如果我当时就选择停下来的话，后来就不会坐在海边眺望远方，顺便观察脚下可爱的螃蟹，也不会看到后半程人们互相鼓励、欢呼胜利的景象，我想，做其他事情亦需要坚持吧。

在整理自己的书柜时，我翻出了一摞摞报告，才意识到原来自己已经做了那么多实验，随后脑子里浮现出来的就是自己无数次在黑夜的灯光下写实验报告的情景。大二的课程应该是大学四年中最多的吧，只记得那个时候自己每天起床后想的第一件事就是今天要上多少节课，晚上睡觉前会想明天有什么报告要交，有什么工作要做，最后还要在时间的缝隙中抽空坚持背英语单词，看自己喜欢的书。现在每每想起那些早起晚睡的时光，又觉得格外珍惜，至少那个时候我过得格外简单，丝毫不用考虑将来。未来是渺茫的，对于我们来说，未来有很多出路，连身边的大人也都在不断地提醒你：其实你有很多选择。但对于畏惧选择的人来说，多选项反而会让你望而却步。以别人的经验来看，每条路都有其优缺点，以至于没有人能告诉你，哪条路会给你带来最低风险。所以在我看来，对未来做风险评估是行不通的，最终还是要回归本心。但如何能够做到顺应自我，对我来说恐怕是一辈子的功课。

六十八、为家而立

2016级本科生 古俊豪

【编者按】古俊豪，男，汉族，1998年6月生，共青团员，2016级海洋科学专业物理海洋方向本科生，2017—2018学年获中山大学优秀学生奖学金三等奖，中国友好和平发展基金会Panasonic育英基金奖学金。

我来自梅州市的一个偏远小农村，为了改善家里的经济条件并且让我接受更好的教育，父母决定离开家乡进城务工，将我也接进了城里，让我就读于当地的学校。尽管当地政府颁布了一些针对外来务工人员的优惠政策，但是父母仍然担负着较为高昂的学费和生活费。

父母的文化水平虽然都不高，但是却极为呵护并且非常重视我的成长。他们不会讲书上的大道理，甚至见识上有些局限，但是总是会以身边的小事为例耐心地给我讲解人情世故、是非对错、为人处世等。我的父亲可能不是一位好的指导者，但绝对是一位认真负责的好爸爸。他的教育方法很粗糙，却有一定的实用性。至今我仍然记得，他让我把每个学期语文书上的课文都背下来，经常指着新闻中的某个领导人问我是谁，时不时让我写一篇作文，看到一篇他认为写得好的文章就会问我读后感……这些事即使到现在想起也让我哭笑不得。父亲是一名油漆工，经常在有粉尘、有害气体的环境中工作，有鼻炎、眼病等职业病。但是他总是说不用在意，并且乐观地扬言，等到把你的学费供完，我就退休，绝不能让你再吃没有文化的亏。父亲如此，母亲亦是如此。生长在这样的家庭我并不觉得悲哀，因为我为有这样的父母感到幸福和自豪，只是时常为疲惫的父母感到揪心和痛苦。

作为家中的长子，为了不辜负父母的期盼，凭借着自己不算愚钝的脑袋和不懈的努力，我终于考上了中山大学。我期盼以后的大学生活是充实的，我期盼以后在大学里可以学好本事，毕业后可以为父母争光，我期盼以后可以改善家庭条件，让父母不再受苦。两年下来，虽然我的成绩并没有落后，依旧保持在前列，但是我对自己的大学生活还是感到有点失望。为了扩大交际和磨炼自己的能力，我曾加入学生会、辩论队、排球队，组织过海洋节闭幕式，上场跟人辩论过论题，参加过比赛，做过家教。然而，紧凑的生活并没有让我的内心感到充实，因为我心中始终迷茫，对自己未来的职业定位感到迷茫。海洋科学是一门偏向于研究性质的学科，我至今仍把握不准自己对科研的态度和兴趣，不确定未来是否真的要投身于科研当中，还是走另外的道路。迷茫让我有时候有些消极和懈怠，这便是回望两年来的一点遗憾。

　　幸运的是，这样的生活还是有了转折。与我同一级的家庭经济困难的同学，他们忙碌的身影让我想起当初我对美好生活的向往和为家庭减轻负担的决心。我不知道他们是否也跟我一样迷茫，但是他们却实实在在地在不懈奋斗着。懂得比较，才懂得生活。我不能辜负父母对我的期望，我要为我的家庭而努力奋斗。我开始意识到，或许，我并不一定需要有确切的目标，只要想起他们忙碌的身影，我就充满了无尽的激情。虽然对未来的定位我现在并不清晰，但是我相信，在提升自己的过程中，我终会找到自己的人生定位。

　　现阶段，我需要做的依旧是大踏步往前走，努力提升自我。即便我的理想可能在未知的远方，但是在前进的路上，终会有找到的那一天。而既然选择了远方，便只顾风雨兼程。这是我的信念，也是我对自己家庭的承诺。

六十九、用一整年去回答一个问题

2016 级本科生　朱思琪

【编者按】朱思琪，女，汉族，1997 年 5 月生，中共预备党员，2016 级海洋科学专业海洋化学方向本科生。2017—2018 学年获中山大学优秀学生奖学金三等奖、国家励志奖学金。

我常常在想，大二的生活应该是怎么样的。我不再像大一那样对社团活动充满了好奇心，也还不到需要担心考研保研的时候。大二的生活，我应该怎么过呢？现在回过头来看看我的大二，我想，我一整年的经历刚好是我想要的答案。

经过大一一学年对学习的不重视，大二这一年，我开始把更多的精力放在学习上。虽然我还做不到清晨早早起床赶到图书馆或者自习室学习，还做不到晚上听着图书馆的闭馆音乐或者自习室值班阿姨锁门的催促声走回宿舍，还做不到偶尔会被一些学术问题困扰而与同学讨论，也还做不到不看剧、不看综艺、不过"咸鱼般"的生活……但是，我开始减少熬夜玩手机或者熬夜做策划的次数，因为第二天需要良好的精神听课；我开始在课后总结课上的知识点，因为怕自己拖了一周后把这些全忘了；我开始走进图书馆，因为在图书馆想松懈的时候，抬头就能看到比自己优秀的人正在努力地学习……为了能在学习上有所提高，我不断尝试改进自己的学习方法和学习态度，不求自己可以取得飞跃性进步，但也希望自己可以一步一步地前进。终于，我在第一学期期末取得了还不错的成绩。

第二学期伊始，我希望自己可以进入实验室学习更多的知识，因此，我和小伙伴们在老师的指导下申请了大学生创新创业训练计划项目，开始为自己的实验项目努力。同时，我参加了党校学习小组，学习党的历史和规章制度，提升自己的思想觉悟。因此，我度过了充实又有意义的一学期。

4 月的每个周末我都要参加党校的课程，听到许多老师对党的历史的介绍，对党的规章制度的解析与强调，对我们新一代年轻人的期望和对入党积极分子的要求。我一直希望自己可以加入中国共产党，成为其中的一分子，为人民、为国家贡献自己的力量。在这段时期的学习中，我与党校学习小组成员合作高效完成小组学习任务，我们一起学习优秀共产党员的精神，感受党组织生活……当结课仪式完成时，当毕业证书颁发到我的手上时，我对这个月的时间过得如此飞快还是有点恍惚的。

5 月和 6 月的每个周末，我的生活就更精彩了。两个月以来，我们每周都要坐最早的一班车去东校的实验室学习，然后坐最晚的一班车回珠海校区，一整天的实验让我累得几乎一上床就可以睡着。但这样的过程是充实的，有意义的。从中学到的东西对我大有帮助，对我们的实验项目也具有很重要的指导作用。也正是有了大二这段时间的奔波做奠基，大三的我们才能在珠海校区自行开展我们的实验项目。偶尔也会提前完成实验室的学习任务，我还可以去篮球场、田径场看看，感受我们这个时代大学生的朝气蓬勃，学习他们身上的拼劲。

让我感到充实的还有篮球。

喜欢篮球是一件很奇妙的事情，因为篮球，我遇到了很多有趣的人。大二这一年，没有师姐为我们遮风挡雨，我们需要独自去面对紧张的比赛。但是幸好，我遇到了靠谱的队友和靠谱的教练，让我在比赛中不至于这么紧张。我最喜欢每周的球训，因为可以和一群小伙伴一起打球、一起开心；最害怕每周的体训，因为自己很懒，而且很不喜欢跑步，特别是长跑，所以一到体训就瑟瑟发抖。有时候我会想，我这么懒，没事绝对不会去操场跑步，是篮球让我坚持运动了两年。也多亏了这群队友和帅气的教练，让我坚持下来。

在篮球队这个大家庭里，我们在训练中熟悉，体训培养了我们之间的默契。在比赛中，我们相互扶持走过了这一年。刚开始大家都不知道要怎么配合队友，甚至不知道要怎么打比赛。后来，大家全力以赴打好每一场比赛，尽可能减少比赛中的失误，尽自己最大的努力去防守，并学会不畏对手、全力进攻。我喜欢和这群热爱篮球的人待在一起的时光，喜欢大家在训练中开玩笑但在比赛中认真付出的时光。所以，不管我有多少学习任务或者周末有多少时间，我都会尽量参加每一次训练，参加每一场比赛，与她们同行，与我热爱的篮球同行。

大二这一年，我活出了自己想要的状态。

如今，我有一群同样喜欢篮球的队友，每周一起训练。因为有明确的学习目标，所以知道自己努力的方向。同时，我也成为预备党员，在党组织的关怀下继续前进……很感谢大二的自己，努力地活出了自己。现在我又开始问自己，大三应该怎样度过？我会带着这份热情和明确的目标，用一年的时间去寻找关于大三的答案！

七十、我不知将去何方，但我已在路上

2015级本科生　叶伟雯

【编者按】叶伟雯，女，汉族，1996年11月生，共青团员，2015级海洋科学专业海洋生物方向本科生。2016—2017学年、2017—2018学年两次获得国家励志奖学金。曾被评为2017年中山大学勤工助学先进个人，获得2016年中山大学"康乐杯"学生十大体育赛事之排球总决赛女子组第八名。

"我不知将去何方，但我已在路上。"这句话是日本著名动画大师宫崎骏执导的电影《千与千寻》里的一句名言。《千与千寻》以魔幻世界为背景，故事讲述了小女孩千寻为了拯救双亲，跌入一个对于她来说完全陌生和充满困境的世界，战胜魔法只有一句话——"为了他人而做一件事"。千寻在神灵世界中经历了友爱、成长、修行的冒险过程后，她的价值观和世界观受到了洗礼，最后她回到人类世界并努力去实现自己对世界的期待。

现代社会的大多数人，特别是大部分大学生，特别容易患上一种叫"迷茫"的病。很多人不知道自己想要什么，却把自己对生活迷茫的责任推给了社会，说这个世界变化太快、选择太多，自己还跟不上、无法做出选择。当然，你可以用你还年轻聊以自慰。你也可以笑谈人生，借用别人的话，比如"如果人一开始便明确地知道自己想要什么，要怎么做，那生活便没有了意义"。因此，大部分学生十分乐意跟着学校的教学计划，一边消耗着时光，一边继续迷茫着，最后顺利跨出校门，进入社会这个大染缸中后就更傻眼、更迷茫了。

"没目标—迷茫—原地不动"仿佛是一个恶性循环。可是朋友，如果没有一路跌涉，如果没有经历艰难和险阻，没有承受挫折和磨砺，没有尝遍欢笑与泪水，你要如何才能找到自己真正想要的呢？你不知将去何方，但现在你已在路上。从"在路上"开始，逐渐变得"不迷茫"，最后"朝目标前进"。

曾经的我，也深陷上述恶性循环中，"舒适"地度过了两年的大学时光。逼迫自己打破这个循环的契机应该是进入大三的时候，当时刚送走一批毕业的师兄师姐，他们有的升学，有的工作，都顺利地进入了人生的下一个阶段。我突然惊觉自己离走出校门口也不远了，而当时自己的状态是没目标，不知道未来想干什么，明明每天都无所事事，却感觉不到半点轻松。毕业的时候，我很有可能被毕业的浪潮"拍死在沙滩上"，而不是顺利开启自己人生的新篇章。

决定做出改变之后，首先面对的灵魂拷问就是：毕业后是选择工作还是升学？当时我答不出来，但怎么也要做点事情。所以我一边留意招聘信息、投递简历，一边完成"大创"项目，并联系老师进实验室帮忙做点事情。那时候除了正常上课和值班以外，最经常做的就是上招聘信息网和往实验室跑，连排球都顾不上打了。经过一段时间的摸爬滚打，最后还是决定升学，因为之前做的一些工作让我确定了自己的兴趣和方向。在这里，我也很感谢帮助我做出决定的老师和同学，还有家人对我的支持。

既然做出了决定，剩下的就是往前冲。结果会怎样虽然我还不知道，但我已在路上。在复习的日子里，我有时也会怀疑自己的努力会不会变成无用功。这时，我会选择暂时放下书本，放空思绪或者跟别人交流，听听别人的故事，想通了再回到书桌前坐下。有句话说得好："你永远不知道将来会遇到什么，而当你回头看时，你会发现其实每件事都有其意义所在。"毛竹自种植开始到第四年，仅仅长3厘米。从第五年开始，它会以每天30厘米的速度疯狂地生长，仅仅6周的时间就长到了15米。其实，在前面的四年，竹子将根在土壤里延伸了数百平方米。做人做事亦是如此，不要担心此时此刻你的付出是否有回报，因为这些付出都是为了扎根。

最后我想说，如果你还感到迷茫，别犹豫了，先往前走吧。即使走错了也没关系，路上不会缺乏让你转弯的路口。生活从来不相信眼泪，除了努力外，我们别无选择。影响你成功的永远都不是努力，而是你无止境的借口和懒惰！愿我们不为模糊不清的未来担忧，只为清清楚楚的现在奋斗。

七十一、我的红色学习之旅

2016 级本科生　郑文义

【编者按】郑文义，男，汉族，中共党员，2016 级海洋科学专业海洋地质方向本科生。2016—2017 学年获中山大学励志奖学金；2017—2018 学年获中山大学优秀学生奖学金二等奖、国家励志奖学金。

在过去的一年里，我个人觉得，自己还是做了几件有意义的事情：成为地质班的团支书、提升了个人成绩、开展了创新科研项目……其中，加入中山大学马克思主义理论研修班，对我来说，是一件非常光荣且快乐的事情。

我正式成为马克思主义理论研修班的一员，是在 2017 年年末。在马克思主义理论研修班开会的第一天，我便成为该班的副班长。之后，就是和来自全校各个专业的同学们互相了解，互相学习。

马克思主义理论研修班的班服是精神象征，是同学互相沟通的桥梁。马克思主义理论研修班的同学们分布在四个校区，除了搞活动以外，其他时间都没有什么交集，所以我们十分珍惜每一次相聚的时间。我们有共同的信仰——马克思主义，我们有共同的目标——共产主义，因而我们成为马克思主义理论研修班中的一员。我们每次活动都会穿上班服，那是红色的传承，一种精神的标志，即使是互不相识的两个人，只要穿着班服，无论年级高低，都会如同很久未见的老朋友，毫无拘束，畅所欲言。这大概就是班服的魅力，更是共同信仰的魅力。

我在马克思主义理论研修班担任副班长，主要工作是安排同学们参加会议，收集发送各种信息，还有组织同学们开展学习活动。工作虽很简单，但收获却不少。一是让我熟悉了马克思主义理论研修班的工作流程，提高了个人的工作能力。二是有很多与他人沟通的机会，拓宽了自己的视野。除了正常的活动时间以外，副班长还需要参加其他会议，与人沟通的机会就更多了。在那段时间里，我唯一觉得可惜的就是由于本人课程安排的问题，未能参加暑假的"红色"考察活动。

我最为感动的一次活动是"中共一大"学习实践活动。那次活动的地点是上海和浙江嘉兴南湖。在参观交流中，我受益匪浅。一是能在现场深刻体悟"中共一大"的历史及精神；二是了解了当地城市未来发展规划及体验了当地的生活；三是感受到了马克思主义理论研修班这个集体满满的爱。总的来说，那次学习之旅给我留下了深刻的记忆，不论是精神和知识方面，还是人与人的交往方面。

我们在 2018 年 4 月 20 日下午出发，于 21 日凌晨抵达上海，并入住酒店。这是很平常的流程，但平常的日子总有一些惊喜。入住手续办完后，郑老师突然告知大家，今天是我的生日（虽然过了晚上 12 点），同时组织同学们为我举办了一个短暂但十分温馨的生日晚会。虽然我习惯过农历，但仍然被老师和同学们的关心和友爱深深感动，那是一场刻骨铭心的生日派对！

第二天一大早我们就赶往嘉兴南湖。我们参观了南湖革命纪念馆，并模拟当时中共一大最后一次会议在南湖召开时的情景。天灰灰，雨蒙蒙。南湖上，一叶舟。"红船精神"，开天辟地。在南湖革命纪念馆中，习近平总书记对"红船精神"进行了全面且深刻的总结：开天辟地，敢为人先的首创精神；坚定理想，百折不挠的奋斗精神；立党为公，忠诚为民的奉献精神。红船精神不仅仅是共产党人所应具有的，而且是每一位中华儿女都应学习和践行的。我们要让自己的行动成为实现中华民族伟大复兴中国梦的助推力。

总而言之，马克思主义理论研修班是一个能够互相学习，团结合作，开拓视野，培养爱国情怀，为共同理想而奋斗的地方。

七十二、我的过去十九年

2017级本科生　刘佳威

【编者按】刘佳威，男，汉族，共青团员，2017级海洋科学专业本科生。2017—2018学年获中山大学优秀学生奖学金三等奖、国家励志奖学金，并获得"军训之星"称号。

走在中大绿茵茵的校道上，我时常会想起过去的日子。童年时的欢喜和忧愁，年少时的困顿，以及刚进大学时的迷茫与期待，那些走过的日子或喜或悲，有令人怀念的欣喜，也有刻骨铭心的悲伤。我很感谢那些日子，感谢我所来自的地方和我成长的环境，感谢我的父母。因为我深深地明白，没有这些，就不会有现在的自己，我也不会像现在这样深刻地体会到生活的美好和宝贵。

我来自广东的一个小县城，家庭成员有父亲、母亲、哥哥与我，一家四口人生活在一起。父母的文化水平不高，他们不是单位职工，没有固定的收入。在我尚小的时候，父母主要从事服装销售行业，但是因为某些情况逐年亏损，后来不得不关掉服装店，靠外出打散工维持一家生计，收入一直都不稳定。而我与哥哥年龄相仿，都是在校大学生，不能为父母分担经济上的重担。我和哥哥上学所需要的学杂费和生活费成了家里的一大难题，给父母带来了巨大的经济压力，我们也常常为此感到苦恼。

很小的时候，我便意识到我的家庭条件不如其他小朋友。在生活上，虽然父母总是十分勤俭，也时常叮嘱我们要养成勤俭节约的好习惯，但是对于我和哥哥教育方面的投入，他们却从未吝惜过。为了让我和哥哥成为对社会有用的人，父母辛勤劳动，勤俭持家，供我们上学，督促我们努力学习，勉励我们做积极向上的人。然而，每当看到其他小朋友能吃到好吃的零食，用着精致的文具时，我都会不由自主地羡慕他们，幻想自己也能像他们那样吃喝穿用无忧无愁。但是当看到父母晚归时疲倦的身影，与我聊天时勉强露出的笑容，以及清点账单时的蹙眉时，我便为自己的这种想法感到内疚。父母含辛茹苦，竭尽所能为我创造良好的成长环境，我不该对此还有过分的要求。看着父母没日没夜地辛苦工作，我很想为他们分担些重负。除了平时帮父母承担一些简单的家务以外，其他的我什么都做不了，我为自己的无能感到羞愧。从那时起，我便深知努力学习，取得优异的成绩才是对父母辛勤劳作的最好回报。于是，我下定决心好好学习，不负父母的厚望，做一个对国家、对社会有用的人。

从小到大，我的学习成绩一直名列前茅，我在学习上从未让父母操劳过。为了更好地锻炼自己处理事务的能力，我在小学四年级时竞选班长，此后的六年时间，包括初中，我一直担任班长一职。此外，我还主动加入校学生会，在初三那年还被推选为学生会主席。在老师们的指导与同学们的帮助下，我领悟了为人处世之道，提升了处事能力，同时还因工作出色而获得了不少荣誉证书。父母为我所取得的荣誉感到骄傲，但我清楚地知道，这还远远不够，为了活出自己期待的样子，我还要加倍努力。

初三那年，由于小县城的教育资源有限，因此我不顾一些老师和同学的劝阻，选择考出县城，千里迢迢来到了群英聚集的惠州一中。我明白，想要有所进步，就必须走出舒适区，去追逐更广阔的天空！

刚上高中那会儿，我进入了很长一段时间的低迷期。来自小县城的我，小学、初中阶段的教育条件便落后于人，没有任何竞争力可言。在开学之初我接连遭受打击，经过几个月的努力学习，成绩却没有太大起色……我一度陷入自我怀疑之中，怀疑自己当初所做的决定的正确性。周围的一切都是陌生的，没有父母和知心的朋友在身边，一个月回家的机会寥寥无几，我甚至无法倾吐自己的苦恼。现在回想起来，那段灰暗的时光格外的漫长，但我终究还是熬过去了。坚持不懈的努力终于得到了回报，在高二那年，我的成绩开始有了明显的进步，这让我欣喜不已，重新对高考、对未来充满了希望。此后的两年，我始终坚定地朝着目标前行，经过三年的激烈竞争与艰苦奋斗，我终于如愿来到了中山大学。进入大学后，我并没有为自己已取得的成绩而沾沾自喜，而是清楚地认识到，真正的求学之路才刚刚开始。我再次竞选成为班长，并加入了学生会，申请了学院学生助理工作，希望能够得到更全面的发展。

开学之初，潘书记分享了这样一个故事：一个小孩搬石头，父亲在旁边鼓励道："只要你全力以赴，一定能搬起来。"最终小孩未能搬起石头，小孩说，"我已经尽全力了"。父亲答："你没有拼尽全力，因为我在你旁边，你都没请求我的帮助！"我认为，所谓全力以赴，不仅仅只是自身拼尽全力，还要想尽一切办法，利用一切可利用的资源。古语有云："君子生非异也，善假于物也。"而我也希望通过申请国家和学校的资助来减轻家庭的经济负担，在此，我由衷感谢国家和学校给予我的帮助。

19年的时光转瞬即逝，如今，我已成为一名独立自主、有自己追求的大学生，但我清楚地知道，自己还不够优秀，还需继续前行。儿时立下的志向，我将始终铭记于心，努力学习，做到德、智、体、美全面发展，希望自己将来能在我国的海洋事业建设中发光发热。犹记得当年自己对自己说过的话，书生当以"为天地立心，为生民立命，为往圣继绝学，为万世开太平"为己任。而我定不负众望，努力学习，成为德才兼备，具有家国情怀、领袖气质的新青年！

七十三、追梦不畏路漫漫

2017级本科生　刘佳

【编者按】刘佳，女，侗族，1998年5月11日生，共青团员，2017级海洋科学专业本科生（原数据科学与计算机学院2016级软件工程专业本科生，2017年转专业至我院）。2017—2018学年获中山大学优秀学生奖学金二等奖、国家励志奖学金。曾获2017年广东省传统武术比赛女子组双节棍第四名，中山大学"康乐杯"武术比赛南拳第一名，中山大学"康乐杯"定向越野女子团体第四名。

回顾大学两年的学习生活，仿佛是追梦过程中的一趟漫漫旅途，途中我收获良多，下面简述我的大学生活及收获。

我于2016年被中山大学数据科学与计算机学院录取，开始了大一的学习。经过一年的学习以后，我有些迷茫。虽然很多人挤破头都想进入计算机专业，但是我发现自己并不喜欢这个专业，电脑里的一行行代码让我提不起兴趣。一次转专业的通知让我眼前一亮，在众多专业中我看到了海洋科学专业。转专业的原因，其一是从初中起我就对科学问题很感兴趣，想从事科研方面的工作，想成为创造知识而不仅是吸收知识的人。其二是国家大力发展海洋，建设海洋强国，顺应了时代的步伐。如果站在高一点的角度能将自己所喜欢的方向与国家发展结合起来，这是莫大的幸福。初心引领着我来到海洋科学学院，即使需要降级，我也觉得是值得的。

面对海科院满满当当的课程安排，我心里有些激动。大一的课程涉及方向较多，生物、物理、地质、化学等基本课程，让我对每个方向有了初步的了解。但同时课程内容和知识点较多，一开始我有些吃不消，但是不服输的精神让我坚持把事情做到最好，让我不甘于落后。因此，我在课前预习，提前把重点弄明白，并提出一些建设性问题，课后及时复习，巩固知识，每一门课程我都认真对待。如果这是追梦路上的一道坎，那我就把它跨过去。本科的课程对之后的科研工作十分重要，老师们也大多是该课程领域比较权威的人，从他们身上，我不仅学到了知识，也学到了作为科研人员该有的素质，这引领着我在追逐梦想的道路上脚踏实地地前进。

在大一阶段，除了踏实完成学业以外，为了减轻家里的经济负担，我在学院担任学生助理的工作。在课程较多的情况下，我挤出时间去值班，平衡学业与工作也成为一大挑战。因为知道时间的宝贵，所以平时我尽量提高自己的效率，尽可能不浪费一分一秒。做到兼顾也是一门技巧。

大一期间，为了让自己更接近科研，也为了自己之后的专业方向选择，我参加了题为"热带观赏鱼中虹彩病毒的流行病学"的大学生创新创业训练计划项目。其间，我学到了许多课堂之外的知识，如PCR（聚合酶链式反应）、解剖鱼体、核酸浓度检测等，从中了解到做科研的严谨性。如做基因的实验，对实验器材无菌要求很高，双手要提前用酒精消毒，操作台要超净实验台，剪刀、镊子等也得提前做无菌消毒。学习实验室的操作知识同样也要花费时间，从中我真切地了解了科研整个过程，从确定题目到查阅大量的文献设计实验步骤，再到实际动手操作，中途发现问题并及时解决，最后根据数据得出结论，每一步都非常重要，每一步都要认真对待。印象最深刻的一次，是自己在显微镜下看见一个个细胞，从很稀疏不断分裂变成整整齐齐互相紧密地靠在一起，这是很奇妙的一个过程，让我不自觉地感叹生命的伟大。这也使得我的逐梦之路愈加清晰，不再笼罩迷雾，也不再迷茫。

我也是一个十分喜爱运动的人，我认为一个人只会学习，人生不够完整，所以我积极参加体育类比赛。我曾参加广东省传统武术比赛，获得了女子组双节棍第四名的成绩。虽然在集训的一个月里经历过腰错位、肌肉酸痛的苦涩，但是最后取得的成绩还算不错，也给了自己莫大的鼓励。我相信只要努力，没有什么做不到的事情。校级的"康乐杯"系列赛事我也积极参与，比如武术赛事，获得了女子南拳与其他器械第一名，集体基本功第二名；网球赛事，与数据科学与计算机学院的同学一起获得了混双第五名；定向越野，与海科院的同学们一起获得了女子组第五名。运动给我带来了不可替代的活力，让我更加有活力、更加有激情地在追梦的路上前行。

听了罗俊校长的秋季工作报告，我了解到校长不仅在科研方面成绩突出，更是一个优秀的领导者，为学校的建设提供了很多很好的方案，打造了一座国际一流学府，是一个为学生同时也为教师考虑的优秀领导人。因此，我对罗俊校长感到由衷的敬佩，并下定决心增强自己的能力，为同学们服务。同时希望通过自己点点滴滴的积累，成为能够担当重任的优秀科研人员，成为建设海洋强国的一道力量。

除了努力学习和培养领导力以外，我觉得大学生更应该去关心他人，帮助他人，因此，我参加了"青春暖夕阳"活动。每周末我会去空巢老人的家里，陪伴他们，听他们讲故事，跟他们聊天，虽然不太听得懂粤语，但是从老人的表情和动作可以感觉到他们的幸福。久而久之，我便开始期待去陪伴他们。因为"青春暖夕阳"公益活动，我遇见了性格各异的老人，遇到过70多岁仍然能带着老伴环游世界的老人，遇到过掌握几门语言、能侃侃而谈国家大事的老人，遇到过会弹钢琴和尤克里里的老人，遇到过会制作广州传统糕点的美食达人和环保达人。老人们安详面庞的背后也许是一生的波澜壮阔，每根白发都有一段令人回味的往事。他们积极、乐观，对生活无比热爱，他们希望在夕阳下仍能奔跑。同时，他们又是寂寞的，亲人在外，伴随他们的是黑夜里独处的孤独。他们渴望了解时代潮流，却不会操作电子产品；他们渴望领略窗外的美景，却腿脚不方便；他们渴望有他人陪伴，却独居一人。他们当中也并非全都生活富足，有些老人辛苦了一辈子，到了晚年仍要为生计担忧，蜗居在昏暗、不见阳光的小房子里，认真地生活。他们是这样的一个群体，乐观积极，却又寂寞孤独，他们是一群渴望在夕阳下奔跑的人。我们做的不是简单的一次入户探访，而是一次心灵的陪伴。公益的意义就是用自己的光照亮别人，同时因为你的帮助，别人的光也会越来越亮。

在今后的日子里，我希望在梦想的道路上不断丰富自我，铸造更优秀的自己。

七十四、属于我的大学生涯

2015 级本科生　钟泽华

【编者按】钟泽华，男，汉族，生于 1997 年 4 月，共青团员，2015 级海洋科学专业物理海洋方向本科生。2015—2016 学年获中山大学优秀学生奖学金二等奖，国家励志奖学金；2016—2017 学年获中山大学优秀学生奖学金三等奖，曾宪梓教育基金会奖学金；2017—2018 学年获中山大学优秀学生奖学金三等奖，曾宪梓教育基金会奖学金。2017—2018 学年担任海精灵志愿者协会会长一职，并获得中山大学优秀社团表彰。

从小到大，学习对我来说并不是一件很困难的事。然而，这并不意味着我拥有足够的聪明才智让我不需要十分努力就可以取得卓越的成绩。我并没有出众的天分，有的只是对知识的欲望、对自己的要求和在学习上的一点点"巧劲儿"。在大学里，没有人时时刻刻督促你学习，没有人对你的生活进行指点。在这种自由的氛围里，很多人都变得懒惰起来。不过，即使在这样的环境中，我依旧保持着自己的学习习惯：课前适当预习、课堂上认真听讲、课后及时完成作业，这一切只因为一直以来我严格要求自己。虽然我不是最聪明的，也可能不是最努力的，但我对学习的态度，使我的成绩能够跻身年级前列，也使我多次获得学校和国家奖学金。对于第一名，我并不是十分追求，因为学习本身不是为了比较，不是为了竞争，而是为了提升自己的学识，使自己到达新的高度。如果能做到这些，我觉得已经足够了。

在搞好学习的同时，我也十分乐于帮助同学们解决学习上的困难。出于对自己学习的自信，也出于这份"忍不住帮助他人"的心情，我在进入大学之初就去竞选了学习委员，而这学习委员一当就是三年。对于从小学、初中到高中都有着班委经历的我而言，这样的做法是顺理成章的，我习惯去承担班里的一部分事务。这对于别人而言，可能是在给自己揽一些不必要的活，但我不会认为那是没有必要的。总有些事情需要有人不求回报地去完成，而我也没有想过能从中得到什么。毕竟只有最纯粹的付出，才是最真实的。

与班长和团支书相比，学习委员的职责更偏向于日常。拷贝课件，收集作业，传达通知，联系老师或师兄师姐，这些看似轻轻松松的任务，做起来却也不是那么简单。实际上，我时常会忘记拷贝课件，忘记上传，发布任务后收不到回复，等等。曾经我以为一两次的疏忽不会有很大的影响，但当我频繁地被同学问起"有课件吗"时，我才意识到自己的失职。这代价可能只是一时的尴尬，但同学的失望对我来说是一种打击。从此，我也时常提醒自己：越是平常的工作，就越有其意义和重要性。我没有犹豫"要不要继续干下去"，因为我始终坚信："不忘初心，方得始终。"

学习之余，我也不忘积极参加校内的各种活动，丰富自己的大学经历。大一我加入院学生会和公益社团，大二留任副主席和副部长，大三作为社团会长继续走下去。可以说，社团工作占据了我大学生活的很大一部分。从跟着部长写策划、组织活动，到指导自己的小伙伴如何做策划、办活动，甚至为他们去挑担子，走过的每一步对自己的成长都是不可或缺的。而当"中山大学优秀社团"的奖状送到我们手上时，我觉得这一切都是值得的。如今，看着自己所在的社团不断地被大家关注、不断地往更好的方向成长，我的心里满是骄傲与自豪。

除了社团实践以外，我也不忘学业上的实践。2018年寒假，我与班里的几位小伙伴在老师的带领下前往江苏如东进行为期两周的野外科研考察工作。在短短的十几天里，几乎每天我们都要前往潮滩采集泥土和互花米草等样品。回到居住地后，我们也没闲着——洗米草、晒米草、做泥土抗侵蚀实验，这些都是每日的功课。虽说野外天气寒冷，工作内容略显枯燥，但老师和同学们总能寻找到各种乐趣。那趟如东之旅让我对科研有了更真实且深入的认识，同时也收获了难忘的回忆和深厚的情谊。

当然，做科研可不只是跟着老师打下手，而是要对自己感兴趣的课题去设计研究方法或实验方案，阅读文献，分析数据，最终得出科学的结果。热衷于学习的我自然对做科研颇感兴趣。大三下学期，在老师的指导下，我与几位志同道合的同学开始着手大学生创新创业训练计划项目，课题为"非球体泥沙颗粒沉降速度的试验研究"。由于第一次做这类项目，我们遇到了许多困难。不过在老师和师兄师姐的帮助下，我们逐渐确定了研究内容、研究方法和实验方案，项目也开始步入正轨。"纸上得来终觉浅，绝知此事要躬行"，这是我在这个过程中最大的感受。只有亲自运用书本上的知识时，你才会意识到其背后还有蕴含着很深奥的内容。

以上这些可以说是大学这三年来影响我较深远的一些经历和想法，也是我最想拿出来分享的属于我的大学生涯。

七十五、能面对平淡，就是不平淡

2017 级本科生　高日旋

【编者按】高日旋，共青团员，2017 级海洋科学专业本科生，2017—2018 学年获中山大学优秀学生奖学金二等奖、国家励志奖学金。

此刻当我打出第一个字时，我的内心突然有一种不可名状的心情——我变了很多，已经不是曾经的自己了。

2017 年 9 月，我怀着对海洋的向往走进海科院，以为学海洋专业就是总能去海里看美丽的海洋生物。然而，在大一接触到的却只是很多基础理论知识，我的内心是有点落差的。当时的我迟迟没有转变自己的心态，任由自己沉浸在消极的情绪中。我想做很多事情，但是心有余而力不足，很多事情都没能做好，甚至没有做成。现在回想起来，大概是因为自己想象中的大学应该是美丽的象牙塔，每一天都可以有不一样的经历。但是，现实却不是这样的，学习是你在学校不可分割的一部分，甚至占据了你大部分闲暇时间。或许学校生活就如同安静的水面一般，大部分时间是平静的，时常有小石头落入，但只是在水面上划出道道涟漪，偶尔也会出现大石头，在水面激起片片水花，但生活终究要你直面平淡，所以你不能总是躺在床上幻想各种奇遇。我想，我应该活得就像白岩松所说的那样："能面对平淡，就是不平淡。"

于是，慢慢地我学会了如何勉励自己：耐心、平静地磨砺自己的品质，让自己好好地走这条路，即使是慢如蜗牛，那我至少也动起来了！幸运的是，我的努力有了回报：由初入大学时的迷茫到渐渐变得坚定、自信；由最初的抗拒知识到自觉地接受新知识，甚至主动吸收知识；由最初的迷茫、焦躁到现在珍惜每一天……我收获了很多。当然，很多事情都只是做到了表面，我还有很长的路要走！

其实对于我而言，大学生活真的很平淡，我大概只是希望慢慢地在这里过着自己的小日子吧。因为相信"身体是革命的本钱"，再加上自己也喜欢跑步，所以我会经常晨跑，以保证自己的身体健康，从中也慢慢发现了好处：自己很少生病了，一天的精力也很充沛。我发现自己周围有很多厉害的人，很多我做不好的事情，他们都可以很好地解决。刚开始我很焦虑，总觉得自己很没用，后来发现这样是不能解决问题的，所以我开始慢慢调整自己的心态，学会主动询问，向同学和老师请教。

大一的时候，我参加了排球队，算是为自己平淡的大学生活注入一些色彩吧。我从最初的"菜鸟",到现在小有所成,或许,这就是平淡生活的小小成果吧。

  我没有像其他人那样参加各种各样的赛事,也没有能力去组织各种大型赛事。和其他人的生活相比,我开始苦恼自己的大学是不是真的太平淡了,但是,真的是这样吗?我始终觉得自己不是那种很喜欢热闹的人,有时候更喜欢一个人待在安静的地方,写点东西,看点书,仅此而已。虽然偶尔也想热闹,但是我从不觉得自己这种状态不好,因为每次独处的时间,我都会觉得很平静、很满足。回想自己大学过去的一年,或许就是这样的时光拯救了内心充满焦躁的自己,让自己的内心回归平静,我觉得这样的自己很好。

  白岩松曾说:"永远别忘了安静地做好眼前的事。"我不是一个内心很火热的人,只要可以安静地做好眼前的事,就够了。在海洋科学学院,我在课堂上收获了知识,又在排球队中收获了技能和友谊,大一这一路走来,真的是收获满满。当然,我对未来的自己也有期待:不断提升自己的专业知识,锻炼自己的实践能力,在本科阶段为自己打好未来深入探究海洋的基础,为国家海洋事业贡献一份力量。

七十六、"男儿无志，钝铁无钢"

2017 级本科生　沈逸菁

2018 年 12 月 8 日上午，学院第一届青马学堂（指大学生青年马克思主义者培养工程）第二次学习活动组织我们共同观看了电影《毛丰美》。

"他来自田野，在全国人大会议上，言必三农。他情系乡亲，在涉农政策立法中，据理力争。村干部毛丰美，履职尽责，不辱使命，他是最仗义执言，永远为农民说话的人大代表。"这是 2012 年度 CCTV 法治人物给毛丰美的颁奖辞。

"男儿无志，钝铁无钢"，这是毛丰美对儿子的教导，更是他自己的行为准则。毛丰美志在改善农民生活，提高农民生活水平，为此他多次拒绝组织给他升官的机会。直到去世，他还是农村户口，任职村级干部。毛丰美志在让农民过上比城里人还富足的生活，为此，他在连续四届担任全国人大代表期间，在立法决策中坚持为农民说话，提出城乡电费同网同价、取消农业税等近 200 个与"三农"问题相关的建议和议案。毛丰美志在将年轻劳动力留在大梨树村，让各家各户都有家的温暖，为此他致力于为群众排忧解难，为村民提供福利待遇，发展村内公益事业，让村民的幸福指数不断上升，让大梨树村荣获"中国幸福村庄"称号……毛丰美是农民的代言人！同时，他还将这份执着和爱传递给他的儿子毛正新，动员儿子放弃凤城市公务员的工作，回到农村。

毛丰美并不是空有一腔热血与壮志，党的政策是他实现志向的坚实基础，党的十一届三中全会的召开给了他巨大的动力："我是一名党员，党叫我干啥我就干啥，准没错。"为了大梨树村的村民，他扎根基层，用他的一生给我们上了一节生动的党课。毛丰美坚信"党的政策里就有好日子"，把党和政府强农惠民的好政策变成具体实践，正如他上任之初对自身志向的抒发："请大家相信我，我相信党的政策，我一定能让全村人过上和城里人一样的好日子。"他对党忠诚的决心，始终听党指挥、跟党走的坚定信念，矢志不渝地为党和人民的事业奋斗的勇气给予我们极大的鼓舞。

　　信赖党、依靠党，是毛丰美30多年来坚守大梨树村发展事业的动力源泉，按党的要求办事，也使他"让全村人过上好日子"的远大志向最终成为现实。作为当代青年，我们更加不能丢掉自己的信念，要向毛丰美同志学习，学习他对党忠诚的政治品格，做到心中有党、跟党走、跟党干，以这种坚定的信念推动自身志向的实现。

　　通过对优秀党员干部先进事迹的学习，我深深地被毛丰美的无私奉献与实干精神所感动，也领悟到一名优秀共产党员所应具备的精神品质，更加坚定了我追随中国共产党的信念，明确了今后的努力方向——不忘初心，不懈奋斗！

七十七、做新时代的答卷人

2018 级本科生　李亚楠

2018 年 12 月 22 日，在海洋科学学院第一届青马学堂的组织下，我有幸参加了本次参观黄埔军校旧址的活动。在参观黄埔军校旧址的过程中，我切身体会到中国共产党的先进性，感受到党员群体的高尚品质和人性光辉以及时代沉淀的印记。

黄埔军校是第一次国共合作的产物，是中华民族以武力反抗帝国主义侵略和封建势力压迫的体现，它在艰难的困境中成立，走过曲折发展的道路，在血与火的洗礼中铸就了以"爱国、团结、奋斗"为核心的黄埔精神。黄埔军校培养了大批军事、政治干部。第一次国内革命战争失败后，从黄埔军校走出来的共产党人投身土地革命、抗日战争和人民解放战争，用鲜血和誓言谱写了黄埔革命精神，用生命演绎了一个又一个传奇。我们现在的幸福生活离不开一代又一代共产党人的辛勤奋斗。

黄埔军校油画展馆，展示了一大批军事、政治干部的飒爽英姿和他们的丰功伟业。萧楚女、陈豹隐、郭沫若、赵一曼……他们完成了自己的使命，永远沉睡在历史的长河中，他们为我们时代的发展奠定了基础。从播下革命火种的小红船到领航复兴的巍巍巨轮，是什么力量让中国共产党由小变大、由大变强？正是中国共产党人的革命本色和革命精神。"全党同志必须保持革命精神、革命斗志，勇于把我们党领导人民进行了 97 年的伟大社会革命继续推进下去"，这是习近平总书记发出的新时代号令。

"革命"这一词对现代的人们来说既陌生又熟悉。如今，我们难以想象战火交织、刀枪厮杀的革命。但中国的发展仍然离不开"革命"。马克思主义认为，"革命是历史的火车头，是社会进步和政治进步的强大发动机"。党的十九大以后，在以习近平同志为核心的党中央的领导下，中国焕发出新的时代精神。于我们而言，精神薪火相传，力量生生不息是我们的指南针。我们"绝不能安于现状，贪图安逸、乐而忘忧"。我们处于新时代，有新的发展目标，我们唯有撸起袖子加油干，以铮铮铁骨、青春风貌、英雄气概，创造无愧于时代的新业绩，做好新时代的答卷人！

七十八、多点交流与思考

2016 级本科生　严珠月

【编者按】严珠月，女，汉族，中共预备党员，1998年6月23日生，2016级海洋科学专业海洋生物方向本科生。2016—2017学年获中山大学励志奖学金；2017—2018学年获国家励志奖学金。

关于第一学年的记忆已变得模糊，但我清晰地记得第二学年的第一天返校途中在岐关车候车室连上校园网查成绩时的紧张感。成绩真的有那么重要吗？至少对我来说，成绩是重要的！当时我是这样想的，现在也是。

想起大一下学期曾犯过的错，有时候我很难控制自己的情绪，甚至不太确定应不应该感到悲伤，何况是自己自作自受。到了第二学年，我没有逼自己一定要怎样。一直以来我都知道自己要再认真一点、再努力一点……虽然有不少诸如绩点提高、800米跻身优秀等收获，但这也只不过说明自己是寻常学生里的一个——该学习的时候学习，该工作的时候工作，有空的时候就去打球，然后就是多投身公益和多阅读书籍，过着平常的生活。然而，当我意识到自己不会、不懂、不知道时，才明白自己正在丧失交流、思考、学习的能力。如果这些猛然的醒悟都是成长的一部分的话，那么那些尚且算不上漫长的彷徨的日子至少不至于是没有意义的。

大二上学期，面对专业分流，虽然并不是所有的同学都对未来有清晰、明确的规划，但是大部分人至少对自己接下来的两年想要做的事以及怎么去做，是有他们自己的看法的。而我不仅没有明确的想法，还误以为自己有。揭开我的"误以为"面具的恰好是身边的同学。在与同学交流中，随着对自以为很明确的想法的进一步探寻，我发现自己的想法一点逻辑也没有。

无独有偶，与此类似的事情发生在2018年春季党课开班的时候。我在考虑选择什么小组讨论主题更为合适时，看到了徐川老师的文章《我为什么加入中国共产党》。在参加党课前，我就时常希望尽可能多地为他人和社会服务。然而，怎样做才算是为他人和社会服务？尽可能是有多可能？我第一次如此明显地感受到自己对这个问题的思考不够深入透彻。于是，我将入党动机作为主题纳入了小组讨论。在讨论和学习中，我得到了一些答案："入党其实更多的是对自己的一种约束，以一种更高的标准来要求自己"，"做不了正义凛然的人，却愿意和这样的人在一起"，"一个人的力量是单薄的，有正气支撑的世界是正能量的世界，才是我们需要的世界"。

我曾经听过这样一句话："大一的时候你不知道你不知道；大二的时候你知道你不知道；大三的时候你不知道你知道；大四的时候你知道你知道。"在不确定自己下一年知不知道自己知道还是不知道的奋斗路上，我要感谢一年来支持、鼓励和帮助我的老师、同学和亲友们，那些与你们沟通交流的时间来之不易，也弥足珍贵，我知道我尚有很多不足，也曾消极、无知过，也曾被动、无措过。推荐的课程我一直在学习，给予的建议我还记在心里。在尝试着做出小小的改变时，我会不时翻看一些书籍，也会冷静地告诉自己：不思考、不学习、不交流是一件危险的事！

祝所有遥不可及的梦想，都终将变成触手可及的现实。希望自己未来多一点交流、多一点思考、多一点学习。也希望多一点坦然，能够从容面对自己的内心，而不是一律给出似是而非的答案！

七十九、读书不忘报国

2018 级本科生　翁珏华

2018 年 12 月 22 日，学院青马学堂组织我们参观了黄埔军校旧址，返程时，我的内心充满激动之情。

在油画展览中，我看到了巾帼英雄赵一曼，面对狂风大浪毫无惧色的茅盾，笔耕不辍、工作不息的郭沫若，感受到黄埔军校中共产党员的高尚品质和人性光辉。在校长会议厅悬挂的"登高望远海，立马定中原"对联，让我深切地感受到黄埔人远大的志向与深切的爱国之情。书报阅览室里整齐摆放的桌椅，让我想起苏步青的一句格言——"读书不忘报国，报国不忘读书"。

黄埔军校，这个响亮的名字 90 多年来一直牵动着海内外无数中国人的心，它是第一次国共合作的产物，是中华民族以武力反抗帝国主义侵略和封建势力压迫的体现。它在艰难困境中成立，走过曲折发展的道路，为中华民族的解放做出了巨大的贡献。

俞正声在纪念黄埔军校建设九十周年座谈会上说道："黄埔精神是黄埔军校给后人留下的宝贵精神财富，其核心是为统一中国、振兴中华而矢志不渝、顽强奋斗的爱国主义。今天我们传承弘扬黄埔精神，最主要的就是致力于祖国统一和民族复兴。"我认为，爱国之心人人都该拥有。作为新时代读书人，虽然我们不在黄埔军校念书，但也应弘扬黄埔精神，读书不忘报国，始终把祖国统一和民族复兴放在心上。在血与火的洗礼中铸就的以"爱国、团结、奋斗"为核心的黄埔精神，是中华民族宝贵的精神财富，是我们应该代代相传的精神品质。

如今，我们生活在一个和平幸福的年代，这并不代表祖国已经不再需要我们的守护与报答。祖国的强盛给我们带来了便利与安康，我们应心系祖国，为实现中华民族伟大复兴的中国梦而奋斗。作为青少年的我们，在践行终身学习的同时，应将国家牢记心中，奋发向上，努力学习，将所学知识用于报国。空谈误国，实干兴邦。我们应读书不忘报国，报国不忘读书！

八十、脚踏实地真干事，换地开荒百姓心

2018级本科生　尚婉凝

"我是党员。"

"我只是个普通的农民党员。"

当面对艰难险阻时，一句"我是党员"是支撑他前行的拐杖；当百姓安居乐业时，他又用一句"我只是个普通的农民党员"将自己的血汗深埋。这，就是毛丰美——脚踏实地真干事，换地开荒百姓心。

"不以一毫私意自蔽，不以一毫私欲自累"，他是淡泊名利的人民英雄。毛丰美在去县里报到的途中，遇见抱着病猪的寡妇春玲，寡妇春玲不停地向他哭诉，毛丰美毅然决定掉头，选择放弃去县里报到，与村民们在一起，那调转的自行车车头改变了他的生活轨迹。也许在年幼的儿子的心中，去县城只是意味着买金箍棒。在妻子的心中，去县城意味着全家人幸福安康。而在毛丰美的心中，自己去县城工作却意味着要置整村百姓于困苦之中，所以他留下来了。舍弃官粮，他留下来了；舍弃大好前途，他留下来了。纵使明知公务像一团乱麻，纵使明知会长期离家、儿女不识，一句"我是党员"让他留下来了，留在了这个山沟沟，留在了他的大梨树村。

"一腔热血勤珍重，洒去犹能化碧涛"，他是勇于担当的人民英雄。研究狗骨针剂，他毫不犹豫地将针扎向自己，为牲畜做试验；和银行赊贷巨款，他说，"这事儿要是成了，算大家的；要是赔了，这八十万算我毛丰美一个人的"。

"宝剑锋从磨砺出，梅花香自苦寒来"，他是不畏艰难的人民英雄。他说，"我想试试，否则我不能认这个命"；他说，"邓小平同志说过：'不干，半点马克思主义都没有'"；他说，"愚公还能移山呢，就得看你移不移"；他说……试问，有什么样的艰难险阻能抵住如此炽热的为民热情？又有什么样的铜墙铁壁能够禁锢如此伟大的灵魂？没有。从孙站长强硬的"概不赊账"到"行，我服了"，从信贷部工作人员的"你们别再不务正业了"到"你们真有本事"，从"山沟沟以外还是山沟沟"到"满山果树都是问题的答案"，就像他第一天上山开荒时遇到一匹狼，他也想过转身回家，但正是他再一次的转身，昭示着"勇敢"的胜利。就像吴承恩《西游记》里的唐僧师徒，每次努力都会受到阻扰，不经历九九八十一难，何以取得真经呢？

英雄不问出处，好汉不问来路，他骑着自行车，给大梨树村带来了车水马龙；他像开荒山时插着的红旗，给老百姓发家致富当引路者。"咱多干点儿，让更多的人享福"，最终他做到了。

他是毛丰美，医生的一句"我们已经尽力了"，宣告"一切为了人民"的那个人，用一辈子帮扶困苦村民的那个人，再也无法回来了，永远留在了英雄的花名册上。

他，用生命担起人们的重担，让所有困苦都失去了重量。

之前对于某些虚无的概念——"共产党党员应有的精神"不理解，如今观影过后，我的心中有了一个答案，那就是毛丰美精神。我想，那天天亮时，看到山下都是村民，应该是毛丰美一生见过的最美的景象。百姓的认可与支持，就是人民工作者最大的欣慰。

思及吾辈，我们应添一份"咱们改不了天，咱们可以换地"的实干，再添一份"我就想着啥时候能不为梨花开而愁"的巧干，再添一份"千淘万漉虽辛苦，吹尽狂沙始到金"的苦干，如此，便离合格的共产党员又近了一步。

"吾辈皆身处沟渠之中，然其必有仰望星空者也"，王尔德如是说。而我们，作为新时代青年，唯有脚踏实地，才能仰望星空。

在观影时我几次落泪，影片中叙述毛丰美去世时，村民层层围住医院门口，鹅毛大雪片片遮掩住土地，毛丰美的为民热情滴滴溢满我的胸腔。现在，我在心里念着"我要成为一名共产党员，为人民服务是我的义务"。希望未来我可以自豪地说出"我是一名普通的党员"，如毛丰美那般，拥有一份不减的为民热情！

八十一、保研那些事儿

2015 级本科生　钟泽华

【编者按】钟泽华，2015 级海洋科学专业物理海洋方向本科生，曾获 2015—2016 学年国家励志奖学金、中山大学优秀学生奖学金二等奖，2016—2017 学年中山大学优秀学生奖学金三等奖，2017—2018 学年曾宪梓教育基金会第六期"优秀大学生奖励计划"奖学金、中山大学优秀学生奖学金三等奖，保研至中山大学海洋科学学院物理海洋专业攻读硕士学位。

保研即推荐优秀应届本科毕业生免试攻读硕士学位研究生（简称"推免"）。这里的免试是指无须参加全国硕士研究生统一招生考试（简称"考研"），但仍需要经过学校和学院的笔试、面试等考核，以确定是否获得推免资格以及是否被录取。下面我将结合我的保研经历具体谈谈保研的各种细节，供大家参考。

2018 年的保研共进行了两场面试。第一场面试由同一方向的老师担任面试官，对申请推免的同学进行综合面试，并根据绩点及面试成绩进行推免资格排序。面试围绕个人基本情况、学习科研能力、专业知识水平、英语表达能力等进行考察。面试结束后，学院会根据学校所给的推免名额和推免资格排名，确定获得推免资格的学生名单。获得推免资格后，则需要到意向院校参加接收推免生复试。第二场面试由学生的意向院校组织，基本上也会考察个人基本情况、学习科研能力、专业知识水平、英语表达能力等方面，最后由意向院校在全国推免系统上确定是否录取。

绩点是保研的筹码

相信大家都知道，绩点对于保研来说是最重要的因素。所以，保研的竞争其实从大学入学就开始了。请你务必珍惜如今还能为绩点而奋斗的时光，别等到木已成舟时，才感叹曾经的自己不努力。

丰富自己的科研经历

我认为一个只会读书、只会考试的人不是一个合格的推免生，因为研究生阶段需要的不仅仅是你学习知识的能力，更需要你实际动手、解决问题的能力。因此，即便这并不是保研考核的直接内容，但我仍然建议各位多去参与实际的科研工作。比如，申请大学生创新创业训练计划项目，或者协助老师做实验等。在这个过程中，你能跟老师进行很好的沟通和交流。运气好的话，还会得到野外考察、参加学术会议等机会。当你有了一定的科研经历后，也可以更好地应对面试中的相关问题。

提前联系意向导师

想要跟随哪位老师进行学习、进入哪个研究团队，这是保研前必须确定好的事情。保研是一个双向选择的过程，并不是你想读谁的就可以读谁的。尽早跟意向导师取得联系，表达你的意愿，让意向导师认识你、了解你，你才能把握主动权。同时你也可以更深入地了解导师、了解团队，这对面试也有帮助。别等到意向导师被别人"抢走"了才责备自己的怠慢。

关于推免资格申请

申请推免资格需要具备绩点排名前50%、必修课成绩一般达到80分以上、重考或重修后无不及格成绩、前两年至少获得一次校优秀学生奖学金等条件。具体的要求和过程在此不做过多的描述，大家可以自行去找往年的相关通知和文件来了解。我的目的是想让大家提前关注这些申请条件，尽量让自己去满足里面的每一项，原因有两个：一是可以省去破格申请的额外流程；二是破格申请的同学在竞争中会处于劣势。

此外，只要你具备申请推免的资格（无论是否需要破格），并且有读研的打算，我都鼓励你大胆地去申请。不要因为自己绩点排名没有优势就放弃，这是很不明智的做法。因为每年的保研名额是有所变动的（我们这一届的保研名额就争取到15个），说不定你可以搭上保研的"末班车"。也许学习的天分和资质可能无法改变，但你至少尝试过、争取过，就算最终没能成功，你也不会留下遗憾。面试本身也是一种锻炼，更何况这也是考研时需要面对的。

最后，分享一句话——"当你不知道该干什么的时候，就去学习"。谨以此文，与君共勉。

八十二、第二届全国构造地质学与地球动力学青年学术论坛

2015 级本科生 马尧亮

2019 年 3 月 29 日，在刘维亮副教授的带领下，我与 2018 级硕士研究生李伟一同前往南京大学参加"第二届全国构造地质学与地球动力学青年学术论坛"，与海洋地质学科前沿的学者交流学习。

"构造地质学与地球动力学青年学术论坛"旨在传承"构造地质学论坛"的学术精神与会议特色，展示青年学者在构造地质学与地球动力学领域的学术方法、理论创新与突破，并增进老、中、青学者间的学术交流，通过学术交流促进构造地质学与地球动力学的学科发展与人才培养。本次论坛主要包括会前讲座、大会报告、专题研讨和野外地质考察四个部分，我们和众多与会专家学者进行了深入的交流学习。

在大会报告部分，围绕"全球海洋俯冲带岩石圈演化"专题，刘维亮副教授做了题为"西藏狮泉河蛇绿岩的成因和年代序列以及对俯冲启动的指示"口头报告，李伟学长做了题为"西藏狮泉河斜长花岗岩的成因以及对中特提斯洋俯冲的指示"口头报告。

第二届全国构造地质学与地球动力学青年学术论坛会议现场

我也在"青藏高原特提斯造山带形成演化"专题中做了题为"西藏狮泉河玻安岩成因及构造意义研究"口头报告，介绍了我在这方面的最新研究成果。这份报告将中特提斯洋新确认的狮泉河玻安岩与全球现代西太平洋玻安岛、巴布亚新几内亚等地的玻

安岩进行对比，深入剖析了岩石成因和洋壳演化意义，被主持专题的专家点评为"西藏特提斯洋发现的少有的真正的玻安岩"。

刘维亮副教授做口头报告

李伟做口头报告

马尧亮做口头报告

参会师生合影
（从左至右：李伟、刘维亮副教授、马尧亮）

感谢学校和学院对我在学术科研能力方面的培养，让我有幸参加本次学术论坛并介绍自己的研究成果。

八十三、世界名校 Ph.D 申请之路

2015 级本科生　魏怀昱

【编者按】魏怀昱，2015 级海洋科学专业物理海洋方向本科生，曾获 2017—2018 学年国家奖学金、2016—2017 学年佐丹奴捐赠奖学金、2015—2016 学年珠海市可口可乐奖学金，被伦敦大学学院（QS2019 世界大学排名第 10）、香港科技大学（QS2019 世界大学排名第 37）同时录取。

在加拿大英属哥伦比亚大学参加交流项目（右一为魏怀昱）

我是 2015 级物理海洋方向的本科生魏怀昱，很荣幸可以为大家分享我在留学申请 Ph.D（博士）中的一些经验。

个人介绍

目前，我被香港科技大学 Ph.D 录取，并且拿到了全额奖学金（80 万～120 万港元）；被英国伦敦大学学院 Ph.D 录取，但奖学金金额未知。以下是我的个人情况：

绩点：3.9（4 分制），4.1（5 分制）。

雅思：总分 7.5，小分 6.0。

科研：没发表过论文，参加过国际会议。

交流：参加过英属哥伦比亚大学暑期项目（1 个月）。

简单介绍

境外留学有很多种形式，有授课型硕士、研究型硕士和博士（也就是通常所说的Ph.D）。授课型硕士相对于研究型硕士和博士来说课程周期会短很多，基本上一到两年就可以拿到学位。个人感觉这种课程比较适合还没有决定要投身科研，但是希望体验国外的学习模式并且开拓视野的同学。但是对于将来希望做科研的同学，授课型硕士因为课程周期短，课程压力重，基本没有条件做出比较好的科研成果，因此在科研方面可能会有一点吃亏。同时，授课型硕士学费很贵，而且基本没有奖学金。

研究型硕士和博士类似国内的学术型硕士和博士，预期毕业时长三年到五年不等，导师责任制，有充足的时间做科研，认可度较高，学费相对较低，奖学金申请机会大。这里要说明的是，有一些地区的高校是不区分授课型硕士和研究型硕士的，而且也并不是所有国家都支持本科生直接申请Ph.D，比如加拿大、荷兰等，所以要根据自己实际想去的国家和地区，多搜集一些信息，再做决定。

申请条件

研究型硕士和授课型硕士以及博士对语言成绩的要求差距不大，以雅思为例，小分6.5分，总分7.0分基本上大多数学校都可以申请了。研究型硕士和博士非常注重科研背景，有SCI论文一作、二作最好，没有也不是没可能。对于研究型硕士来说，4分制绩点要3.5分以上才能申请到不差的学校，3.8分以上会更有优势。个人感觉申请香港的高校绩点相对更重要。

至于科研经历，我们学院本科生接触科研的机会还是挺多的，大学生创新创业训练计划项目是一个不错的选择。为了避免创新项目草草了之而没有真正接触到科研，学生要积极主动做科研，不要等着老师来催，这样才能得到老师更多的认可，才会让老师觉得在你身上花时间是值得的。

准备周期

境外留学的准备周期是非常长的，特别是希望申请研究型硕士和博士的同学，需要做好心理准备。

基本的申请流程包括：①考语言成绩；②准备简历；③确定目标院校；④"套磁"（联系导师）；⑤准备个人陈述、研究计划、推荐信等文书材料；⑥填网申；⑦等录取；⑧挑 offer。

这个顺序并不严格，有时也会同步进行，比如语言成绩一直考不出来，那也要开始准备简历，搜集院校信息了。

下面我会着重介绍申请前准备阶段的工作。

第一步是把语言成绩考出来。如果可以的话，推荐大三结束前要拿到一个比较理想的语言成绩，这样在申请的时候才不会慌乱。我是大三下学期的 6 月份考的雅思，这个节点算是刚刚好，再晚的话，就会影响后面的"套磁"阶段。

因为研究型硕士和博士都是导师责任制，一般来说，在正式申请前要联系好目标院校的老师，不联系的话基本没戏。如果老师同意接收，申请的成功率会大大提高。而留学申请中联系导师的这个步骤，通常称作"套磁"。进行"套磁"前我们首先要确立"套磁"对象，而"套磁"对象的确立，则需要我们花大量的时间去搜集资料。我在大三上学期结束后就开始着手搜集目标院校和导师信息了，这是一个长期而且十分艰难的过程，大概用了半年，"套磁"对象才初步确立。获取信息的途径通常有以下四条。

（1）通过目标学校官网进入相应的学院网站，然后查看所有老师的信息，找感兴趣的导师。需要注意的是，大多数学校没有海洋学院，而物理海洋通常会在理学院的地球科学学院或者工学院的某个分支里。找寻心仪的"套磁"对象是一个耗时耗力的工作。

（2）从文献中找"套磁"对象。申请研究型硕士或博士的同学大多会阅读与自己的科研相关的文献，而这些文献的作者通常与我们有更相似的科研经历，从中我们可以更直接地找到心仪的导师。

（3）利用师兄师姐关系网。海科院近几年有很多师兄师姐前往世界各地留学，通过他们可以更准确、全面地了解到他们就读学院导师的情况。

（4）请教有海外学习经历的教师。海科院有很多有留学经历的优秀教师，通过咨询这些教师，我们可以得到非常多的宝贵经验，同时如果你足够优秀而且运气好的话，教师会帮你进行内部推荐！

必须说明的是，申请读研究型硕士和博士，好的导师非常重要，顺序是"导师≥学校的专业实力＞学校综合排名"。一般来说，"大牛"导师和年轻导师是优先选择，"大牛"导师的科研团队已经非常完善，学生可以得到系统的训练，可以接触到比较超前的科研方向，而且毕业后也可以通过导师寻找到更好的深造机会。年轻有为的导师也是一个不错的选择，通常，有带博士资格的年轻导师都是比较优秀的，年轻的导师一般奋斗在科研一线，科研力度大，文章产量高，与学生沟通交流多。

"套磁"这个过程也是有很多学问的，比如不要同时给同一学院的两个及以上的老师发"套磁"信。还有博士"套磁"要优先考虑最想跟的导师。如果联系导师太多，最后无法前往深造，一来影响个人诚信，二来会让导师失望甚至生气。

简历、"套磁"信、文书的准备这里就不再细讲了，大家可以去网络上找一找攻略。如果要申请香港、英国以及澳大利亚的博士，则需要写研究计划。这个计划非常难写，要有心理准备。

最理想的时间轴

大二开始备考雅思，大三上学期拿到目标成绩。

大二、大三尽可能多地参与科研并取得一定的成果。

大三下学期确定目标院校和"套磁"对象。

大三下学期结束后的暑假完成简历，开始初步"套磁"。

大四上学期10月前完成其他所有文书材料。

大四上学期10月后根据"套磁"情况，开始填网申。12月1日前完成所有网申。

写在最后的话

境外留学申请博士绝不是一条容易的路，周期长而且"套磁"阶段心态很容易受波动，尤其是在身边的同学保研录取完成后，大部分"出国党"还处在不知道有没有学上的状态，这时的心理压力会很大，所以大家在决定走这条路之前要慎重考虑，但是一旦决定了，就请全心投入，不要后悔。

八十四、靠近世界名校的故事

2015 级本科生　蔡童欣

【编者按】蔡童欣，2015 级海洋科学专业物理海洋方向本科生，曾获 2015 年中山大学优秀团员、2015—2016 学年和 2017—2018 学年中山大学优秀学生奖学金二等奖、2016—2017 学年中山大学优秀学生奖学金三等奖、2016 年中山大学校运会女子 800 米冠军，被斯坦福大学（QS 2019 世界大学排名第 2）、苏黎世联邦理工学院（QS 2019 世界大学排名第 7）、哥伦比亚大学（QS 2019 世界大学排名第 16）、约翰霍普金斯大学（QS 2019 世界大学排名第 21）同时录取。

今年（2018 年）的春节可谓真的福"倒"，offer"倒"，文昌太老爷保佑。我连续收到了两个 dream school offers：斯坦福大学和苏黎世联邦理工学院硕士录取。在 2 月、3 月，哥伦比亚大学、约翰霍普金斯大学也传来了喜讯。

说来也真是惊喜，上个月还在愁毕业、愁升学、愁没书读的孩子，能收到这样的"礼物"也是很幸运的。鄙人实在不能算是留学申请 offer 大牛，此处仅有些许个人经验与大家分享。

提高"个性化"核心竞争力

"核心竞争力"这个词是大一时辅导员李颖老师放进我的"辞海"里的，那天她的分享会让我印象深刻，也是从那天起，我的电脑桌面多了一个以"核心竞争力"命名的文件夹。而我的本科四年，简单粗暴地说，不过是不断将这个文件夹填充得更丰满的过程。

对于升学来说，提升核心竞争力也可谓提升背景。申请名校绩点（GPA）高虽然很关键，但也不是非要高 GPA。

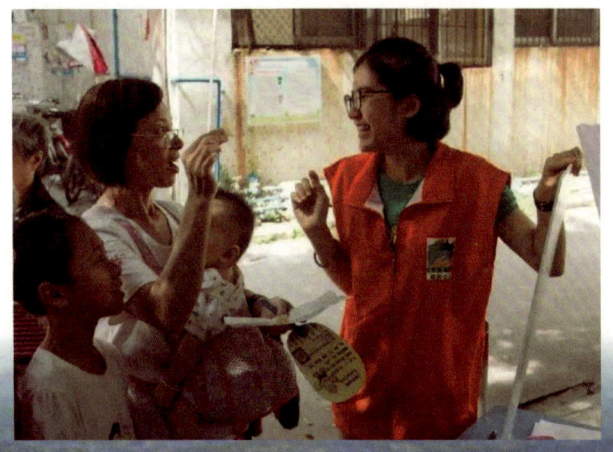

在社区"惜食分享"宣传活动中向社区居民介绍食物银行理念

1. "个性化"

不活在别人的期待中,我想活出自己。每个人的"文件夹"都是专属的,而也只有那些"专属"的经历,才能算是你的"核心"。我的"文件夹"就有自己的主题——有生活的"伪学霸"。也因此,它挺杂乱,但也算有趣。

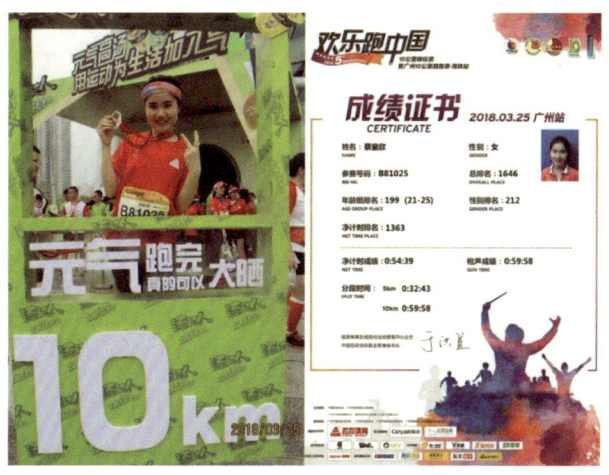

参加欢乐跑中国(广州站)活动

在高中母校进行"寒假选修课"演讲

参加海科院淇澳岛"碧海红树"志愿活动

参加中山大学第十五届口语大赛决赛

作为志愿者在希腊进行僧海豹生态位情况调查

2. 不完美也是一种竞争力

在不断提高自己的竞争力的同时，除了实际可见的经历外，个人素质的提升也很关键。有人整理了哈佛大学所看中的学生的八大素质：self-confidence（自信心）、warmth of personality（热情）、intellectual creativity（创造精神）、intellectual curiosity（学习的欲望）、initiative（学习的主动性）、sense of responsibility（责任感）、reaction to setbacks（对失败的态度）和 energy（活力）。下面我将挑选3个我个人感触较深的方面与大家分享。

第一，自信心。小林老师说过："你有多糟糕，只有你知道；你有多优秀，大家都知道。"我想，这就是出于自信吧。要学会勇于表达真实的自己，不用着急现在的自己还不是自己所期待的未来的模样，成长需要时间去经历。别太在意他人的看法，因为其实没有多少人如此在意你，最在意你的，还是你自己。

第二，面对失败。具有强大的抗压能力和受挫能力可谓相当有竞争力了。哥伦比亚大学的研究生入学申请面试时就有一题问道："你如何面对挑战或失败？"所谓"人生不如意事十有八九"，在提升竞争力的过程中，没有人是一帆风顺的，学会取舍，失败也会给"更适合你的事"让路。况且，在这个"试错成本"较低的年纪，你又害怕什么呢？

第三，活力。也许是因为王小波先生说"好看的皮囊千篇一律，有趣的灵魂万里挑一"，也许是因为清楚自己没有"好看的皮囊"，所以我更追求"有趣的灵魂"。我并不害怕因为失败而后悔，我更怕因为怯于尝试而困扰一生，所以我给自己找了许多"麻烦"：在一个陌生的地方生活，以更原始的方式接触自然，用最省钱的方式看这个世界……

前往瑞典隆德大学交换学习

在意大利南部徒步 10 小时

一个人穷游圣岛

3. 申请关键：学术能力

作为学生，学术能力仍然是核心竞争力的重中之重。主动性、创新性、责任感都决定了学术能力的高低。

（左）主持中山大学第三届海纳百川模拟国际会议；
（右）在导师蔡华阳副教授带领下前往美国 PECS 河口物理会议做海报展示

培养学习力、专注力

　　学霸确实都很勤奋，但比勤奋更重要的是"学习力"。过去，从来没有一个时代像今天这样需要不断的、随时随地的、深入广泛的、快速高效的学习，而专注，是学习力中最具有凝聚效力、整合效力的品质。如何提升专注力？第一，情绪上做好准备，在学习之前先把思想集中起来，思考一下将要学习的内容。第二，全神贯注与休息是密不可分的，所以要珍惜自己的身体。

更珍惜自己的身体

　　运动是能让我们调整身心的很好的方式，不管有多忙，它都不能少。

参加2017年中山大学"康乐杯"学生十大赛事之羽毛球比赛

此外，保持一种自己的爱好，在休息时作为劳逸结合的娱乐方式。

与朋友一起做饭

IELTS/GT 够分就好

语言成绩是出国进修的必要条件，所以要尽早规划好准备时间。以我个人经验来看，GT 不用太苛求，够分即可，考第 4 次后，成绩大多数都不会更好了。

给留学中介的钱有时候是有必要花的

市面上留学中介五花八门，大家的评价褒贬不一，个人认为对于时间有限、精力有限的同学，留学中介在计划性、经验性、文书材料修改方面的辅助还是挺有用的。

鄙人学识尚浅，以上仅为个人所见，如有不对之处，还请指正。

人生哪有那么多无穷？更多的机会、人和事不过是见一次少一次。

我们唯一能做的，就是过往不恋，当下不杂，未来不迎，即 no reserves, no retreats, no regrets。

八十五、做个自信而坚韧的人

2017 级博士生 张弯弯

【编者按】张弯弯，2017 级海洋生物学专业博士研究生，海洋保护生物学研究团队，导师为易梅生教授，曾获 2018 年博士研究生国家奖学金、中山大学第二届"海纳百川"模拟国际学术会议一等奖、第三届"海纳百川"模拟国际学术会议一等奖。发表文章情况：

［1］Zhang W, Jia P, Liu W, et al. Functional Characterization of Tumor Necrosis Factor Receptor-Associated Factor 3 of Sea Perch（Lateolabrax japonicas）in Innate Immune［J］. *Fish Shellfish Immunology*, 2018, 75.

［2］Zhang W, Li Z, Jia P, et al. Interferon Regulatory Factor 3 from Sea Perch（Lateolabrax japonicus）Exerts Antiviral Function Against Nervous Necrosis Virus Infection［J］. *Developmental and Comparative Immunology*, 2018, 88.

［3］Zhang W, Jia P, Liu W, et al. Screening for Antiviral Medaka Haploid Embryonic Stem Cells by Genome Wide Mutagenesis［J］. *Marine Biotechnology*, 2019, doi. org/10.1007/s10126-018-09870-x.

犹记得当初报考中大时的点点滴滴，转眼已经过去一年有余。如今，审视自己，发现身上有了许多在中大获得的成长印迹，静下心回顾时也有不少体会，在此分享给大家。

一、主动学习，建立信心

不论是工作还是学习，新的环境总是充满挑战。学会主动学习，快速适应环境就显得尤为重要。有机会来到中山大学，对我来说是难得且珍贵的幸运，我非常感谢我的导师，同时我也在心里对自己提出一些要求和期望。最大的期望就是自己能够在这里快速地站稳脚跟跑起来。初入这群英荟萃的中大校园，看到身旁众多优秀的小伙伴，特别是在我们实验团队里，每一天大家都在奋进，这让我对自己的处境担忧。我深知硕士期间所学的知识和能力与中大所要求的博士能力之间的差距就如同一大截台阶摆在那里，也深深地意识到我必须快速跟上，必须利用好三个关键点：时间、勤奋和用心。于是我提前来到中大学习这中间相差的内容，比如之前未接触过的细胞培养、显微注射操作技术、蛋白实验等方面的理论与技能。在这里，我真心感谢团队的老师和同门师兄师妹们，我的快速成长离不开你们一次又一次无私的指导和帮助！

当把差距的内容补上后，另一个问题开始萦绕在我的脑海中，那就是信心。我想要给自己一个答案，想要证明自己可以。这样的动力一直在各个大小事件上驱使着我，在一次次的课堂展示汇报上，在每次实验的摸索中，我都要准备得早一些、多一些，遇到难题就赶快寻找解决方法，尽力做到最好。伴随这些事情的完成，人的心情就会变好，便更有信心去面对并解决接下来的问题，从而形成良性循环，不断激励自己。

二、学好英语，提升自身竞争力

作为博士生，除了要有充足的专业知识和科研技能外，另一个极为重要的要求便是扎实的英语能力。在新时代，英语已经完全渗透我们的学习、工作和生活。从事科研工作时，文献的阅读、论文的撰写以及会议中的交流都要求有良好的英语功底。在硕士期间，我便深刻地意识到流利、标准的英语口语对于展示自我的重要性。于是，我开始着手练习英语口语，并顺利通过博士入学英语面试考核，这使我真切地看到日积月累的效果，而每天的英语听读练习使我逐渐养成习惯，博士期间也没有改变这一习惯。因此，在"海纳百川"模拟国际学术会议大赛时，良好的英语发音成为我的加分项。所以，想要提升自己，就赶快开始，不论是英语还是其他方面，只要努力，永远不算晚！

三、坚定信念，勇于磨炼

科研是一项费时费心的大工程，搞科研要有坚韧的心。在实验中，我们自然会遇到一些棘手的问题，想要解决问题不单单需要自己去研究、去琢磨，或是查阅资料寻求帮助，还需要积极的心态。细胞移植实验是胚胎干细胞研究中必不可少的技能，然而，一次又一次的摸索尝试都未能成功，这一度让我陷入自我怀疑之中。当时，我的内心是难过煎熬的，但也有一股韧劲被激发，引导我坚持查找实验中的问题，去寻找解决办法，最终获得成功。这让我想起老师曾说过的一句话："当你每次感觉很难继续的时候，就是你正在迎风而上，正在蜕变进步的时候！"如今，再次回忆起这段心路历程，我才深悟坚韧的意义，人生就是一场磨砺，我们都不知道明天会怎样，但我们知道，想要成长，必经磨练！

　　不论是学习还是生活，都有很多高峰需要我们去攀登，有许多重任需要我们去承担，也有各种难题需要我们去攻克。而去面对、去学习、去摸索、去解决并不是最难做到的，最重要的是我们的心态。当我们摆正心态，有信心、有毅力去完成时，相信世上无难事，只要肯登攀！

八十六、致敬科研中的有趣时光

2016 级本科生　黎泽欣、李文静、郑懿洁

【编者按】 实验室开放基金项目"沿海养殖生态系统关键氮循环过程研究"由龚骏教授指导，项目负责人为 2016 级本科生黎泽欣、李文静、郑懿洁。本项目于 2018 年 9 月立项，立项级别为重点，2019 年 3 月结题答辩被评定为优秀。

大家好，我们是实验室开放基金项目"沿海养殖生态系统关键氮循环过程研究"的成员黎泽欣、李文静、郑懿洁，以下跟大家分享这半年来我们困难重重又充满刺激和欢声笑语的科研生活。

采样部分

（1）预期调查。在预期调查中，仅寻找符合我们研究项目的养殖塘就花了很长时间，我们要在珠海市筛选出入海河口的（即咸淡水养殖的），养殖着珠海市典型鱼虾蟹类的，有明确的投放饲料区与非饲料区的养殖塘。当时我们与养殖塘老板协商了很久，因为养殖塘负责人担心采样会破坏养殖塘，如果下水的话，对底栖的虾蟹有较大影响。但最终我们找到了合适的养殖塘，老板是一位学习水产养殖的硕士，他明白我们的研究目的并愿意提供帮助，也希望我们的研究能给他们的养殖模式提供帮助。

（2）采样前物资准备。采样工具（不一一列举，主要是要备好蒸馏水，每采一个样要清洗一遍采样器，所以要带很多水）主要包括多参数水质测试仪 YSI、装样品的瓶子和袋子（洗好待用，保证够用）、冰箱（加冰袋）、防水服、马克笔、黑色签字笔和数据记录本等。

（3）下塘采样。带领我们的师兄和实验室的师弟穿上防水服下塘采集底部沉积物，女生则划船采集上覆水体并记录采样站点当时的理化数据。在整个过程中，我们结交了好朋友旺财（一条狗）。旺财一直跟在我们后面，尾巴摇得很欢。因为塘的四周种有很多草木，采完样品的我们浑身都是刺，互相拔了很久。

在采样过程中还发生了很多意料之外的事，比如师弟采样的时候，脚陷进泥塘里拔不出来，只好"金蝉脱壳"——把防水服脱了。但是把防水服丢弃在水塘里也不好，所以后来师兄拔了很久才把它拔出来。

冬季，虾塘在晒塘，所以整个塘没有水分，表层干裂，露出很多螺。我们拨开表面的干裂部分，能够看到富营养化程度很高的泥样，而且富营养化泥样分布情况确实与秋季样品所测的结果大致相符，这让我们对自己做出的成果更加充满了信心。

实验部分

我们的实验部分主要分为上覆水、沉积物的理化性质测定以及氮循环各过程的速率

实验小组在养殖塘采样

测定。需要测定的理化性质包括 TOC（总有机碳）、粒径、硝氮、氨氮、NO_2^-、Fe^{2+}、Fe^{3+} 等。由于仪器的限制，其中一些数据不得不用"土方法"进行测定，因此工作量大大增加了。而速率测定则需经过样品处理、预培养、添加同位素、抑制剂、MIMS 测定、数据处理等诸多环节。在一个季度有六七十个样品的情况下，工作量可谓巨大。

处理秋季样品时，我们利用不上课的时间做实验，一直持续到将近期末考试。如果说秋季实验主要是在师兄的带领下完成的，那么冬季样品的处理则更发挥了我们的主观能动性，包括学会使用各种仪器，自主安排实验，给师弟师妹们分配任务，弄清各实验过程的原理以便向他们解释等。在这个过程当中，我们对自己的课题有了更深刻、更全面的认识。

在没有课程干扰的情况下，大家沉迷于实验室而无法自拔，过上了"朝八晚十"的日子，农历大年二十七才依依不舍地踏上回家的旅程，有的同学甚至在与家人团聚的新年就回到实验室做实验。在这个过程中，发生了许多事情：有人拧死了氦气瓶的气阀，有人拧爆了血浆瓶的瓶盖……不得不提的是，在测定冬季样品速率时，我们至关重要的仪器 MIMS 坏了，而仪器的维修人员早已回家过年，我们数次自行维修却无果，急得团团转。通过这件事，我们才明白，实验室的仪器就像我们的孩子一样，是需要用心了解和维护的。

一次次的科研实验过程让我们深刻地体会到做科研就要耐得住寂寞，而团结协作也十分重要。

科研技能部分

在参与这个项目之前，我们对科研的了解都局限于专业实验、野外实习，对很多实验设备和科研中需要注意的事项都不清楚。幸好在项目开展前期，老师给我们进行了必

实验小组在进行实验

实验小组正在分析样品

要的科研培训。每个周末的"组培时间",我们都能收获许多课堂之外的知识,例如文献管理软件的使用、科学绘图基本知识、数据获取方法等。高效地阅读和管理文献让我们迅速对项目有了一个清晰的了解,使我们更快地进入状态,对我们在科研上也是一种非常有益的帮助和提高。学会使用科学绘图软件是科研不可缺少的技能。还记得第一次画出学术风格的曲线图时,我们都兴奋不已!

这些科研专业技能在本科课堂上甚少涉及,但在实际操作中非常有用。因此,在没有课也没有实验的业余时间,我们都会勤加练习,为后续研究做好准备。事实上,当项目结题、我们利用实验数据画出一幅幅优美的图片时,感觉非常有成就感,内心无比的喜悦。

在科研过程中，我们真正体会到何谓在实践中学习。有时在理论课堂上老师教授一些抽象的新知识，大家听得云里雾里。我们转念一想，类似的现象我们在科研中似乎遇到过，一旦抽象的概念有了实体，困难就不再是困难了。因此，我们认为大学生参加科研训练还是有必要的，课堂所学的最终还是要付诸实践，实验室的经历让我们更有自信地面对以后的科研挑战。

总之，这段时间我们虽然很累，但很开心，实验室提供了良好的平台，从中我们学到了很多。在整个项目进行过程中，每每遇到困难，老师和师兄都给我们提供了许多宝贵的意见，实验室的师弟师妹们在采样和实验中也参与了不少工作，在此我们表示衷心的感谢！感谢龚骏老师、林贤彪师兄的指导，以及实验室的师弟师妹们的协助！

项目组成员

（左二为林贤彪博士后，左一、右一、右二分别为黎泽欣、李文静、郑懿洁，中间两位为养殖塘负责人）

八十七、从细胞培养开始的科研之旅

2015 级本科生　李剑焕　2017 级本科生　金凡茗、赖明彦

【编者按】 大学生创新创业训练计划项目"四株珠江口重要海水鱼类细胞系的建立、鉴定及应用"由贾坤同副教授指导,项目负责人为 2015 级本科生李剑焕,2017 级本科生金凡茗、赖明彦。本项目于 2018 年 4 月立项,立项级别为国家级,2019 年 3 月结题答辩被评定为优秀。

我们小组项目的研究建立了四株珠江口重要海水鱼类的细胞系,分别为银鲳鳍条细胞系(PaF)、叫姑鱼脑细胞系(JgB)、弓斑东方鲀鳍条细胞系(ToF)和黄鳍鲷鳍条细胞系(AlF)。对于这四株细胞系,我们首先进行了细胞鉴定及分析其细胞特性。我们绘制了生长曲线,探讨其生长的最适温度与血清浓度;通过细胞冻存与复苏,进行细胞的保存;采用核型分析进行染色体计数,初步探讨其核型;通过转染,检验其是否可作为外源基因操作的理想工具。在此基础上,我们还研究了其对重要的病毒性病原体——出血性败血症病毒(VHSV)、赤点石斑鱼神经坏死病毒(RGNNV)的敏感性。我们首先用病毒感染细胞观察细胞病变效应,初步判断细胞系是否对该病毒敏感,随后通过 qRT-PCR,病毒滴度分析以及透射电镜观察检验病毒在受感染细胞内的复制。

四株海水鱼细胞系的建立,为后续海水鱼类的研究提供了体外操作平台,并丰富了我国海水鱼类细胞系资源。同时,建立对 VHSV 及 RGNNV 高度敏感细胞系,可为这两种病毒的防控提供研究平台。

用来建系的鱼类样本

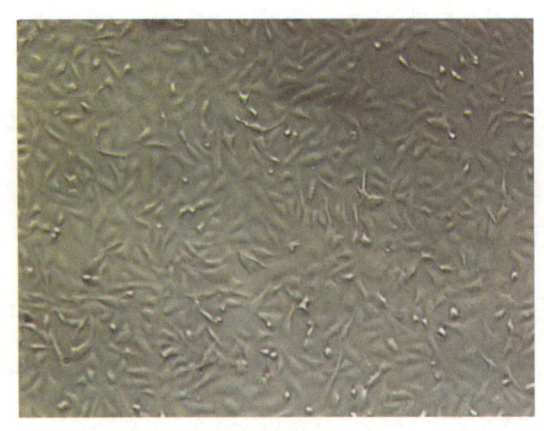

银鲳鳍条细胞

我们项目小组一共有三名成员，小组组长是 2015 级的李剑焕，另外两名组员是 2017 级的赖明彦和金凡茗。申请项目时，李剑焕同学为海洋生物方向三年级本科生，已有一年的生物基础知识的学习，以及一些科研经验的积累。当时赖明彦和金凡茗大一下学期刚开学，尚未分方向，若说学过的相关课程，那就只能算"普通生物学"了。但这阻挡不了我们对生物的热爱和对科研的好奇与兴趣，于是我们一同联系老师申请了课题。大家所处阶段不同，在这个过程中也有着不同的所获所感。

在项目研究过程中，我们对书本中的科研有了更多更深的理解，不再只是纸上谈兵，支撑理论的实验也十分重要。在这为期一年的学习过程中，从培养细胞开始，充以 RNA 和 DNA 提取、核型分析、qRT–PCR，我们不知不觉完成了不少实验，提高了实验技术，锻炼了实验思维。虽然最初会因为没有成功而有些失落，但后面想办法解决问题后的成功给我们带来了发自内心的喜悦。

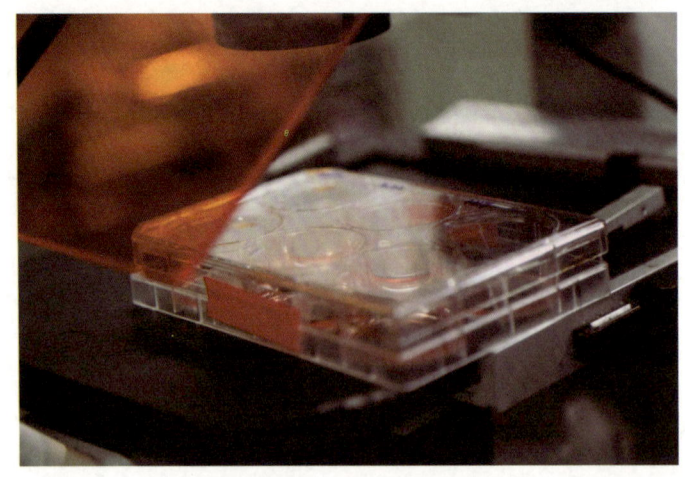

细胞培养——日常细胞观察

整个项目的方方面面都令人难忘，如我们培养的细胞，我们做过的实验、统计数据时的辛苦，实验中等待的无趣，细胞被污染时的愁闷，实验成功时的喜悦，等等。失败也是难忘的，虽不是什么可喜的事情，但一次次的失败与挫折确实是研究期间让人记忆犹新的事情。

虽然每次失败后我们会查阅资料、积极思索进行改进，但有时也百思不得其解，久久找不出问题所在。有时会伤心难过，就像满怀希望播种种子，百般精心呵护它，它却久久沉寂。在失败许多次后，终于等到成功的那一刻到来时，我们都十分开心，实验室里充满了我们的笑声。一个小小的成果，背后却需要许多付出。枯燥重复的实验使我们变得更耐心仔细，一次次的失败磨炼了我们的意志，也提升了我们解决问题的能力。科研的道路很长，我们现在经历的一些小挫折只会让我们成长，所以不必担忧，享受实验的过程就好。

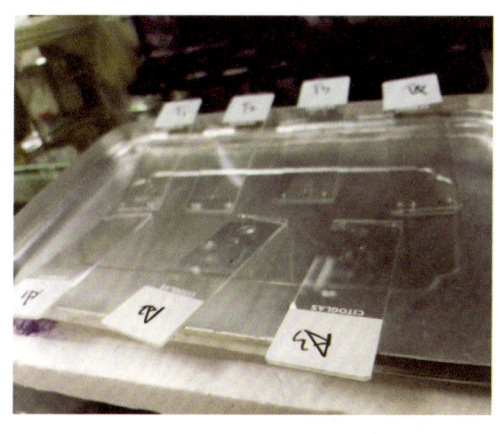

核型分析实验——染色体制片过程

项目组成员

（从左至右：李剑焕、金凡茗、赖明彦）

十分感谢我们的指导老师贾坤同副教授在项目进行过程中积极与我们交流，给予我们指导，让我们不断开拓思维、提高自己。也感谢贾鹏博士后在我们实验过程中给予的无微不至的帮助，并指导我们闯过一道道实验难关。

在与实验室研究生师兄师姐们一起工作的日子里，我们体会到科研工作者专注、慎思、明辨、笃行的态度，这督促我们时时自省、不可怠惰，并不断自勉自律，让自己成为更优秀的人。同时我们也深深地感受到科研的辛苦与不易，在此向科研工作者们致以诚挚的敬意。

山水一程，走过这趟，带着满满的收获，继续向前吧。科研的道路很长很长，莫畏惧山高水远。

八十八、我们的科研启蒙课

2017 级本科生 宋清琳、曾俊炜、彭用一、罗志豪

【编者按】大学生创新创业训练计划项目"外源雌二醇对黄鳍鲷性逆转的影响"由卢建国副教授指导,项目负责人为 2017 级本科生宋清琳,组员有 2017 级本科生曾俊炜、彭用一、罗志豪。本项目于 2018 年 5 月立项,立项级别为国家级,2019 年 3 月结题答辩被评定为优秀。

经济鱼类的高效养殖和优良品种选育是水产养殖业可持续发展的关键。黄鳍鲷,营养丰富,肉质鲜美,食用方便,是华南沿海重要的经济鱼类之一。作为一种雄性先熟雌雄同体鱼类,其生活史中存在天然性反转现象,低龄鱼(1~2 龄)多表现为雄性,高龄鱼(3~4 龄)多表现为雌性,雌性亲本的晚熟和缺乏限制了黄鳍鲷的人工繁殖和优良育种。本项目利用外源雌激素人工诱导黄鳍鲷性反转,并通过宏观组织观察、切片 HE 染色和 qRT - PCR 检测激素相关基因的表达变化,来研究外源雌激素对黄鳍鲷性腺发育和性反转的影响。本项目可以为缩短黄鳍鲷性反转周期和黄鳍鲷的高效人工育种提供重要的理论依据,并对其他海水经济鱼类的人工性反转和人工繁殖具有借鉴意义。

实验用鱼

第一次接触这个项目的时候,我们确实是一头雾水。当时大一的我们学过的唯一与生物方向相关的课程只有"普通生物学",而"普通生物学"内容大多是从进化的角度介绍的,与我们实验项目关联不大,于是四只科研"小白"仅凭着一腔热血便开始了漫漫探索之路。然而,面对一堆乱码式的文献,刚步入大学的我们感觉毫无头绪,貌似陷入了一番窘迫的境地。幸运的是,凭借着无知者无畏的勇气,有的时候可以战胜很多

困难。从硬着头皮一次次地叨扰卢建国老师，到后来反复和曾经参加过创新项目的师兄师姐们沟通交流，我们不断探索，找到了一套适合自己读文献的方法：从摘要入手，然后浏览前言，略读全文，查看图表，总结出适用于自己实验的结论，概括出整个实验的技术路线。然而，仅仅读懂文献并不能让我们有足够的能力去支撑起整个实验，经验的匮乏、专业基础知识的贫瘠，以及拙劣的实验技能，都成为我们实验路上一个个亟待攻克的难题。不过没关系，"道路就是生活"，只要一直在路上，一直在探索，就能找到一条适合自己的路。项目实施初期，我们发现实际的实施过程比计划中要困难，出现了许多之前未能预测的情况。例如，经过外源雌二醇激素处理后的黄鳍鲷应激反应大大提高，我们不断学习并改进对黄鳍鲷的养殖技术，

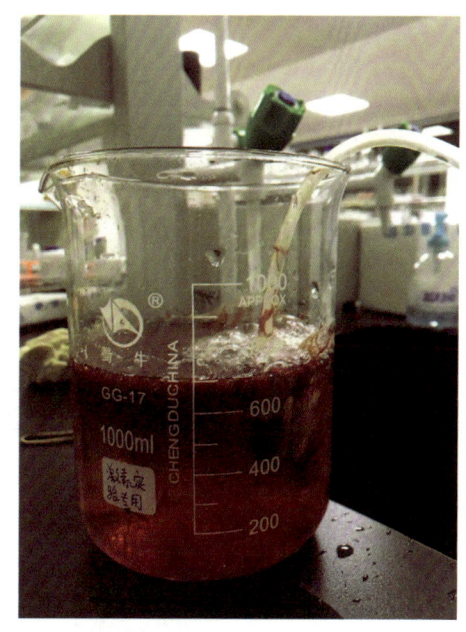

激素处理过的红虫

通过提供合理的光周期和加大养殖水体等方式减少黄鳍鲷互相攻击以及受伤的情况。面对未能预料的特殊情况，在保证实验结果完整性与准确性的前提下，我们在后期适当地调整了实验计划，确保项目正常实施。通过该项目一系列的工作，我们深切体会到科研实验的严谨与细致。从实验设计到实验操作的每一步，前后都有着紧密的联系与对应。同时，面对众多与实验相关或无关的因素，我们还要根据所需的实验结果进行全面的兼顾协调，确保实验项目的可行性和有序性。虽然过程艰难，但每一步都让我们积累了实践经验与技巧。

在整个实验过程中，确实有很多的困难，有很多我们解决不了的问题。"在路上看风景的人很少，赶路的人很多。"当走到分岔路口的时候，有的人会迷茫留在原地，有的人会折路而返。幸运的是，我们这一路走来，得到了很多善良的人的帮助，实验指导老师卢建国副教授的及时指路，实验室李石竹博士后的实验技能指导，师兄师姐们的经验传授……在困难面前，我们小组四个人更加团结，这个创新项目带给我们的不仅仅只是思维上的训练，技能上的训练，更重要的是，我们学会了如何协作，我们懂得了"整体大于部分之和"的道理，也懂得了"一个人走路也许会累，但一行人走路便会走得更远"的道理。

最后，再次感谢学院对我们的信任与支持，感谢指导老师卢建国副教授对我们的帮助，希望在今后的日子里，我们可以在科研这条路上越走越远。

项目答辩现场
（左起：罗志豪、彭用一、宋清琳、曾俊炜）

项目成员的日常活动
（左起：曾俊炜、宋清琳、彭用一、罗志豪）

八十九、学习、科研、成果

2016级本科生 李霄、谢韬林 2017级本科生 詹志鹏

【编者按】大学生创新创业训练计划项目"鳜鱼冷休克蛋白的克隆及其在抗病毒免疫中作用的初步探究"由郭长军教授、何键副研究员指导,项目负责人为2016级本科生李霄、谢韬林,2017级本科生詹志鹏。本项目于2018年4月立项,立项级别为国家级,2019年3月结题答辩被评定为优秀。

Y-Box结合蛋白(YB-1)是一种高度保守、参与多种生物学过程的多功能蛋白,是冷休克蛋白家族的一员。在本研究中,我们克隆了鳜鱼(Siniperca chuatsi)YB-1基因的全长cDNA序列,发现在其各组织中均有表达,以肝脏中表达量最高,并在亚细胞水平下定位于细胞质中,作为应激基因,鳜YB-1可在转录水平上响应体内及体外的冷应激。通过双荧光素酶报告基因实验和荧光定量PCR,我们证明了鳜YB-1响应病毒感染,可以活化NF-κB通路并促进其下游免疫基因的表达。而过表达和敲降实验显示鳜YB-1可以明显抑制某些鱼类病毒的复制。本研究首次完成了对鳜YB-1的报道,并首次揭示了其在环境应激、先天免疫调控及宿主—病原互作中的作用,为这一基因的研究提供了更多的参考资料,同时为水产病害的防控提供了新的切入点。

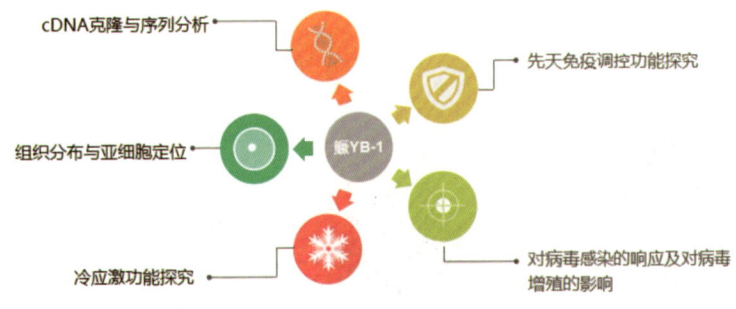

本项目研究思路

耗费将近一个学年的周末与节假日,再加上寒暑假留驻在实验室的时光,项目总算获得了一个令我们都满意的结果——在结题答辩中被评定为优秀,且有一篇文章"Molecular Cloning of Y-Box Binding Protein-1 from Mandarin Fish and Its Roles in Stress-response and Antiviral Immunity"即将发表于SCI期刊 *Fish & Shellfish Immunology*。如果问我们为什么能取得优秀的成果,我想一定是因为我们对科研报以一种执着甚至倔强的态度。科研之路从来不是一帆风顺的,挫折与失败都是家常便饭,但我们从未止步或放弃,一次没有成功那就再来一次,一遍又一遍地做下去,直到满意为止。时间并不充裕,我们的

"大创"项目团队指导老师郭长军教授的实验室先是在南校园,后搬到东校园,这意味着我们每周都需要往返珠海和广州两地。有时经过两轮扩增的克隆产物的跑胶结果并无荧光条带,我们也会咬咬牙,一边计算着末班车的时间,一边说:"现在重新做吧,还来得及",我们不会把它留到下一周,于是三人轮流奋斗,直至出现积极反馈。反复的实验操作或许枯燥,但总能带给我们惊喜的实验成果,这也许就是我们如此热爱科研的原因吧。

在这一年中,我们得到了许多师兄师姐的帮助,实验室的氛围积极而温馨。有些实验,譬如细胞传代培养等需要具有连续的时间段才能进行的实验,在仅有周末且跨校区实验的情况下,我们只能请求在实验室的师兄师姐帮忙收样。可以说,如果没有实验室大家的帮助,我们的项目将会寸步难行。不仅如此,大家讲解问题时的耐心细致,组会讨论时的紧张严肃,放松时刻的亲切欢脱,这些都是宝贵的经历与回忆。

在团队里,我们秉承"本周默认科研"的态度,没有特殊情况都需要前往实验室,每一周我们都会基于上周的实验结果,与何键老师协商并制订实验安排计划,继续新的工作。当这种默契定下来后,我们就再也不会怀疑自己所做的努力是否有意义,也不会因为什么而动摇我们的决心。尽管放弃了很多闲暇时间与娱乐活动,但在科研面前,这些都是可接受和理解的。"不行,这周我要去实验室"这句话说了不下十次,语气里没有拒绝的遗憾,而是饱含了做科研的骄傲。

李霄说:"因为幸运,所以大一上学期就参加了'大创'项目;因为幸运,所以能够进入郭老师的实验室;因为幸运,能遇到如今的队友;因为幸运,能够走上自己喜欢的这条道路。因此,三年来我从未迷茫或后悔过——虽然每学期八成的周末和假期时间都消耗在了实验室,养鱼、杀鱼数百条,点384孔板点到头晕眼花,在阴性结果的跑胶图前思考人生,做克隆涂板子时心里呼喊着'我不干啦',然后第二天看到长出来的菌落又'满血复活',或者长不出来时红着眼再来一次,伴随着实验技能的提高和文献储

李霄

备的扩增,我们逐步成长起来。想想最初还懵懵懂懂的自己,虽然一心想从事科研,却总是怀疑自己是否真的有这方面的天赋,而经过了三年的磨炼之后,我终于确信我做得到,这便是我最大的幸运与收获。感谢学校与学院为本科生提供这样一个平台,让我们提前体验专业的实验室生活,而我们则进一步证明,一年的创新项目可以不只是体验,只要有激情与投入,同样会有成果与产出。作为团队的第一届成员,我衷心地希望我们团队的积累可以传递下去。"

谢韬林说:"在实验室的经历对我来说是非常独特而难忘的体验,我的各方面科研能力都得到了充足的锻炼(如文献检索与阅读、实验、写作等),对科研也逐渐建立起了自己的认知。这三年的时光就像一个楔子,看似唐突地插入了我前20年慵懒散漫的生活,实则彻底改变了原有的轨迹。如今,我们的第一篇SCI文章(中科院分区一区)即将出炉,虽然影响因子并不高,但这是对我们的付出的重要铭刻。感谢郭长军老师和何键老师的辛勤指导;感谢俞扬师姐和秦孝伟师兄等各位师兄师姐对我们无私的帮助;感谢我最可爱的两位队友——对科研热情满满、实验技能很强、不辞辛劳地承担了报销等琐事的李霄和乐观开朗、机智勤劳、积极向上的2017级小师弟詹志鹏。我们能取得今天的成就,与学院和实验室对本科生科研的支持是分不开的。在这里,我想说,学院的大部分本科同学都应该进一次实验室去尝试科研。在本科阶段,如果对自己的未来没有明确想法的话,就应该多去尝试各个方向,这样才能明白自己真正想要的是什么。不要被主流裹挟,盲目地投身科研或者别的行业中,花费数年青春后才发现自己不适合,却悔之晚矣。"

谢韬林

詹志鹏说:"我还记得李霄师姐和谢韬林师兄在项目初期一次又一次地告诉我,进入这个团队是很辛苦的,'从天亮到再天亮'的经历比比皆是,很多人都因此望而却步。我说我很闲,而且很喜欢,可以试试。于是通过几次面试,就把我归入团队了。我在团队的这一年里,实验操作方面的确有了很大的长进,也学到了不少东西。然而,和师兄师姐比起来,我还是太年轻、太稚嫩了。项目结题之于我们的意义并不是终止实验室生活,而只是'冷休克蛋白的初步探究'实验告一段落,再仔细阅览文献,再回过头来看看我们的实验成果,'冷休克蛋白的进一步探究'将要开始了。我也将要建立起新的项目团队,带上一名大一同学,教会他我一年来所学的东西,这也是一种传承吧。"

詹志鹏

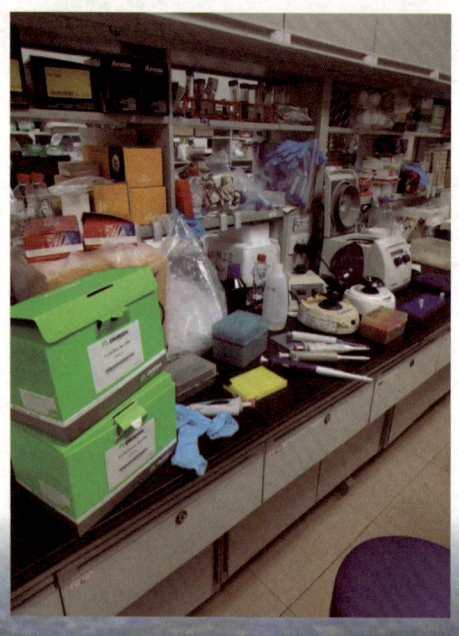

用品充足且平台完善的实验室

回顾这三年，林林总总，我们得到了太多人的支持与帮助，短短篇幅难以尽述，能够完成项目，并得到如此优异的成绩，尤其离不开老师、实验室以及各位师兄师姐的支持。感谢郭长军老师和何健老师的亲切关怀与耐心指导，为我们指明研究的方向，帮助我们解决了从学术到生活的一系列问题。感谢实验室为我们提供进入科研的平台，能够让还是本科生的我们接触、学习各种分子实验技术，良好的科研学术氛围更让我们坚定了志向。同时还要感谢俞扬师姐帮助我们准备样品，秦孝伟师兄为我们提供技术和试剂支持，还有王园园师姐、李智敏师姐、曾若云师姐、刘畅师姐……感谢整个郭组大家庭，若无各位师兄师姐的支持与协助，我们也无法顺利地完成项目。

虽然项目结题了，文章投出去了，但我们团队的科研之路还没有止境，接下来我们也会继续在冷休克蛋白这个领域进行进一步的研究，而这条道路阻且长，三年的研究只不过是初探深浅。或许我们剩余的大学时间尚不足以探明整个领域，或许需要许多届的师弟师妹接替我们的研究，但至少我们不会感到遗憾。自主学习、尝试科研、获得成果，在大学时光，这份经历将会是我们以及有志于与我们走上相同道路的你们一生中最大的财富。

项目研究团队合照
（左起：何键副研究员、谢韬林、詹志鹏、李霄）

九十、结题摘优秀，携梦再出发

2015 级本科生　黎泽林
2016 级本科生　李烽全　2017 级本科生　姬翔、刘佳

【编者按】大学生创新创业训练计划项目"珠江口鱼类病毒性疾病的流行病学调查及分析"由贾坤同副教授指导，项目负责人为 2015 级本科生黎泽林，2016 级本科生李烽全，2017 级本科生姬翔、刘佳。本项目于 2018 年 4 月立项，立项级别为省级，2019 年 3 月结题答辩被评定为优秀。

病毒性出血性败血症（viral hemorrhagic septicemia，VHS）是一种能够感染鲈鱼、虹鳟、茴鱼和大菱鲆等十多种鱼类的致死性、全身性的传染疾病。VHS 的病原体是病毒性出血性败血症病毒（viral hemorrhagic septicemia virus，VHSV），属于弹状病毒科弹状病毒属，基因组为一段单链负链 RNA。本研究首次从珠江口海域的野生大口黑鲈中成功检测到 VHSV 的感染，并利用对该病毒敏感的胖头鲤肌肉细胞系（FHM）对该病毒完成了体外分离和扩增，最终通过 cDNA 末端快速扩增技术（RACE）获得该病毒的全基因组序列，全长为 11063 nt。进化树分析表明其与 NCBI 提供的 VHSV 病毒株（登录号：AB490792）亲缘关系最近。该研究为深入研究 VHSV 与大口黑鲈之间的相互关系提供了重要的实验基础。

以上实验成果曾在 2018 年 11 月举办的第二届高校大学生海洋与化学科技实践论坛中进行墙报展示，题为"一株病毒性出血败血症病毒（VHSV）的分离鉴定及全基因组序列分析"，获优秀墙报奖。并以"Isolation and Identification of a Viral Hemorrhagic Septicemia Virus (VHSV) Isolate from Wild Largemouth Bass in China"为题向 SCI 期刊 *Journal of Fish Diseases* 投稿。

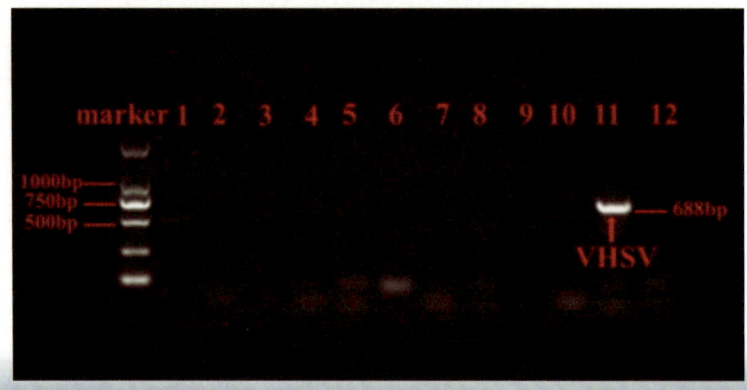

RT-PCR 检测病原

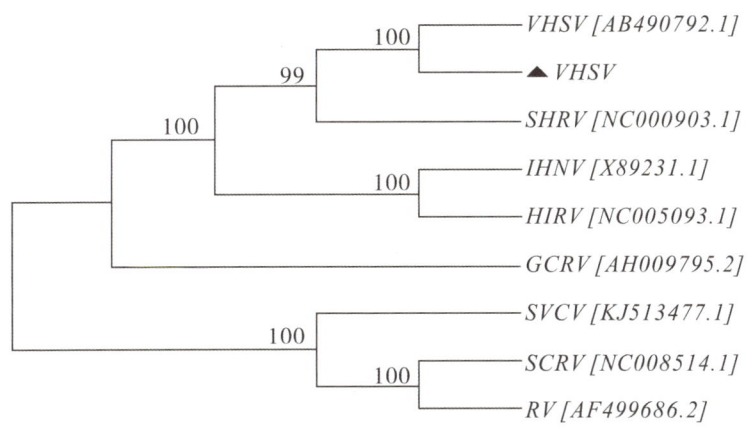

VHSV进化树分析

仲春四月，有耕耘，也有收获。

黎泽林、李烽全、姬翔、刘佳四位本科生共同完成的"大创"项目"珠江口鱼类病毒性疾病的流行病学调查及分析"结题并被评为优秀，不可不谓他们追梦路上的小小鼓励。那么，他们是如何一路走来的？又是如何看待这次经历的呢？让我们一同听听他们的感想吧。

采访者：泽林师兄，请问您作为本组"大当家"，有没有团队组织方面的经验可以和大家分享一下呢？

黎泽林：作为创新项目小组的组长，在项目实施的过程中，我主要遇到三个问题：如何进行实验，如何把握项目的进度，如何做好项目的分工。首先，对于第一个问题，要做到多和指导老师交流，多向师兄师姐学习。其次，在项目的进度上，必须严格按照预定的时间进行，即使有段时间会比较忙，也要加班加点完成预定实验计划。最后，需要在项目顺利实施和传授实验技能之间找到一个平衡点，允许犯错，但要尽快纠正，避免再次犯同样的错误。

项目负责人黎泽林在第二届高校大学生海洋与化学科技实践论坛中做墙报展示

采访者：姬翔同学，请问你和刘佳在大一时决定参与"大创"项目的原因是什么呢？

姬翔：我和刘佳同学是在大一寒假决定的，主要是想通过这个项目接触科研，尝试科研，为将来的人生方向提供参考。况且，学院为"大创"项目的开展提供了极为优越便利的条件，老师和师兄师姐态度热情，悉心教导和帮助我们，令我们坚信，我们必定能从中收获很多。

姬翔

采访者：刘佳同学，请问你在整个实验中有什么印象深刻的收获？

刘佳：印象深刻的是在提取生蚝的 DNA 时，我们对分子生物学与细胞生物学方面的知识了解不够深，也没有解剖过生蚝。但是通过师兄们一步步带我们熟悉整个实验步骤，反复的实验增强了我们的动手能力，让我们更加了解科研。做项目的过程跟平时的课程学习不同，需要自己动手做，详细记录实验步骤，理解其原理，这对当时大一的我来说十分有吸引力，因此越发想深入了解它。

刘佳

采访者：黎泽林师兄，请问您带领大一、大二的实验"小白"做实验是什么样的体验？

黎泽林：带领组员们从一无所知到能独立开展实验，就像带大一群小孩一样。一开始，每个实验步骤我都一一叮嘱他们需要注意的事项，并且允许他们犯错，有时会想不如自己亲自动手。但过了这个学习期，他们能够独立开展实验，整个项目的进度也加快了许多，自己也轻松了许多。所以说，这更多的是一种欣慰与成就感。

采访者：李烽全师兄，请问您完成这个项目之后的计划是什么？参与"大创"项目给您带来了什么收获？

李烽全：在完成这个项目之后，我会利用项目已有的成果继续做后续的研究。作为组员参与"大创"项目，我得到最多的是团队合作和实验技能的锻炼，同时也为自己以后能够独立开展实验奠定基础。参与"大创"项目让我也更加深入地了解和认识这一科研方向，能为以后的学业和人生规划提供参考。

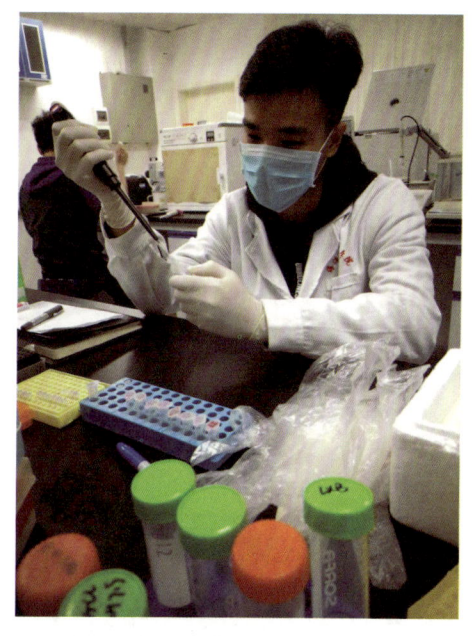

李烽全

几问几答，不难总结，虽然所在的年级不同，但他们无不站在青春的十字路口，身处耕耘的季节。愿他们从"大创"项目中所获得的收获傍身永久，也愿更多海院学子从"大创"项目中获得属于自己的经历与成长！

最后，小组成员还有一段特别的话要说：感谢易梅生教授与贾坤同副教授的悉心指导与耐心培养，感谢 A410 大家庭的师兄师姐无微不至的关心与点拨，感谢海洋科学学院为我们提供此次开展项目的机会和条件！小组成员非常珍惜和大家在一起的每一段时光。没有大家的帮助，我们不可能有如此宝贵的学习与成长经历！衷心感谢！

九十一、波浪衰减，波乐思鉴

**2017级本科生　罗钧升、刘帅、罗祺皓、
谢金池、黄子钊**

【编者按】大学生创新创业训练计划项目"基于物理模型的波流耦合作用下刚性植物的波浪衰减实验分析"由胡湛副教授指导，项目负责人为2017级本科生罗钧升、刘帅、罗祺皓、谢金池、黄子钊。本项目于2018年4月立项，立项级别为校级，2019年3月结题答辩被评定为优秀。

首先，非常感谢各位专家老师对我们"基于物理模型的波流耦合作用下刚性植物的波浪衰减实验分析"项目努力成果的肯定，我们备受鼓舞。我们课题的主要内容是通过构建物理模型（水槽实验），研究纯波浪、波流同向、波流反向工况下，不同波浪要素、水深条件和植被密度情况下植物消浪过程。

当时我们五位成员刚刚踏入大一下学期，专业知识储备也不够，听到大学生创新创业训练计划项目时，我们都毫无头绪。不过幸运的是，我们的班主任胡湛老师是红树林研究方面的专家，曾为我们班级开展过一次关于红树林的讲座。阅读完老师分享的若干文献后，我们又了解到红树林的海岸生态防护是当下非常受关注的话题。于是，我们在网上查阅了若干相关文献之后，决定把红树林的波浪衰减特性实验分析作为我们的项目研究方向。我们主动找到胡老师，交流了一下我们初步的想法，得到了胡老师的肯定。在胡老师的指导与介绍下，我们完成并提交了申请书，参与正在做相关实验的练思媚师姐和魏怀昱师兄的实验中。至此，我们的科研之路算是正式揭开序幕。

实验过程操作界面

实践与理论还是有一定差异的。我们刚进入实验室时，都很茫然，说什么都不会也不为过，完全不知道该干什么。不过幸好，师兄师姐都非常热情，一步一步地指导我们开展实验。一开始是水槽物理模型的建造。我们的工作包括清扫、打孔、切割、粘贴、打棒等。工作看似简单，但在长 20 米的水槽中做起来可不轻松。我们时常因为工作而腰酸背痛、汗流浃背，然而却乐在其中。要说原因，也说不上来，这可能就是科研的魅力吧。随着实验的进一步推进，练思媚师姐和魏怀昱师兄又教会我们使用造波机、ADV、波高仪等仪器，以及记录与保存实验数据等。由于没有掌握 Matlab，我们小组并没有参与实验的数据处理过程，因此强烈建议学弟学妹们尽快掌握 Matlab 这一科研有力工具。到实验结题阶段，我们将师姐师兄处理过的数据图表进行分析和讨论，得到了"波流同向的植物波浪的衰减随同向流流速的增大先增强，后减弱，存在一临界值"等实验结论，并在练师姐的指导下完成了最后的成果报告和报告书。那天傍晚，我们把成果报告初稿发给练师姐看，师姐一直批改到晚上 12 点，并把报告发回给我们，指出我们报告中的诸多问题，并给出了很多建议，这让我们很感动。虽然我们小组成员没有完成全部的工作，但是我们始终带着一颗严谨认真的心去做好每一件事，我们认为，这是科研必备的品质之一。

实验模型

通过这次"大创"项目，我们学会了阅读文献和发现科学问题，学会了使用造波机、ADV、波高仪等仪器，学会了建造物理模型，科研能力和动手能力有了很大的提高。我们还学会了学析与讨论实验结果、撰写成果报告乃至科研论文，提高了科研素养。我们在实验中团结互助，收获了珍贵的友谊，对科研有了深入的认识。

最后，再次感谢我们的指导老师胡湛副教授给了我们参与此次实验的机会，没有他对我们进行指导，就没有我们这个项目的结题。感谢练思媚师姐与魏怀昱师兄在实验过程中对我们的悉心指点、帮助和照顾，他们投入了很多心血和精力，让我们感受到浓浓的关切与情怀。大家在项目中互相学习帮助，共同度过了一段美好难忘的时光。希望本文分享的经历能展示出科研的魅力，为学弟学妹们提供一点帮助。

项目答辩现场
（左起：谢金池、黄子钊、罗祺皓、刘帅、罗钧升）

项目组成员
（左起：黄子钊、罗祺皓、刘帅、谢金池、罗钧升）

九十二、粒粒皆辛苦

2017 级本科生　毛琳、陈宏波、罗杰骏

【编者按】大学生创新创业训练计划项目"神狐海域含水合物浊积体的粒度特征分析"由苏明副教授、吴驰华副研究员指导，项目负责人为 2017 级本科生毛琳，组员有 2017 级本科生陈宏波、罗杰骏。本项目于 2018 年 5 月立项，立项级别为省级，2019 年 3 月结题答辩被评定为优秀。

神狐海域位于南海北部陆坡区 600～1500 米的水深范围，沉积层温度和压力等条件均符合水合物成藏的要求，且其下伏地层中发育有含烃流体向上运移的通道。在微观尺度上，该区的细粒浊流沉积体具有较大的沉积物颗粒粒径，因此，浊积体通常具有较大的孔隙度和较好的渗透率，为水合物的形成提供潜在的空间，并且制约了水合物的产出位置。

为了更好地揭示研究区内含水合物浊积体在粒度上的特征和变化，我们利用广州海洋地质调查局所采集的高分辨率地震数据和岩心粒度资料，进行地震解释和粒度 C-M 图版绘制，再结合区域沉积过程分析，初步阐述研究区浊积体特征与水合物赋存的关系。

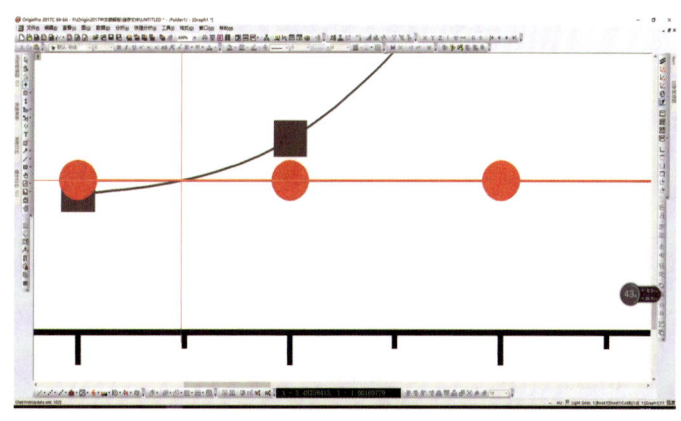

将数据拟合求取 C 值

本项目就广州海洋地质调查局对 GMGS01 和 GMGS03 区块中的典型水合物站位的粒度测试结果，计算粒度参数，并绘制其 C-M 的图版，从两个不同角度揭示其粒度特征。C-M 图与沉积搬运作用密切相关，可以提供关于沉积物水动力的状况资料，对沉积物类型进行较准确的判别。频率直方图和概率累计曲线需要大量数据支撑，致使数据处理时难度大大增加，并且测定数据典型性不强。而 C-M 作图的方法，所需要的数据量相

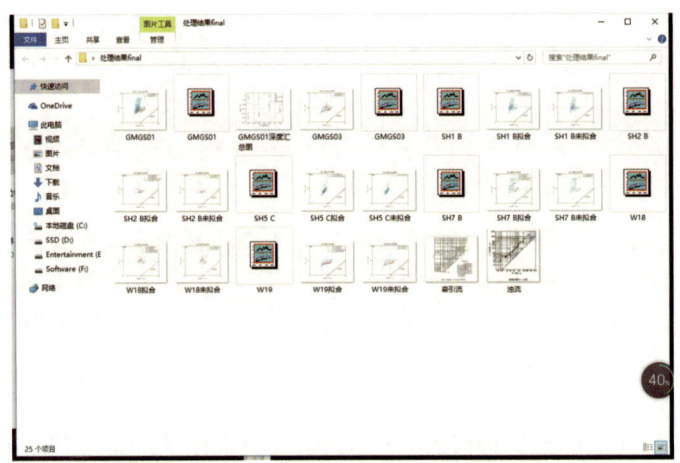

整个项目中得到的所有数据分析图

对较小，且根据图上点群分布，可利用已知的典型 C-M 图做对比，判断出碎屑物质的搬运沉积条件，从而为沉积环境解释提供参考数据。

本项目还将着眼于两个航次中的不同站位的粒度异同点并对比进行分析，从直观感知上和数理分析上对含水合物浊积体的粒度特征进行认识和解释，并从中总结出浊积体粒度特征与水合物分布的联系，以求对实验结果的普遍性和区域特异性做出进一步了解，从而为大区域浊积体特征的识别和描述提供佐证，并为水合物勘探测试提供指示意义。

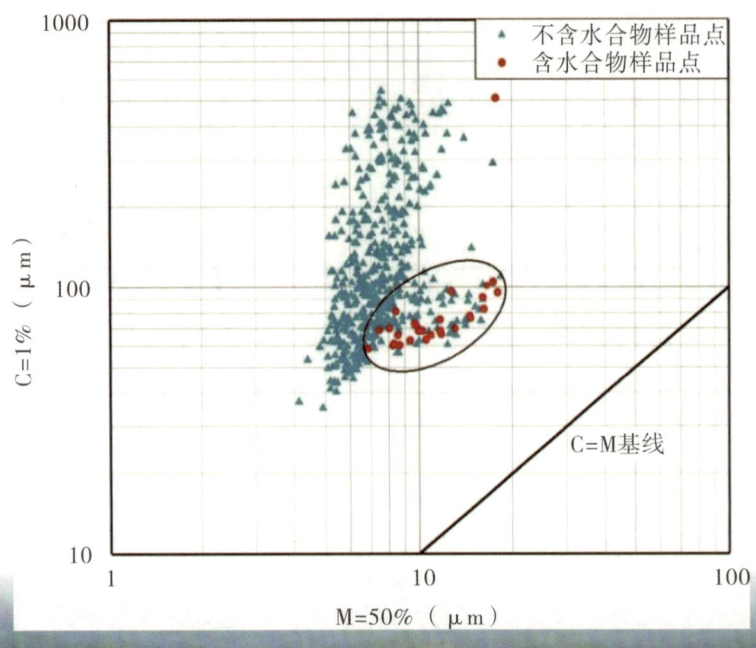

GMGSO1 粒度 C-M 分析图

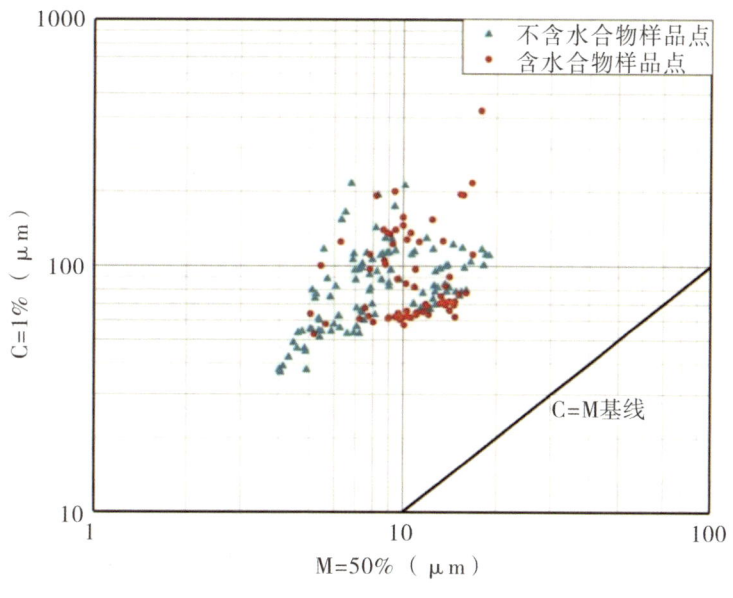

GMGSO3 粒度 C–M 分析图

研究的过程并不是一帆风顺的。记得有一次我们将所有站位的粒度数据都处理好后，却发现在方法上与前人所用的有所不同，得出的数据结果也相差甚远。研究一度陷入僵局，我们不敢随意否定前人的研究结果，也不愿意相信自己辛辛苦苦做出来的结果是错误的。在经过激烈的思想斗争之后，我们决定重新调整数据处理方法，将所有的数据重新处理一遍，以此来验证我们的结果是否有误。那一整天我们三个人都在埋头苦干，每个人都在争分夺秒地处理数据。

毛琳说："这个项目更多的是考验我们的逻辑思维与分析辩证能力。在这个项目开展过程中，我学到了如何有效地查找文献以及阅读文献，并且能对诸多的文献内容进行整合提取。到后面进入对数据的分析阶段，我的辩证逻辑思维能力得到进一步锻炼，并从中获益良多。同时，我还找到了两个非常好的伙伴。在整个过程中，大家一起努力，一起进步。非常感谢我的两位组员给予我的支持与帮助。最后，特别感谢我们的指导老师苏明副教授和吴驰华副研究员对我们的指导与帮助。"

陈宏波说："起初接触这个项目的时候，我有着许多憧憬和好奇。可逐渐接触科学研究后，我才发现科研需要的不仅仅是热心和

毛琳

冲劲，更需要沉稳和冷静。从上千个数据逐项处理开始，我就意识到这项工作是繁重和乏味的，一个样本点需要好几分钟。虽然开始的时候我感到焦躁，但慢慢地，我开始领悟到处理这些数据的严谨与乐趣，那就是把成果做出来的成就感。刚开始，我们绘制了多个数据点分别汇总的结果图，开展了多次线上线下讨论会。我们从图上得出的结论不完全一致，于是我们开始争论辩驳，通过查阅参考书，以及对前人所做的文献进行对比、论证，最终得到统一而大致满意的结果，前面一切努力都是值得的。这个项目让我懂得了做科研需要稳重和坚持的态度和精神，这既锻炼了我的能力，也锻炼了我的心性。此外，我衷心地感谢队伍的成员以及热心指导我们的苏明老师和吴驰华老师。"

陈宏波

罗杰骏说："开始接触这个项目时，说实话我是不太了解的。但经过阅读大量相关文献，和组员们进行深入讨论，以及指导老师给予指导和帮助之后，我逐渐对这个项目的来龙去脉有了认识。整个项目下来，我懂得了作为海洋科学学院的学子应该要掌握的知识和技能，也认识到了主动交流、讨论和寻求帮助在学习研究中的重要作用。在此我十分感激我的两位组员和两位指导老师的支持和帮助，也要感谢学院对大学生创新创业训练计划项目的支持，让我有了一次阔步成长的机会。"

罗杰骏

我们一起吃过饭、开过会、登过台；我们笑过、闹过，也吵过；我们一起经历过开题的激动、过程的压力、解题的紧张，以及得到优秀结题的欣喜。做这个项目，让我们三个相聚在一起，很开心大学期间有这么一段时间能和大家一起度过。我们想对以后参加大学生创新创业训练计划项目的同学们说，只要有想法，那就勇敢去做。我们或许无法预测事情的走向，但我们会无比享受整个过程。正少年，勇敢追。

项目答辩现场
（从左至右：毛琳、陈宏波、罗杰俊）

感谢海洋科学学院为我们提供参加大学生创新创业训练计划项目的机会，让我们得到了有效的学术培训；感谢两位指导老师——苏明副教授和吴驰华副研究员的悉心指导与帮助，我们从他们身上获益良多；最后感谢组员们，遇到问题不骄不躁，出现分歧时冷静协商，在项目过程中互相带携、共同前进。

再次感谢这次经历，让我们有了一次阔步成长的机会。

更要感谢前线采集一手资料与获取分析数据的科研工作者，没有他们的贡献，我们的项目无法开展，他们让我们更加懂得了获取原始资料与成果的辛苦。

九十三、从科研中发现乐趣

2016 级本科生　郑文义、李政坤、蔡达仰、张金锋

【编者按】大学生创新创业训练计划项目"神狐海域气烟囱构造形态特征差异与水合物富集的关联性分析"由苏明副教授指导,项目负责人为 2016 级本科生郑文义,组员有 2016 级本科生李政坤、蔡达仰、张金锋。本项目于 2018 年 9 月立项,立项级别为国家级,2019 年 3 月结题答辩被评定为优秀。

项目简介

我们的项目名称是"神狐海域气烟囱构造形态特征差异与水合物富集的关联性分析"。在苏明老师的指导下,我们的项目顺利结题,并被评定为优秀。从中,我们也收获颇丰。天然气水合物,俗称"可燃冰",是 21 世纪新兴能源,大量分布于海底。我们研究的是关于形成可燃冰的管道特征,其中一种管道就是气烟囱,通俗地讲就是气体在柱子中从下往上运动的现象(如下图)。

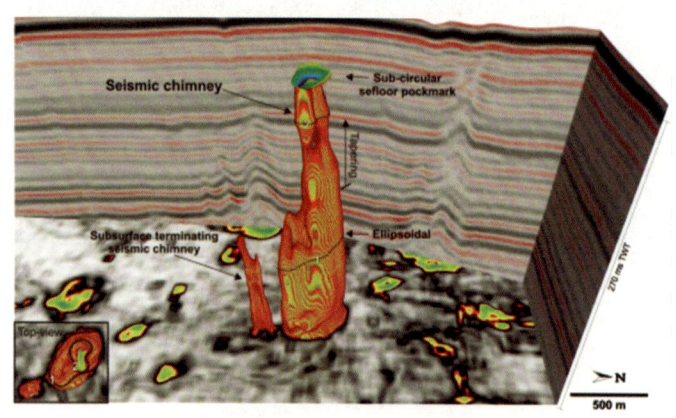

气烟囱的形态特征(Steinar Hustoft,2010)

研究阶段

我们的研究过程主要分为四个阶段:一是前期的文献阅读,为项目的开展提供知识基础。二是在工作站中识别气烟囱并且描绘其形态,然后测量气烟囱的形态参数。三是发挥自己的绘画天赋,绘制漂亮的气烟囱图片(如下图),这非常适合喜欢画画的同学。四是分析我们获取的数据,并从中总结出结论。

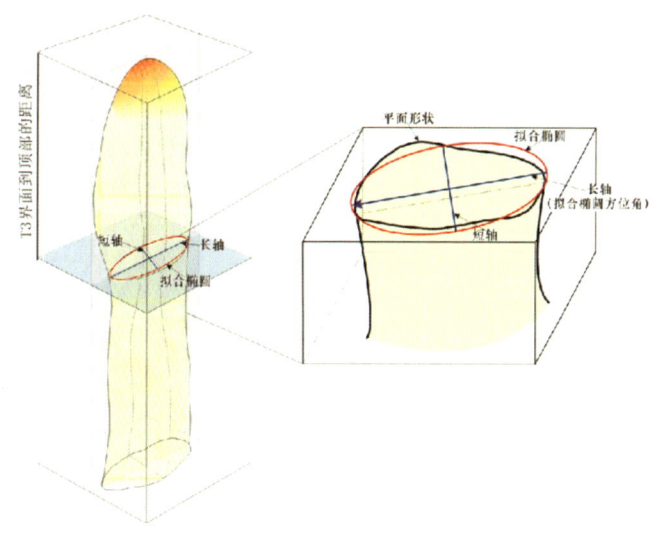

绘制的气烟囱图片（来自张伯达师兄）

研究过程

一开始，我们根据自己的兴趣找到了苏明老师，经过交流之后，才决定开展这个项目。由于对相关知识不了解，因此在交流过程中，我们经常听得一头雾水。在老师的建议下，我们开始大量阅读相关文献，并互相分享，相互促进。

接着，我们开始从纸质地震剖面图识别气烟囱，为工作站的识别工作打下基础。我们每周去一次老师的办公室，利用彩色笔在地震剖面上画出气烟囱的范围，然后测量气烟囱的各种参数，并进行数据的预处理，为接下来的工作提供指导方向。

组员们在一起处理数据

249

2018年暑假，在苏明老师的帮助下，我们获得了去广州海洋地质调查局使用工作站的机会。在那里，苏明老师指导我们如何使用工作站，以及如何识别几种重要的地质构造现象。这不仅对我们项目的完成起着关键作用，更为我们今后继续从事该方面的研究打下良好的基础，是一次非常难得的机会。我们根据在工作站获得的数据进行分析，并利用 Corel Draw 软件制图。我们经常坐在一起讨论各种数据的关系，分析它们是否对水合物的富集具有指示意义。

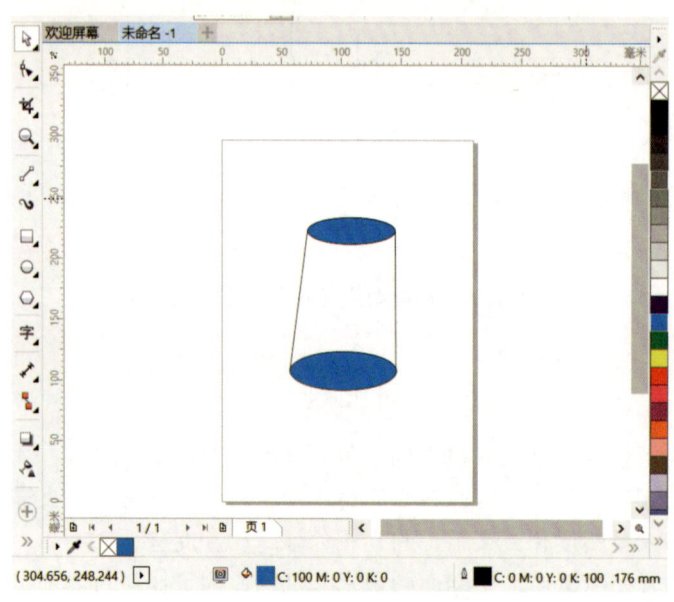

使用 Corel Draw 软件制图

研究收获

　　（1）发现乐趣。科研本身就不是那么简单，甚至还有些枯燥，这需要有一颗坚持不懈、能够静下来思考的心。当你真正地投入大量精力后，工作有了初步的进展，工作的成果也开始显现，此时你的自豪感油然而生。即便没有出现你想要的结果，但是总会有其他惊喜的发现，这正是科研的乐趣所在。比如，绘制好一幅好看的气烟囱图片，你就会特别有成就感；当你通过线索发现气烟囱的形成时，就会特别的兴奋。

　　（2）发现团队合作的意义。通过参加这次"大创"项目，我们明白了团队合作和交流的重要性，这不仅关系到项目开展的进度快慢的问题，更关系到一个团队能否坚持到最后并取得优异成绩。

项目答辩现场
（从左至右：张金锋、蔡达仰、李政坤、郑文义）

最后，特别感谢苏明老师给我们这个参与科研的机会。苏明老师在项目的实施过程中认真指导我们，及时指出我们存在的问题，还经常在生活上给予我们帮助。同时，还要感谢张伯达师兄随时跟进项目进程，不断给予我们指导。

九十四、中山大学帆船队：
蓝色波涛中的乘风破浪之旅

【编者按】 在2017年第三届中国大学生帆船锦标赛乙组成绩的颁奖典礼上，中山大学（海洋科学学院）帆船队的队员们站在领奖台的正中央，高举着奖杯，拉起带有"中山大学"字样的旗帜和校徽，彼此拥抱，笑容灿烂地面向镜头。在乙组比赛中，五位队员驾着他们的帆船、迎着重重碧浪，冲到了最前面，他们夺得了冠军。而那时，距离队员们初次接触帆船，仅仅过去了四个月。

"那艘船在水上感觉要飞起来了似的"

在中国，帆船运动并不是很普及，高昂的费用、艰苦并且带有危险性的训练已足以让许多兴趣爱好者望而却步。中山大学（海洋科学学院）帆船队的组建也并非一蹴而就，而是经过校体育部凌春贤书记及仇亚宾副书记、海洋科学学院陈省平书记一段时间的酝酿。2017年4月，校体育部派杨利春老师作为帆船队教练，特邀国际帆船联合会仲裁委员会委员顾欣祖教授一同前往珠海校区与海洋科学学院的同学们见面，向同学们介绍帆船运动和建队设想。2017年4月，帆船队正式组建。这是广州高校第一支帆船队，同时也成为校体育部与学院共同建队的新模式探索范例。

第三届中国大学生帆船锦标赛乙组第一名奖杯与校徽

帆船队的现任队长——2016级海洋科学学院本科生左皓晟对帆船的兴趣比其他队员更浓厚，"因为我是青岛人，曾亲眼见过2008年奥运会的帆船比赛，当时就觉得这项运动看上去特别厉害，那艘船在水上感觉要飞起来了似的"。梦想成为现实的转机出现在中大。在院内举办的招新宣讲会上,左皓晟兴致勃勃地问了很多细致的问题,"我就是想去试一试"。左皓晟的热情给帆船队的主教练、中大体育部的杨利春老师留下了深刻印象。一个星期之后,杨老师打来电话,邀请左皓晟担任中山大学帆船队的第一任队长。事实证明,杨教练并没有看错人,两年下来,这个来自"中国帆船之都"的左皓晟一直是队伍中的技术佼佼者,整个团队在他的带领下愈加团结,并逐渐拧成一股绳。

在暴雨中训练的舵手左皓晟

和左皓晟不同,海洋科学学院 2016 级本科生周宇森帆船运动的"遭遇"纯粹就是一种巧合。一开始并未看到招新宣传推送的他,险些与这项运动失之交臂。直到从舍友的口中了解到这项运动以及宣讲会的相关情况,他产生了浓厚的兴趣,并在之后成功获得了参与的机会。从此,他就与帆船队、帆船运动结下了不解之缘。而 2017 级负责主帆的队员罗志豪则在 2017 年 8 月的招新时加入。这位年轻的队员来自粤北,家乡坐落在层层叠叠的山地之中。在此之前,他也只通过一些电视节目或者网络图片才了解到"帆船"这项看上去遥远又刺激的运动。他最终选择了海洋科学学院,选择了帆船队,选择了与过去截然相反的另一种生活,他说:"我还是很向往大海的。"于是,他未来的四年光阴,都与那蓝色的海洋、摇曳的红树林、喧嚣的碧浪以及远方的海平线联系在一起。

现在的中大帆船队总共有六名成员,分别是左皓晟(舵手)、周宇森(前帆缭手/瞭望员)、游泽健(主帆缭手/球帆缭手)、梁越洋(球帆缭手/前帆缭手)、付全有(球帆缭手/前帆缭手)、罗志豪(前帆缭手/主帆缭手)。他们都是中大海洋科学学院的本科生,在进入队伍之前都没有任何基础,学校为他们请了四名教练,其中包括来自校体育部的杨利春教练和三位广州云帆俱乐部的教练员。严格的训练是进阶的基础,兴趣与热爱是他们成长的最好动力，他们从层层选拔之中脱颖而出，终于开启了乘风破浪的壮阔旅程。

在2018年亚锦赛上留影
（右起：周宇森、梁越洋、付全有、游泽健、黄鑫教练、左皓晟、罗志豪）

驾着帆船遇见"小蛮腰"

自2017年夏天起，帆船队就开始紧锣密鼓地开展训练，为的是在8月的第三届中国大学生帆船锦标赛上争取第一个荣誉。对一支4月才组建的队伍来说，这并不是一个能够轻易达成的小目标。

全员零基础的短时训练，用左皓晟的话来说就是"非常神奇"。一般来说，零基础队员练习帆船驾驶，一般都是从单人船开始练习，直到个人能够熟练地掌握驾船技术。而2016级、2017级的队员们面对即将到来的比赛，不得不另辟蹊径——全员上大船训练。这样的初始练习显然是艰难的，"一开始练习大船的时候，我们对整艘船没有一个很直观的感觉。因为小船比较敏感，一阵风过来一抖，你就能够感觉到速度在加快；而大船不一样，一小阵风吹来根本推不动整艘船。这些给我们具体调整帆和舵的训练造成了阻碍"。这是左皓晟对大船训练的最初印象。周宇森第一次上船时，对周边的风光和个人的心境没有太深的印象，只记得一系列帆船原理和注意事项，一心想着在上船之后能够正确地操作。帆船队的初训，就在这样紧张而刺激的气氛中开始了。而他们需要克服的困难显然还不只这一些。

在左皓晟看来，与陆上运动相比，帆船运动最关键的是它"不以人的意志为转移"。船的运动在很大程度上取决于风的方向和大小。有时候如果没有风，你的船就停在那里，就算大家都急坏了它也走不了；但是反过来，如果有风，就算操作有一点失误，船也照样能够跑起来。"不与风抗衡，要懂得顺应风。"这是队员们在长期训练过程中总结出来的宝贵经验。在训练之初,困扰罗志豪的并不是技术上的困难,而是心理上的障碍。"在船快要翻的时候,我会很害怕,担心它翻了之后就翻不回来了。"为了克服恐惧,罗志豪选择迎难而上,他总是在大风的日子里刻意让自己驾驶的小船多翻几次,再一次又一次地把它扶正,以期习惯这种翻覆的状态,找到操控和把握的感觉。

日常训练——队员们在帆船上吃面包

日常训练——清洗帆船

在训练基地集训之余,帆船队也会尝试找一些"刺激",以便更好地应对比赛中出现的未知情况。让队员们印象深刻的一次航行训练发生在台风天,在这之前相当长的时间里,队员们都只能在微风或无风的内河航道进行常规练习。"而那天河面上有风浪,所以船开得特别快,我们乘着风一路狂奔,所有人都觉得非常刺激!"左皓晟描述当时

在训练基地洗船

的情景时依然难掩兴奋,"两位教练和我们一起驾着船沿着内河的小航道一直走到华南大桥附近,在那里我们已经可以看到广州塔了"。杨教练的家人撑着雨伞、顶着狂风暴雨在岸上为大家加油,站在遥远的石头栏杆后面不停地挥手,队员们欢呼着给予热烈的回应,小船在一片茫茫的风声中沸腾了起来。

帆船队正在靠近广州塔

从广州云帆基地沿内河向广州塔的进发线路图

趁我们正年轻

帆船运动作为一项水上运动，在中大被鲜明地打上了海洋科学学院的烙印。六位队员都来自海洋科学学院，他们将专业学习与水上运动结合了起来。罗志豪谈及帆船运动对专业学习的影响，说总会想起大一时自己上过的大学物理课程。"在那门课上，老师讲到了帆船的原理，比如帆船在顺风和逆风的时候都可以航行。"罗志豪有点小骄傲，具备帆船运动航行日常经验的他，在某种程度上可以比别人更容易理解这些细节性的问题。

此外，帆船队里还有三位成员是物理海洋专业的学生，他们曾经无数次与大海亲密接触，时常出海考察，在距离海岸线几百米远的滩涂上采样研究。他们还去过澳门与金湾机场之间的磨刀门，那儿有一个非常神奇的浅滩，在低潮位的时候会露出水面一米左右。

2018年，中大帆船队再次出征——参加"天泽航海杯"第一届J80级别亚洲帆船锦标赛。为此，他们进行了一系列的赛前准备，从理论知识到实践细节，例如相关海域的潮流，潮流影响下船的航行和走向，以及风向风速等。"我们其实是以一种备战考试的状态去准备每一场比赛的！"这是队员们在两年的实践过程中的共同感受，"毕竟，细节决定一切"。不过，两年下来，他们已经学会在这种紧张的气氛中自我调节和放松了。"我们已经学会以一种放松的心态去对待一件严肃的事情。"

对于那场比赛，罗志豪至今印象深刻："报名的队伍不分年龄，各类专业级的选手和外国选手云集，所以一开始我们的排名是非常靠后的。"与强者比赛是提升自己的好方法。帆船队的队员们在连续几天的比赛中不断吸取经验，在比赛结束的当天晚上，大家会聚集在一起总结船队航行时存在的问题，这也是他们在长洲岛集训期间一直坚持的传统。总结时有一个原则：每个人首先要分析的是自己的问题。在教练看来，大家出来

亚锦赛前在厦门码头的集体合影

比赛本来就不是为了名次来的，而是要在比赛中发现问题、解决问题。罗志豪还提出队内每个人都要定期写"周记"，记下每一次训练所发现的问题，以及问题的解决方法。两年以来，这个习惯从不间断。这个好习惯为他们参与亚锦赛带来了极大的帮助。在后面的几轮比赛中，中大帆船队的排名不断提高，并最终获得了青年组总成绩第四名。

即将起航迎战第一届 J80 级别亚洲帆船锦标赛

周宇森和另外几位队员正在一起准备帆船证的考试，而在不远的将来，他还想出国看看。左皓晟计划在未来尝试帆船的离岸赛，比如环球航行，从中国走到好望角，不过，他更希望重拾自己已经有些荒废的骑行运动。罗志豪的兴趣则比较广泛，他一直在保持自身体能训练，也在尝试排球、高尔夫等其他运动，开阔眼界、提升技能是他目前最希望达到的目标。帆船队的队员们和教练们还有一个共同的目标——青岛。第十四届全国学生运动会将于 2020 年在青岛举办，广东省大学帆船队代表团将由中山大学牵头并参加所有三个项目的比赛。在 2016 级的第一批队员即将毕业之际，他们将去到中国的"帆船之都"，与来自世界各地的强队共同角逐。

中山大学（海洋科学学院）帆船队还将继续他们的乘风破浪之旅。

九十五、圆梦中大，无悔青春

2015 级本科生　罗志勇

【编者按】罗志勇，2015 级海洋科学专业海洋生物方向本科生，2019 届优秀本科毕业生。曾获中山大学优秀学生奖学金一等奖两次、三等奖一次，被保送至中山大学海洋科学学院海洋生物学专业攻读硕士学位。

四年前，我们怀着对大学的憧憬与期待，挑灯夜读，奋力拼搏，为了一个共同的目标，相聚于中大。光阴似箭，日月如梭，转眼间，离别的钟声已经敲响。毕业季，我们多少都会有些伤感，但更多的是感动，为学校对我们的悉心培育而感动，为学院为我们提供的全心全意的服务而感动，为老师们对我们不辞劳苦的教导而感动，为亲朋好友们对我们无微不至的关怀与支持而感动……原谅我在这里写得跟毕业论文致谢一样，因为我真的非常感谢大学四年以来身边的一切人和事，没有他们，也就没有今天的我。

拉开记忆的闸门，回守走过的路程，我们从茫然、懵懂、浮躁变得自信、睿智、成熟。这一路走来，所有发生的事情仍然历历在目。

大一的我，茫然惆怅，不知所措。没有高中时的众星捧月，也没有高中时只为一个目标而努力的坚定信念，有的只是身边一批优秀的人在你追我赶。那时候的我，因为对绩点的重要性没有一个理性的认识，花在学习上的时间远远不够，导致我的成绩很不理想。我开始怀疑自己，觉得很迷茫，不清楚自己想要什么，变得不知所措。

大二的我，奋起直追，力挽狂澜。当时的我可以说是清醒过来了，于是下定决心要力挽狂澜，勇争第一，不达目的决不罢休。凭着这股冲劲，我对学习的投入可以说是全心全意。虽然学习之余还有其他课余活动，但是只要提高了自己的学习效率，还是能弥补的，如学习时做到不玩手机，不受外界干扰，抓紧学习的每一分钟。同时，我还积极

2015级海洋生物班毕业合影（中为罗志勇）

向师兄师姐"取经"，师兄师姐都是过来人，在学习上或生活上能给予我们不少宝贵的经验和建议，与他们交谈让人受益匪浅。

与舍友参加中山大学海洋科技文化节知识竞赛（右一为罗志勇）

  大三的我，心无旁骛，砥砺前行。当时的我心中多了一份宁静、淡定，目标也十分明确，对自己的毕业去向有了一个明朗的规划——争取保研，继续深造。当时的我能做到心无旁骛，砥砺前行，已经没有什么可以阻挡我的步伐了。经过努力，大三结束后，我的绩点跃升到班级第一。保研面试结束后，最终我以第一名的成绩成功被保送。当我知道这个消息的时候，心中真的有一种说不出来的激动，之前的拼搏、努力、苦累没有白费，我终于如愿获得自己想要的结果。

在女生节活动中为班级女生制作蛋糕（左一为罗志勇）

所以，我想用一句话来总结我本科四年的生活，那就是"圆梦中大，无悔青春"。你的大学生活过得怎么样，完全取决于你对待大学的态度。若你选择无欲无求，不思进取，那只能羡慕别人把大学过得精彩有味；若你在大学里目标明确，时刻鞭策自己，积极向上，那么在接过毕业证书的那一刻，你肯定可以骄傲地跟自己说："I made it!"

参加学位授予仪式（右为罗志勇）

如果要说本科四年有什么遗憾的话，我觉得最大的遗憾就是没有拿过国家奖学金，都"怪"我的舍友们，把国家奖学金全包了，不给我留一点机会。不过，遗憾也是生活的一部分，或许也正是因为这些大大小小的遗憾，我的青春才变得丰富完美。

成为优秀毕业生，对我来说既是一个终点，又是一个起点。它是对我本科四年的一个圆满的交代。同时，它也会鞭策我在之后的研究生阶段再接再厉，做一个更优秀的自己！

最后，祝福2015级所有本科毕业生扬帆起航，前程似锦，愿归来仍是少年！

九十六、学在中大,追求卓越

2015 级本科生　魏怀昱

【编者按】魏怀昱,2015 级海洋科学专业物理海洋方向本科生,2019 届优秀本科毕业生。2017—2018 学年获国家奖学金、2016—2017 学年获佐丹奴捐赠奖学金、2015—2016 学年获珠海市可口可乐奖学金。被伦敦大学学院(QS 2019 世界大学排名第10)、香港科技大学(QS 2019 世界大学排名第37)录取。

充实的日子总是过得很快,明明大一开学时的场景还历历在目,可是大学四年的美好时光很快就要画上一个句号了。回想这四年,我还是有很多感触的。

大一刚开学,我和大部分同学一样,被高中老师们对大学的美好描述给"骗"了,认为在大学,学习并没有那么重要,可以过得自在一点。所以,在大一时,我并没有将很多精力放在专业课程学习上,而是放在了社团生活、打乒乓球和玩上面。虽然社团生活可以让我很快地适应大学的节奏,但是现在回想起来,大一如果可以把更多的时间放在专业课学习上,自己会有更牢固的基础。像高等数学、海洋科学导论这些课程是十分重要的,虽然短时间的复习可以让我在考试中拿到不错的分数,但实际的应用能力还是要靠平时认真学习。

到了大二,虽然仍留在学生会任职,但是我很好地找到了学习和社团之间的平衡。适量的社团活动并不会给学习带来太多的阻碍,这些社团活动其实更多地占用了娱乐的时间。所以我觉得大一、大二参加一个社团还是很有必要的,但是如果参加社团过多的话,就有点得不偿失了。我觉得大二是一个很重要的时间节点,大家最好在大二下学期对自己的大学发展做出规划。是本校升学还是外校升学,是留学还是工作,在大二下学期如果能有一个清晰的目标的话,能少走很多弯路。无论你的决定是什么,只要你为之努力奋斗，就会比迷茫时的无所事事要强得多。至于选什么路，这就要根据自己的情况，多搜集信息之后再做决定。

在野外开展实验

在野外实验观察到的招潮蟹

我印象中的大三就是学学学。到了大三，我渐渐明白了绩点在整个大学中的重要性。只要你的绩点足够高，就会在各种机会中占据不小的优势。大三上学期的课程压力

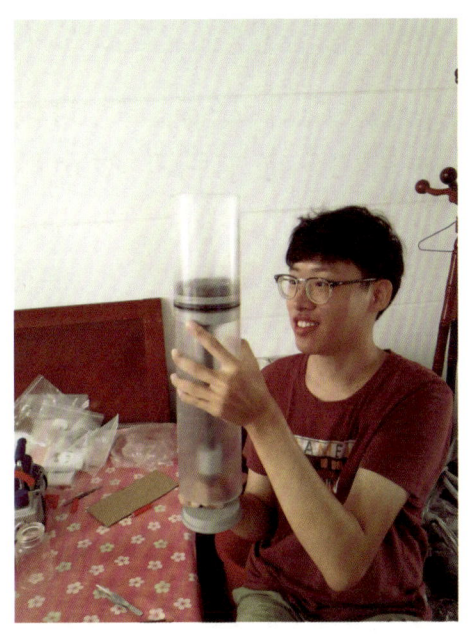

将原位沉积物安装到微观侵蚀系统中

是很大的，而且也都是专业课。大三阶段花费大量的精力在学习上，不但可以为以后的科研道路打下不错的基础，还能有一个漂亮的绩点拿各种奖学金。大三下学期基本上是一个分水岭，出国的要考雅思、托福、GRE 等，国内外校升学的要开始找夏令营，本校升学的也要开始联系老师，每个人都有自己需要做的事情。总之，到了大三下学期，不再是课程推着你跑，而是自己的追求要求自己主动地去争取机会。

　　总结一下，我认为在大学中决定能否取得较好成绩（不局限于绩点）的最重要的因素是对自己要求的高低。在大学里，不再有家长和老师没完没了的催促，全凭自己主动学习。学习只是大学生活中的一部分，但是这一部分真的很重要。

　　给自己制定高一点的目标，并为之奋斗吧。

　　学在中大，追求卓越！

九十七、科研、烹饪、公益,她的精彩大学生活
——2015级本科生蔡童欣

【编者按】 蔡童欣,2015级海洋科学专业物理海洋方向本科生,中山大学2019届优秀本科毕业生,曾获2015年中山大学优秀团员称号、2015—2016学年和2017—2018学年中山大学优秀学生奖学金二等奖、2016—2017学年中山大学优秀学生奖学金三等奖、2016年中山大学校运会女子800米冠军,被斯坦福大学(QS 2019世界大学排名第2)、苏黎世联邦理工学院(QS 2019世界大学排名第7)、哥伦比亚大学(QS 2019世界大学排名第16)、约翰霍普金斯大学(QS 2019世界大学排名第21)录取。

采访前的周末,蔡童欣刚参加完人生的第一次半程马拉松——苏州湾国际马拉松比赛。2小时29秒,是她完成比赛的用时。为了此次比赛,曾获得中山大学女子田径800米冠军的她已准备许久。"我是那种坐不住的人,喜欢往外跑,喜欢具有挑战性的事物。"第二天就要进行论文答辩的她,现在坐在玻璃窗边,脸上露出从容的微笑。

参加苏州湾国际马拉松比赛

"想要成为什么样的人,就做出什么样的选择。"大一的时候,受辅导员李颖老师的启发,蔡童欣在电脑桌面上建立了一个名为"核心竞争力"的文件夹,里面包含学习、科研、公益、运动、爱好等方面的内容。每参加完一次活动,不管结果如何,她都会认真仔细地把经历写进文件夹里。对于她而言,"本科四年,是将一个文件夹填充得

更加丰满的过程"。这个小小的文件夹不仅记录了她的大学生活，也让她对自己有了更清醒的认识。"我不是真正的学霸"，她坦言自己不是成绩最好的学生，也做不到样样兼顾，"但我不想活在别人的期待中，我想活出自我。只有那些'专属'的经历，才算是你的'核心'"。

这个好习惯保持了四年，在学业上给予了她莫大的帮助。如今，她收到斯坦福大学、苏黎世联邦理工学院、哥伦比亚大学、约翰霍普金斯大学等高校的硕士生录取通知，最终她选择了斯坦福大学。

科研：长风破浪会有时

蔡童欣已记不清自己从什么时候开始把海洋科学的科研纳入长远的人生规划之中了，也许就在过往的某一刻，春风化雨，润物无声，她的科研梦想开始悄悄发芽。

大三暑假时，蔡童欣在老师的带领下，参加学院组织的本科生近海调查野外实习，对珠江口和伶仃洋海域进行观测，并参与采样、滤水过程，勘测河床剖面，撰写调查报告。"这是一个跟科研近距离接触的过程，机会非常难得。另外，带队老师本身就是相关研究工作的专家，本院的硕士生、博士生师兄师姐也会指导我们，教我们使用观测仪器。"此前，她还参加过学院组织的专业实习，不同阶段的实习都与学院的课程内容相匹配。在这些实习中，"海洋科学不再是书本上一成不变的知识点"，科研不再停留在纯粹的理论阶段，她终于知道科研是怎么样开展的了。除此以外，学院的"海洋大讲堂"学术讲座让她了解到学科的前沿研究与理论成果，为她以后走上科研道路打下了坚实的基础。

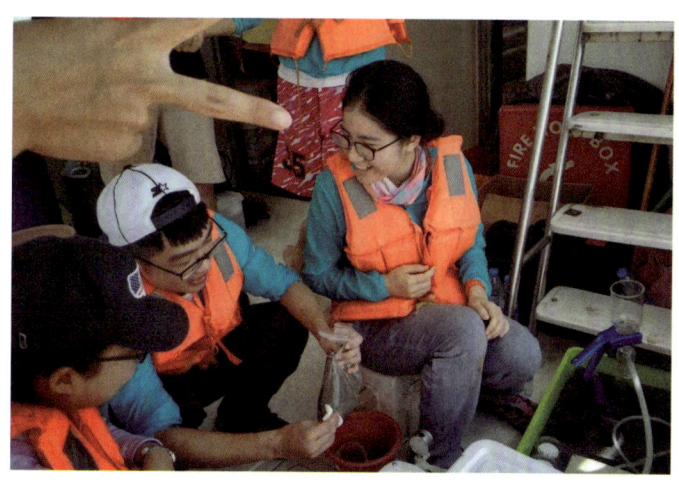

参与学院的专业实习

在瑞典隆德大学做交换生期间，她跟着科研团队开启了人生第一次真正的科研经历。然而，由于经验不足，她接连受挫。独在异国的她经历了漫长的心理调整，慢慢地她领悟到"做科研是一个坐冷板凳的过程，需要沉下心，不断探索和钻研"。

回国后，在导师蔡华阳副教授的指导下，蔡童欣才逐渐重拾对海洋科学的科研信心。"如果不是他给我表现的机会，连我自己也未必知道我有能力做好科研。"说起导师，蔡童欣满是感激与尊敬。在蔡华阳副教授的鼓励下，她不但用英语主持了中山大学第三届海纳百川模拟国际会议，而且前往美国参加 2018 物理河口海岸会议，并进行了海报展示。在这个过程中，她对学术生态有了更深的了解，同时也慢慢意识到自己有潜力继续从事海洋科学领域方面的研究。

与导师蔡华阳副教授在美国 2018 物理河口海岸会议上进行海报展示

"我所有的科研成绩的取得，都有赖于导师的培养，从写摘要到参加会议，再到写论文，他都一步一步地指导我，给了我很大的肯定，让我相信自己可以继续走海洋科研这条路。"蔡童欣认为蔡老师是一个"葆有初心的人"，他总是愿意给予学生尝试的机会，挖掘学生身上的潜力。而在导师的眼中，蔡童欣则是"做科研学术的好苗子"，不仅科研主动性强，遇到问题能够积极沟通解决，而且写作功底扎实。"任何一位优秀学子的成功都是一点一滴积累的结果"，他评价道，"蔡童欣同学有非常积极乐观的生活态度，喜欢运动、喜欢做菜、喜欢分享，这对需要耐得住寂寞的科研生活来说无疑有很大帮助"。

当看到学院的老师为港珠澳大桥提供专业建议和方案时，蔡童欣意识到这个学科能够为社会发展带来切切实实的贡献。"海洋科学的魅力在于探索未知，它会让你怀着好奇心去改变这个世界。"她希望自己学成归来后，也能够将自身所学化为一种助力社会建设的能量。

烹饪：最爱人间烟火气

蔡童欣闲暇时最喜欢烹饪，喜欢在热气腾腾的厨房里为自己的"食客"准备一顿丰盛的饭菜。如果看到"食客"脸上流露出满意的表情，或者把所有的菜都吃完，她就会有满满的成就感。下厨并不简单，在瑞典做交换生的时候，她曾邀请13名外国同学品尝她做的菜。那天，她在灶台边站了8个小时，既要做腊味饭等中国菜，又要考虑同学的口味做瑞典菜，还要为素食者准备单独的菜……虽然很忙、很累，但是在收获肯定的那一刻，她发现一切都是值得的。

在瑞典河边野炊

对烹饪的痴迷也让她对生活有了更深刻的理解。有时候她会更换菜肴的配方，比如在做番茄炒蛋时，她会加入西方经典食材黑松露来丰富口感，这个过程其实就是一种创新。创新不只是凭空想出新的东西，它更多的是一种在传统基础上的改进。"一开始尝试新鲜做法的时候难免会遇到口味不佳的情况"，蔡童欣谈道，"但是在多次尝试后，根据反馈不断地调整，就能做出合适的味道"。

后来，在哥伦比亚大学的研究生面试中，主考官问她如何处理挑战与困难，她把抽象的问题与自己的烹饪爱好联系起来，回答道："比如蛋炒饭，米的选择和处理，配料和调料的选择，以及最关键的火候的掌握，都需要在一次次实践中获取经验。在这个过程中，我会进行心理暗示，在失败中不断提高自己的抗挫能力。"真实独特的回答给考官留下了深刻的印象，也为她打开了名校的大门。

对于蔡童欣而言，厨房的温度在某种意义上已化为生活的温度，不知不觉间，她在厨房的尺寸之地上看到了更为广阔的生活本身。

公益：遍看世间好风光

在蔡童欣看来，做公益是一种自然而然的选择，参加这么多不同种类的公益活动没有别的理由，只是自己愿意这样做。幸运的是，她从中看到了以前无法想象的、更加丰富的世界。

蔡童欣做公益有两个小原则：一是公益活动的种类要多样，如此才能"不断用新的视角去审视社会，发现不同"，不断丰富自己对多元社会的认知；二是"应该充分发挥所学所能，做一些别人做不到的事"，这样才能更大程度地发挥大学生对社会的价值。于是，来自海洋科学学院的她做起了"海洋公益"。作为海精灵志愿协会的一员，她多次组织同学去看白海豚与红树林，宣传海洋环保的相关知识。甚至在国外做交换生期间，她也趁着圣诞假期前往人迹罕至的希腊海岛做志愿者，调查僧海豹的生态位状况。僧海豹是濒危动物，由于人类频繁的活动，目前，地中海野生僧海豹的数量极其稀少。蔡童欣每天早出晚归，来回爬近 10 个小时的山去收集数据，穿着登山鞋的脚被磨出了许多水泡。但她的付出并非全无收获，有一天在海边的摄像机里，她终于看到罕见的僧海豹的照片，那一瞬间所有的辛苦都成了骄傲。

在希腊 Kalamas 岛参加志愿者实践活动

每一次公益活动都是一个认识世界的好机会。蔡童欣尝试了解不同的领域，寻求解决社会问题的不同方法，在为社会创造价值的同时，也看到了这个世界真实可亲的一面。

大学四年匆匆而过，几个月后她将踏上异国的征程。在接受某次采访时，她说："其实我有很多没做成的事情，但我不觉得遗憾，至少我这四年没白过。未知让我对未来充满好奇与期待。"

九十八、情不知所起，一往而深

2015 级本科生　黎泽林

【编者按】黎泽林，2015 级海洋科学专业海洋生物方向本科生，2019 届优秀本科毕业生。本科期间以共同第一作者身份在 SCI 一区发表论文一篇，曾获得中山大学优秀学生二等奖学金两次，三等奖学金一次。

回首大学四年，我的大学生活与他人有那么一点不同。

第一点是学习生活不同。从大三开始，我便选择进入实验室，接触科研实验。在那一年，上课和实验填满了我的生活，每天不是上课就是实验。对于一个科研"小白"来说，因为实验技能不熟悉，所花的时间会很多，走的弯路会更多，所以我每天中午一两点就到实验室，晚上八九点才离开，周六日继续完成实验，这些都是常有的事情。那段日子虽然很辛苦，但是很充实。

参加第二届高校大学生海洋与化学科技实践论坛并做海报展示

第二点是选择不同。刚进入大四，我们就要选择自己的未来，是继续读研还是工作。这个时候，绝大部分同学选择读研，他们有着不同的理由，或喜欢科研，或希望提升自己，或为了更高的学历，或不想面对社会的压力，或没想好但看到身边的同学都选择读研，等等。随着日子的流逝，看到身边的同学留学的留学，读研的读研，每个人都落实了去处，再想想自己本可以简单地保研但却选择了放弃，这个过程真的很难受，很煎熬。我曾不止一次怀疑自己的选择是否正确，不止一次问自己是否后悔。每当这个时候，我都会去设想未来读研和工作的生活，对两者进行比较。慢慢地我会冷静下来，知道哪个才是自己更想要的。我相信现在的困难咬咬牙都是能过去的。如今，我很感谢当时的自己能有勇气舍得放弃。我不知道我的决定是好还是坏，人生就像一盒巧克力，你永远不知道下一块是什么味道。决定没有对错之分，在你做出一个决定时，我希望你可以想得更长远一点，去想一想几年、十几年或几十年之后的自己，会更希望当时的自己做出怎样的决定。

游览杭州西湖

第三点是生活小情调不同。说出来你可能不信，我一直希望能够成为一个具有文艺情怀的理科生。在繁忙的学习生活中，我总是想办法为单调的生活增添一些色彩。我会在天未亮时在海边看旭日东升；会在情侣路上沿着海边骑一辆单车，借一刻闲情；会在淇澳大桥上感慨"但得夕阳无限好，何须惆怅近黄昏"；会闲来无事时在教学楼顶"举杯邀明月"；会在凌晨时分，在公交站台通宵达旦地等一班清晨六点才发车的公交；会在脸被吹得通红的冬夜里为一颗转瞬即逝的流星而欢呼……

参加本科生毕业典礼（前排右一为黎泽林）

在拍毕业照的这天晚上，我敲下这段文字，以此纪念我的学生生涯。我曾经无数次设想过毕业的样子，但没想到毕业的感受会在毕业的这一刻来得那么真实。你们说，会不会有那么一天,时间真的能倒退,回到我们相识的那天,让我们从头来过?

　　书不成字,纸短情长。愿你所愿,终能实现。